Vorwort zur zweiten Auflage.

Die erste Auflage dieses aus Kursen und Vorlesungen für Militärärzte während des Weltkrieges hervorgegangenen Buches war seit langem vergriffen. Seitdem sind auf dem Gebiete der „Malariologie“ nicht nur zahlreiche neue Erkenntnisse gewonnen worden, sondern die Bedeutung der Malaria als „therapeutisches Mittel“ hat auch in weiteren ärztlichen Kreisen Interesse für viele Einzelheiten der Klinik, Immunität und Epidemiologie dieser Krankheit erweckt. Vor allem aber hat in der ganzen Welt ein großzügiger Kampf gegen diese Seuche eingesetzt, an der jährlich viele Millionen von Menschen erkranken.

Abgesehen von den triumphalen Erfolgen, die in Italien ein machtvoller Wille durch weitgehende Sanierungen erzielte, nachdem jahrhundertelang ungenügende Versuche gescheitert waren, sind auch auf therapeutischem Gebiete — dreihundert Jahre nach Einführung der Chinarinde nach Europa — hervorragende Neuschöpfungen gelungen. Der Forscherarbeit deutscher Gelehrter verdanken wir die Synthese und Erprobung neuer Mittel von besonderer Wirksamkeit.

Auch diese neue Auflage wendet sich in erster Linie an den *praktischen Arzt*, um ihn in das Wesen der Krankheit einzuführen, ihm das theoretische Verständnis für die Biologie der Erreger und vor allem das therapeutische Rüstzeug auf Grundlage langjähriger Erfahrung zu geben. Die „große Sanierung“ durch medikamentöse Massenbehandlung, Mückenbekämpfung und „Bonifikationen“ des Geländes muß der Arbeit von Fachleuten mit besonderer Ausbildung und Erfahrung überlassen bleiben. Deshalb sind alle darauf bezüglichen Fragen absichtlich hier nur kurz behandelt. Man möge es daher nicht als Lücke bezeichnen, wenn wir auf Mückenbestimmungen, -Präparation und Einzelheiten ihrer Bekämpfung nicht weiter eingehen. Hierfür gibt es Ausbildungskurse und besondere Literatur.

Auch in Abbildungen und Literaturangaben haben wir uns beschränkt, glaubten aber als Belege bei den neuen Heilmitteln doch einzelne Arbeiten näher anführen zu müssen. Auf ein Literaturverzeichnis haben wir im Interesse des Umfangs verzichtet. Fast alle wichtigen Arbeiten sind im Zentralblatt für die gesamte Hygiene (Berlin: Julius Springer), Archiv für Schiffs- und Tropenhygiene (Leipzig), Tropical Diseases Bulletin (London) und in der Rivista di Malariologia (Rom) angeführt und besprochen. Daß uns von neueren Malariaarbeiten die eine oder andere, selbst mit wichtigeren Befunden, entgangen sein kann, ist möglich, aber bei der Fülle solcher wohl entschuldbar.

Hamburg, im Mai 1936.

B. NOCHT. MARTIN MAYER.

Vorwort zur ersten Auflage.

Im Hamburger Institut für Schiffs- und Tropenkrankheiten ist in den seit seinem Bestehen jährlich abgehaltenen Kursen für Tropenärzte auch die Malaria in mehreren Vorlesungen und eingehenden praktischen Übungen behandelt worden. Da das Interesse für die Krankheit jetzt weitere ärztliche Kreise ergriffen hat, hielten wir es vielfach geäußerten Wünschen entsprechend für angezeigt, diese Vorträge in der Form, wie sie von uns mehrfach während des Krieges bei Kursen für Militärärzte gehalten wurden, zu veröffentlichen, zumal ein kurzgefaßtes neueres Lehrbuch zur Einführung in die Malaria fehlte. Die neueste Literatur ist trotz ihres Umfanges möglichst berücksichtigt worden; auf Literaturangaben haben wir im allgemeinen verzichtet und müssen auf die am Schlusse angeführten Werke verweisen.

Hamburg, im August 1918.

B. NOCHT. MARTIN MAYER.

DIE MALARIA

EINE EINFÜHRUNG
IN IHRE KLINIK, PARASITOLOGIE UND BEKÄMPFUNG

VON

PROFESSOR **BERNHARD NOCHT**
DR. MED., DR. MED. H. C.
HAMBURG

UND

PROFESSOR **MARTIN MAYER**
DR. MED., DR. MED. VET. H. C.
HAMBURG

ZWEITE ERWEITERTE AUFLAGE

MIT 24 ABBILDUNGEN
UND 2 FARBIGEN TAFELN

BERLIN
VERLAG VON JULIUS SPRINGER
1936

Additional material to this book can be downloaded from http://extras.springer.com.

ISBN 978-3-642-89400-8 ISBN 978-3-642-91256-6 (eBook)
DOI 10.1007/978-3-642-91256-6

Inhaltsverzeichnis.

Allgemeines.

Geschichte, Verbreitung und Bedeutung.

Die Malaria war schon den Alten als eine besondere Krankheit bekannt. HIPPOKRATES unterschied nicht nur die intermittierenden Fieber der Malaria von anderen Fieberkrankheiten, er ordnete sie auch in drei Hauptfieberformen (quotidiana, tertiana und quartana). Früher hielt man, bis auf wenige Autoren, die mehr oder weniger nahe an den wirklichen Sachverhalt herankommende Vermutungen äußerten, ganz allgemein die Malaria für eine miasmatische Krankheit, durch die Ausdünstung von Miasmen aus sumpfigem Boden entstehend. Daher auch der Name Malaria und Sumpffieber.

LAVERAN hat 1880 die menschlichen Malariaparasiten im Blute entdeckt; MARCHIAFAVA und CELLI bestätigten es bald. GOLGI legte 1885 den Entwicklungsgang der Quartanaparasiten im Blute klar und entdeckte 1886 den der Tertianaparasiten und seinen Zusammenhang mit dem Fieberverlauf. 1891 fand ROMANOWSKY seine neue Färbemethode, die genaue Einzelstudien ermöglichte. 1897 entdeckte MACCALLUM die Befruchtung der Makrogameten, und im gleichen Jahre fand ROSS, nachdem er bereits nach MANSONS Anleitungen 1895 Anfänge bei Proteosoma gefunden hatte, den Beginn der Entwicklung der Tropica in einer gewissen Mückenart und im Jahre 1898 die ganze Entwicklung der Vogelmalaria in der Mücke. GRASSI beschrieb dann 1898 die ganze Entwicklung der Tropica in Anopheles — die er als die übertragende Mückenart erkannte — und später auch der anderen Formen; er faßte diese Ergebnisse in „Die Malaria", Studien eines Zoologen, 1901 zusammen, die klassische Abbildungen enthalten; 1903 veröffentlichte SCHAUDINN seine Arbeit über Plasmodium vivax, die viele morphologische Einzelheiten und vor allem einen Versuch der Erklärung der Rückfälle durch Gametenrückbildung brachte. Absichtliche Übertragungen durch den Stich experimentell infizierter Mücken in malariafreier Gegend wurden zuerst 1900 mit Erfolg in England von MANSON angestellt.

Früher hatte die Krankheit verschiedene Namen, die teils ihren besonderen Fieberverlauf (Febris intermittens, Wechselfieber, Ague — englisch), teils die vermutete Entstehung der Malaria (Sumpffieber, Küstenfieber, Tropenfieber, Klimafieber, Akklimatisationsfieber usw.) kennzeichnen sollten. Von allen diesen Namen hat sich im wissenschaftlichen Sprachgebrauch neben „Malaria" nur noch die Bezeichnung „Paludisme" in der französischen und „Paludismo" in der spanischen Literatur erhalten.

Die Malaria ist zwar vorwiegend in feuchten sumpfigen Niederungen, z. B. Tälern am Fuße von Gebirgen, in Flußtälern und in Küstengegenden heimisch; man kann aber auch in trockenen Gebieten, z. B. in Steppen und Wüsten, dort, wo Quellen, Seen und offene Wasseransammlungen eine Vegetation und Brutplätze für Anophelen schaffen, Malariaherde antreffen. Selbst große Städte, die im allgemeinen mindestens in ihren dichtbebauten Vierteln malariafrei sind, können durch Anophelesarten, die — wie z. B. in Jerusalem — in unterirdischen Regenwasserzisternen oder, wie in Bombay, in Wasserbehältern in den Wohnungen brüten, malariaverseucht sein. In den wärmeren Ländern findet sich Malaria oft in Höhen bis zu 2000 m, nicht nur in anophelesreichen Hochebenen, sondern unter Umständen auch in engen Tälern und Schluchten, in deren Gebirgsbächen gewisse Anophelesarten gedeihen können.

*Die **Verbreitung** ist zur Zeit ungefähr folgende:*

Europa. In *Deutschland*, das früher in seinen Marschen und auch in einigen anderen Niederungen viel Malaria hatte, findet sich die Krankheit jetzt nur noch in ganz geringem Ausmaße in den Nordseemarschen; den Hauptherd, der aber dank energischer Bekämpfung immer mehr einschrumpft und von Jahr zu Jahr weniger Fälle liefert, bildet Emden und seine Umgebung. Früher gab es auch Malaria in *Dänemark*, *Südschweden*, *England* und *Schottland*. In *England* sind noch nach dem Kriege autochthone Fälle, die nicht auf Übertragung eingeschleppter Kriegsmalaria zurückgeführt werden konnten, bekanntgeworden. *Holland* ist das noch am meisten verseuchte Gebiet Nordeuropas. Es herrschen aber im allgemeinen dort nur milde Formen. *Frankreich* hat eine Anzahl kleinerer Malariaherde im Westen und Süden. In *Portugal* und *Spanien* ist die Krankheit noch recht weitverbreitet; sie ist aber auch dort, infolge wirksamer Bekämpfung, überall im Rückgange begriffen. Dies gilt auch, und zwar in besonders hohem Maße, für *Italien*. Dort war bis vor einigen Jahrzehnten die Malaria durch die ganze Halbinsel verbreitet, im Süden allgemein von schwererem Charakter als im Norden. Schon vor dem Kriege hatte in Italien ein systematischer Kampf gegen die Krankheit begonnen, nach dem Kriege wurde er mit wirksameren Methoden siegreich weitergeführt; jetzt ist die Mehrzahl der italienischen Provinzen malariafrei. In den Pontinischen Sümpfen entstehen blühende Städte.

Auch in den *übrigen Mittelmeerländern*, die von alters her und noch in den ersten Jahren nach dem Kriege schwer verseucht waren, wird die Krankheit mit Erfolg bekämpft und geht langsam zurück. Dasselbe gilt von den *Balkanländern, Polen, Ungarn* und auch von *Rußland*, das nicht nur in seinen südlichen und südöstlichen Gebieten, sondern auch weiter nördlich Malariaherde aufweist.

Asien. In *Asien* verläuft das Gebiet der Malaria von *Kleinasien* und *Arabien* durch *Turkestan, Persien* und *Afghanistan* in breitem Gürtel durch ganz *Zentralasien, Britisch-Indien, Hinterindien, Siam* und *China* bis nach *Formosa* und *Japan*, auch über die *Philippinen*, die großen und kleinen *Sunda-Inseln*.

Amerika. In *Nordamerika* finden wir die Malaria noch in den Südstaaten und einigen mittleren Staaten der Vereinigten Staaten von Nordamerika; die Krankheit geht aber auch dort überall deutlich zurück. In *Mexiko* und den *zentralamerikanischen Staaten* und auf den *Westindischen Inseln* sind besonders die Küstengegenden betroffen, die Krankheit ist aber auch dort im Rückgange.

In *Südamerika* ist die Malaria besonders an der Ostküste bis südlich von Rio de Janeiro und im Innern im Gebiete der großen Ströme und ihrer Nebenflüsse verbreitet.

In **Afrika** ist die Nordküste bis an die Wüste und das ganze äquatoriale Afrika bis in die nördlichen Gebiete von Südafrika hinein verseucht.

In **Australien** finden wir die Krankheit nur an der Nordküste in milder Form. *Neuguinea* ist schwer verseucht, ebenso manche *Südsee-Inseln*, während viele andere Gruppen im Stillen Ozean malariafrei sind.

Zahlenangaben über die Verbreitung der Malaria sind nur dort zuverlässig, wo sie auf genauer Durchuntersuchung und gesundheitlicher Überwachung der gesamten Bevölkerung beruhen. Das ist bisher nur in einzelnen Ländern, z. B. in Italien, Holland, Spanien und wenigen anderen europäischen Ländern möglich gewesen, in den Tropen nur in manchen kleinen, örtlich beschränkten Gebieten. Für alle übrigen weiten Malariagebiete haben wir nur unzuverlässige Schätzungen. Die Malariakommission des Völkerbundes hat im Jahre 1932 an mehr als hundert Regierungen der Malarialänder der ganzen Erde Fragebogen abgesandt, deren Beantwortung u. a. die Zahl von ca. $17^1/_2$ Millionen behandelter Malariafälle ergeben hatte. Wenn man bedenkt, daß z. B. für Britisch-Indien nur etwa 8—10 Millionen der auf etwa 100 Millionen zu schätzenden Zahl der malariainfizierten Einwohner als in Behandlung befindlich angegeben wurden, so zeigt das, daß die Zahl der wirklich malariainfizierten Menschen auf der Erde eine ungeheuerlich große sein muß.

Auch die **Sterblichkeit** an Malaria ist sehr schwer zu schätzen. Sie ist in den endemischen Malariagebieten am höchsten bei den Kindern, dürfte aber im ganzen zwischen 10‰ und 0 schwanken. Die Letalität kann in Epidemien bis zu 20% und höher steigen.

Die Bedeutung der *Malaria als Volkskrankheit* ist mehr als in ihrer Sterblichkeit in ihrer weiten Verbreitung und darin begründet, daß es sich bei ihr um eine *chronische* Krankheit handelt, die viele Fieberrückfälle macht und schließlich häufig zur Malariakachexie führt. Dadurch werden die chronisch Malariainfizierten häufig zeitweise (Fieberrückfälle) oder dauernd (Kachexie) in ihrer Tätigkeit und in ihren Leistungen beeinträchtigt; namentlich gilt das für Malariagebiete mit weißer Bevölkerung.

Alle diese — später genauer zu erörternden — Fragen machen das Problem der Malariabekämpfung bei ganzen Bevölkerungsgruppen wie beim Einzelnen recht schwierig, wobei die gesamten epidemiologischen Verhältnisse wie Klima, Boden, Gewässer, Bevölkerungsrassen, Stechmückenfauna (heute auch alles als „Geomedizin“ [Zeiss] zu einem Begriff zusammengefaßt) in Betracht gezogen werden müssen.

Klinik.

Zum Verständnis der Klinik der Malaria muß man sich von vornherein vergegenwärtigen, daß die Malaria eine chronische Krankheit ist, wie übrigens die meisten protozoischen Blutinfektionskrankheiten. Die einzelnen Fieberanfälle im Laufe der Malaria sind die Begleiterscheinungen der von Zeit zu Zeit sich einstellenden vorübergehenden starken Vermehrung der Malariaparasiten. Der Malariaprozeß kommt aber in der Zwischenzeit nicht ganz zum Stillstand. Fieberrückfälle (Rezidive) treten in den meisten Fällen ein, sie zu verhindern, haben wir noch kein sicheres Mittel. In manchen Ländern unterscheidet man dabei Rückfälle nach kurzer Zeit und solche nach längerer Pause.

James versteht unter „Recrudescence" Wiederauftreten von Fieber und Parasiten innerhalb von 8 Wochen nach der Heilung; „Relapse" Wiederauftreten zwischen 8 und 24 Wochen und „Recurrence" Wiederauftreten nach 24 Wochen[1].

Wenn es vielleicht bei der Syphilis gelingt, im Anfangsstadium die Infektion durch einen großen therapeutischen Schlag endgültig zu ertöten, so sind wir bei der Malaria noch nicht so weit. Andererseits aber ist die Malariainfektion auch bei nicht zweckmäßiger und nicht gründlicher Behandlung trotz ihrer Neigung zu Rückfällen nicht so hartnäckig wie eine ungenügend behandelte Syphilis. Nach einigen Jahren heilt die Malaria, wenn keine neuen Infektionen hinzugekommen sind, gänzlich aus, auch die Folgen und Nachkrankheiten verschwinden mit der Zeit. Am raschesten geht dies bei der Malaria tropica, die nach 1—2 Jahren meist ausheilt; bei M. tertiana rechnet man 4—5 Jahre, nur *bei M. quartana* kann es *jahrelang* dauern, aber auch dies sind Ausnahmen. Man kann also sicher darauf rechnen, daß nach einigen Jahren Aufenthalts in malariafreier Gegend jede Malaria samt ihren Folgeerscheinungen ausgeheilt ist[2].

Es besteht indessen namentlich bei Leuten, die früher in den Tropen waren, oft eine Neigung, alle möglichen Beschwerden und Leiden, die sich nach einer Malariainfektion zeigen, noch nach vielen Jahren auf „ihre alte Malaria" zu beziehen; solche Erfahrungen konnte man auch bei Leuten machen, bei denen Rentenansprüche nicht in Frage kamen.

Wir haben bereits in der ersten Auflage 1917 geschrieben: „Bei den Kriegsteilnehmern, die sich Malaria zugezogen haben, wird diese Neigung nach dem Kriege noch in viel umfangreicherem Maße zu beobachten sein. Der Arzt muß sich solchen Verknüpfungen gegenüber sehr vorsichtig verhalten." Dies ist eingetroffen, und in allen Ländern, die am Kriege beteiligt waren, haben die beim Rentenverfahren beschäftigten Ärzte noch bis heute derartige Fälle zu begutachten, die durch Unkenntnis der wirklichen Malariafolgen manche Irrtümer verursacht haben. Dazu kommt, daß seit 1929 in Deutschland bei Seefahrern die Malaria als Berufskrankheit gilt und der Unfallgesetzgebung unterliegt.

Bei der Besprechung der Folgen der Malaria wird auf diese Fragen zurückzukommen sein, aber hier sei schon vorweggenommen: *„Keine Diagnose eines Malariarückfalls ohne mikroskopische Bestätigung durch einen wirklich sachkundigen Arzt!"*

---

[1] Diese Bezeichnungen werden aber nicht ganz einheitlich angewandt.

[2] Nur ganz wenige Angaben über Rückfälle nach vielen Jahren (bis 10 Jahre und mehr) sind mikroskopisch belegt. Broughton-Alcock urteilt (1935) auf Grund der mikroskopischen Blutuntersuchungen von mehr als 50000 früheren englischen Kriegsteilnehmern: „Ich kann jetzt mit Bestimmtheit versichern, daß Malariaparasiten bei Kriegsfällen nicht länger als 5 Jahre nach Heimkehr im Blut zurückbleiben."

Die **Inkubationszeit** — von der ersten Einimpfung der Malariakeime durch einen Mückenstich bis zum ersten Fieberanfall — beträgt in der Regel mindestens 10 Tage. Bei unmittelbarer künstlicher Blutübertragung kann sie schwanken, wie die Malariaübertragungen bei Paralytikern ergaben. Bei Übertragung durch Stechmücken auf solche fand James als Mittel 14 Tage, aber bei Ansetzen sehr zahlreicher Mücken eine Verkürzung. Leute, die schon innerhalb der ersten 10 Tage nach ihrem Eintreffen in einer Malariagegend erkranken, haben sich in der Regel nicht dort, sondern schon früher infiziert.

Verlängerte Inkubationszeit und Latenz (von mehreren Monaten, einem Jahr und länger) kommt besonders häufig bei Prophylaktikern vor. Indessen haben wir selbst, wie übrigens auch Plehn, Kirschbaum u. a., solche verlängerte Inkubation auch bei Leuten, die nicht unter Chininschutz gestanden haben, in einzelnen Fällen beobachtet (s. Abb. 3). Aber man muß in jedem Falle die Angaben sehr vorsichtig prüfen, weil dabei sehr oft Selbsttäuschungen unterlaufen können. Oft sind die ersten Anfälle einfach vergessen worden, oder sie waren nicht voll ausgebildet und wurden nicht beachtet oder anders gedeutet, z. B. auf Erkältungen bezogen, oder es blieben andere Erscheinungen, die mehr in den Vordergrund traten als Fieber, besser im Gedächtnis haften, z. B. das oft mit einem akuten Malariaanfall verbundene Erbrechen, das sich manchmal bis zum Gallenerbrechen steigert und als Gallenkolik oder Ähnliches in der Erinnerung bleibt. Abgesehen hiervon ist in gemäßigten Zonen diese *lange Latenzzeit für Malaria tertiana* jetzt allgemein anerkannt. *Im Herbst erworbene Infektionen führen meist erst im nächsten Frühjahr oder Sommer zu akuter Erkrankung.* Solche Beobachtungen haben bereits Bergman in Schweden 1873 und 1875 und Braune 1870 von Borkum einwandfrei beschrieben (beide Beobachtungen von Martini mitgeteilt). Zuerst 1902 und dann nach genauen jahrelangen Statistiken hat es Korteweg für die holländische Malaria gezeigt (1929) und später mit Schüffner und Swellengrebel in Versuchen bewiesen (auch beobachtet von Fülleborn, Martini, James, de Buen u. a.). Es wird meist mit klimatischen Bedingungen erklärt. Man muß also wissen, daß diese „*Frühjahrsmalaria*" meist in den vorhergehenden Herbstmonaten erworben ist. Auch für Heimkehrer aus tropischen Gegenden ist das *Frühjahr* die Hauptzeit für Rückfälle. Bei solchen verhält es sich oft ähnlich wie bei den in Vergessenheit geratenen Erstlingsfiebern, wenn angeblich nach sehr langen fieberfreien Zwischenräumen scheinbar erst nach 1—4 Jahre langer Latenz ganz unvermittelt Anfälle auftreten. Bei genauerem Befragen kann man in der Regel feststellen, daß kleine, nicht beachtete Anfälle, unbegründetes Frösteln, Hitzeschauer, gelegentliches „Erkältungsfieber“, „fieberhafter Magenkatarrh“, wiederholt vorausgegangen sind. Solche „*abortive Malariaformen*“ sind in Wirklichkeit gar nicht so selten, insbesondere bei Prophylaktikern; französische Autoren sprechen dabei von „Periode d'Invasion“. Typische schwerere Anfälle bilden sich bei dem Erstlingsfieber wie bei den Rückfällen häufiger erst allmählich aus.

Auch eine *Malaria quartana* kann scheinbar jahrelang symptomlos verlaufen. HEGLER beschrieb einen Fall, bei dem ein solcher anscheinend Gesunder erst durch Bluttransfusion auf einen Anämischen als Quartanaträger erkannt wurde.

Prodrome sind wohl immer vorhanden, sie werden aber bei dem Erstlingsfieber oft nicht beachtet, während Leute, die schon öfter Fieber gehabt haben, die Vorläufer genau kennen und an Müdigkeit, Knochenschmerzen, Gliederschmerzen, Appetitmangel u. dgl., manchmal auch an Milzschmerzen im voraus spüren, daß ihr „Fieber“ wiederkommt. Zu den Prodromen ist wohl auch das „*Anfangsfieber*“ (KORTEWEG) zu rechnen, das in sehr vielen Fällen den akuten Anfällen vorausgeht und besonders auch bei der Impfmalaria der Paralytiker beobachtet wird. Es handelt sich oft um nur geringe, fast kontinuierliche Temperaturerhöhungen, meist begleitet von den anderen genannten Prodromalerscheinungen (s. a. Kurve 3).

Die akuten Fieberanfälle hängen eng zusammen mit dem ungeschlechtlichen Entwicklungsgang der Malariaparasiten im Blut. Daß dabei das Fieber eine unmittelbare Folge dieser Vermehrung ist, ist unwahrscheinlich. Wir wissen aber nicht, ob es durch Toxine, die durch die Parasiten gebildet werden, verursacht ist, oder ob es auf die Wirkung der Trümmer der bei der Teilung der Parasiten massenhaft zugrunde gehenden pathologisch veränderten Erythrocyten zurückzuführen ist, oder ob das dabei frei in die Blutbahn gelangende Pigment die auslösende Ursache ist.

Bei einem **Malariafieberanfall** können gewöhnlich 3 Abschnitte, nämlich ein *Frost-, Hitze- und Schweißstadium*, unterschieden werden. Dem entsprechen bestimmte Entwicklungsstufen der Malariaparasiten. Im Fieberanstieg und Schüttelfrost finden sich vorzugsweise Teilungsformen und jüngste, eben aus der Teilung hervorgegangene Ringe, auch wohl in der Entwicklung etwas zurückgebliebene, dicht vor der Teilung stehende Formen. Im peripheren Blut finden wir nur bei Tertiana und Quartana regelmäßig Teilungsformen während des Schüttelfrostes. Bei der Tropica trifft dieses nur ausnahmsweise und gewöhnlich nur in schwereren Fällen zu. Die Teilung der Parasiten geht bei ihr vorzugsweise in den inneren Organen vor sich. Auf der Höhe des Fiebers (Hitzestadium) werden die Parasiten meist spärlicher, Teilungsformen trifft man nicht mehr an, jüngste und junge Formen überwiegen. In diesem Stadium findet man auch am häufigsten phagocytiertes Pigment oder seltener ganze Parasiten in Leukocyten (s. dazu S. 122). Im Fieberabfall (Schweißstadium) ist die Entwicklung der meisten Parasiten schon weiter vorgeschritten; in der folgenden fieberfreien Zeit vollendet sie sich. Man findet überwiegend halb erwachsene und zunehmend ältere Formen bis zum Übergange in neue Teilungsformen kurz vor Beginn und im Anfange des nächsten Anfalles.

Ein richtiges Bild des Fieberverlaufes bei einem Malariaanfall ist nur bei mindestens 6—8maligen Temperaturmessungen in 24 Stunden, wobei auch während der Nacht gemessen werden muß, zu erreichen. Damit soll nicht etwa geraten werden, alle Malariakranken mit Messungen während der Nacht zu stören. Wenn man aber zu diagnostischen oder wissenschaftlichen Zwecken eine zuverlässige Kurve haben will, muß man so oft messen, sonst kommen ganz erstaunliche Täuschungen heraus. So haben während des Krieges Armand-Delille, Paisseau, Abrami und Lemaire als charakteristisch für die schwere mazedonische Malaria auf Grund von nur zweimal täglich erfolgten Messungen Continuabilder, einer Typhuskurve ähnlich, beschrieben.

Man unterschied bis vor kurzem 3 *Arten* von *Malariaparasiten*, denen auch *verschiedene Fiebertypen* entsprechen. Als vierte ist nun *Plasmodium ovale* hinzugekommen, dessen Fiebertypus aber dem der Tertiana entspricht. Mehr als diese verschiedenen Formen von Malariaparasiten und die dadurch bedingten Fieberarten anzunehmen, liegt aber kein genügender Grund vor. Es gibt auch keinen Beweis dafür, daß bestimmte Stämme oder Varietäten *stets* zu besonders schweren oder leichten klinischen Erkrankungen führen, obgleich solche Virulenzunterschiede, wie bei vielen Krankheitserregern, auch bei Malaria vorkommen. So gibt es zweifellos z. B. Stämme von Plasmodium vivax, die hartnäckigere Rückfälle verursachen wie andere. Die Schwere der Erkrankung hängt aber noch von manchen anderen Faktoren ab.

Die noch in England besonders unterschiedenen „*malignen Tertianafieber*“ (M. T.) — gegenüber der sog. *benignen*, durch die

Tertianaparasiten bedingten Form (B. T.) —, die „*Aestivo-Autumnal-Fieber*“ und die „*perniziösen Fieber*“ sind fast ausnahmslos auf die Infektion mit dem Tropicaparasiten und auf seinen Fiebertypus zurückzuführen. Es empfiehlt sich übrigens, den Ausdruck „perniziös“ bei Malaria nur rein klinisch zu verstehen. Einen „Perniciosaparasiten“ in dem Sinne, als ob durch ihn immer perniziöse Fieber hervorgerufen würden, gibt es nicht. Selbst bei demselben Individuum und einmaliger einfacher Infektion können perniziöse und leichtere Anfälle abwechseln. In seltenen *Ausnahmefällen* können aber auch Tertiana- und Quartanainfektionen einen perniziösen Charakter annehmen. So beschrieben wieder vor einigen Jahren LÉGER und RYCKEWAERT einen Quartanafall, der im Koma tödlich endete.

Wir unterscheiden also je nach der Infektion *Tertiana-* (+ *Ovale-*), *Quartana- und Tropicafieber* mit charakteristischen Kurven. Die in England noch übliche Bezeichnung „*Subtertiana*“ oder „maligne Tertiana“ für die Tropica führt häufig zu Irrtümern. Bei Tertiana und Tropica dauert die Entwicklung der Parasiten ungefähr 48, bei Quartana 72 Stunden. So erklärt es sich, daß bei ersteren an jedem dritten, bei letzterer an jedem vierten Tage ein Fieberanfall auftritt. Werden dabei die Entwicklungszeiten nicht genau eingehalten, so spricht man von *Anteponieren* bzw. *Postponieren* der Anfälle. Häufig bildet sich auch bei einem anfangs unregelmäßigen Typus bei späteren Anfällen der Cyclus deutlich aus.

Sogenannte *Quotidianafieber* sind nicht etwa auf Infektion mit einem besonderen Quotidianaparasiten zurückzuführen. Sie können sich bei jeder Malariaparasitenart (auch bei Tropica) entwickeln und kommen dadurch zustande, daß sich im Laufe ein und derselben Infektion mehrere Parasitengenerationen ausbilden, so daß ihre periodische Vermehrung und als klinischer Ausdruck davon die Fieberanfälle auf verschiedene Tage fallen. Statt Quotidianafieber sagt man daher richtiger „*Tertiana duplicata*“, *Quartana duplicata* und *triplicata* usw. Eine mikroskopische genaue Kontrolle macht dies erkennbar.

Zeitlich beginnt ein großer Teil der Anfälle in der zweiten Hälfte der Nacht, gegen Morgen oder frühnachmittags. Für Plasmodium ovale soll nach FAIRLEY und MÜHLENS ein Beginn abends oder nachts gegenüber Plasmodium vivax charakteristisch sein. Wir glauben nicht, daß hier scharfe Unterscheidungen sich werden durchführen lassen.

Die *Kurve* der durch *Tertiana-* (+ Ovale-) oder *Quartana*parasiten gebildeten Anfälle — einerlei, ob sie im Tertiana-, Quartana- oder Quotidianatypus auftreten — setzt sich in der

Regel aus einzelnen Fieberzacken mit schmaler Basis, sehr steilem Anstieg der Temperatur (Schüttelfrost), ebenso steilem Abstieg

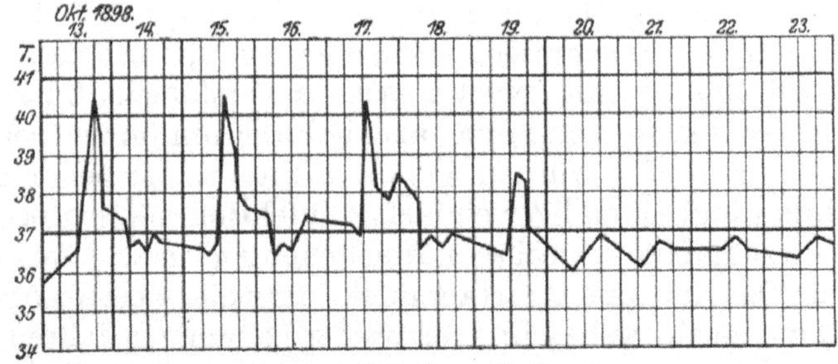

Abb. 1. Tertiana simplex.

und scharfer Spitze (kurzes Hitzestadium) zusammen. Der einzelne Anfall dauert 8—12—16 Stunden, davon fallen auf den

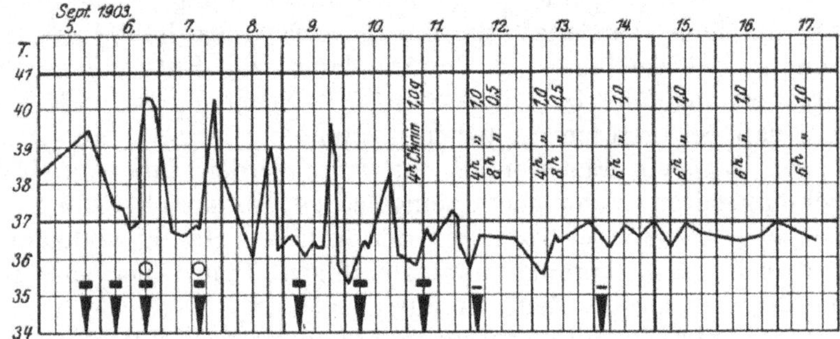

Abb. 2. Tertiana duplicata (Quotidiana) [1].

Schüttelfrost 1—2 Stunden, das Hitzestadium 3—6, das Schweißstadium 2—4 Stunden. In seltenen Fällen kann man aber auch

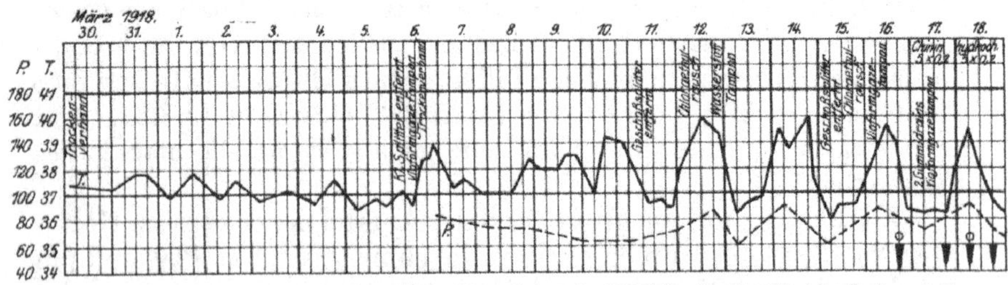

Abb. 3. Malaria tertiana. „Anfangsfieber“ und tropicaähnliche breite Gipfel. Es handelt sich um Erstlingsanfälle, die nach $1^1/_2$ jähriger Latenz durch Verwundung und Operation ausgelöst wurden.

Tertianakurven von längerer Dauer, die dann der Tropicakurve ähnlich sind, beobachten (s. Abb. 1—3). Der Quartanaanfall ist

[1] In dieser und folgenden Kurven bedeutet: ■ = Gameten, ○ = Ringe, ⁘ = Teilungsformen.

meist etwas kürzer als der von Tertiana, im Mittel dauert er 8—10 Stunden (s. Abb. 4 u. 5).

Die Höhe der erreichten Temperaturen ist sehr verschieden, doch sind solche über 41 ° nicht selten; auch abnorm hohe (bis 46 ° !) sind beobachtet.

Die *Tropicakurve* verläuft meist auch in deutlichem Tertianatypus, aber der einzelne Anfall dauert länger (16—18 Stunden und mehr), so daß meist Ende und Anfang der Anfälle auf den eigent-

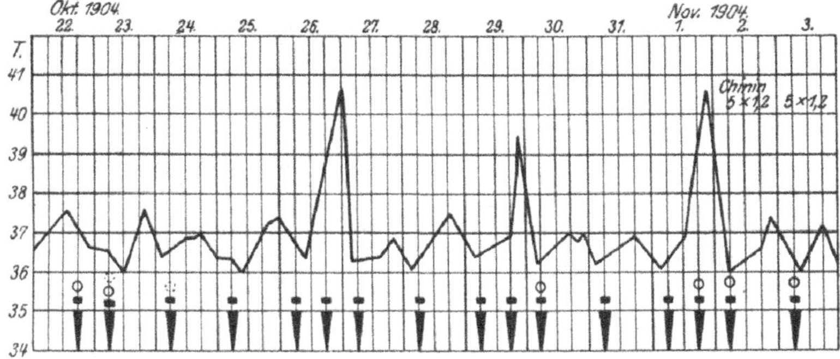

Abb. 4. Quartana simplex.

lichen „freien Tag" fallen. Die Temperatur steigt hierbei meist nicht so plötzlich an wie bei Quartana und Tertiana. Infolgedessen fehlt häufig der Schüttelfrost oder ist nur angedeutet. Das Hitzestadium ist sehr stark verlängert, auf seiner Höhe verläuft die Kurve in Form einer unregelmäßigen Kontinua, oft mit starken

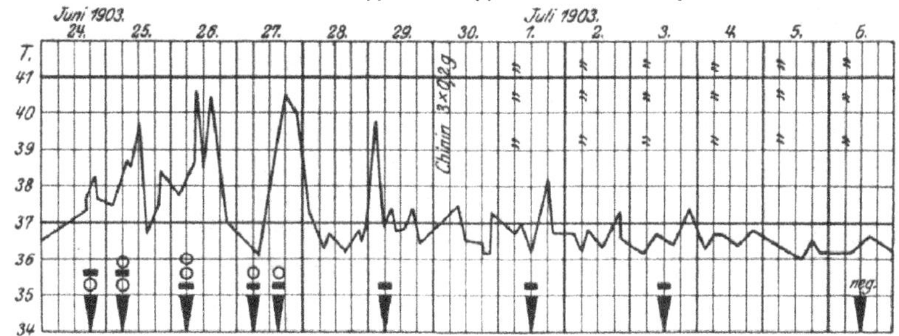

Abb. 5. Quartana triplicata. Am 25. und 26. drei gut trennbare Parasitengenerationen nebeneinander nachweisbar.

Remissionen, ja Intermissionen, so daß gelegentlich eine unregelmäßige Quotidiana vorgetäuscht werden kann. Dann folgt der häufig auch noch durch eine oder mehrere Zacken unterbrochene Fieberabfall (s. Kurve 6 und 7).

Die einzelnen Anfälle können bei Tropica einander durchaus unähnlich sein infolge der außerordentlich verschiedenen Gestaltung der Kurve auf der Höhe des Fiebers. Sie haben aber alle den eben beschriebenen Typus. Die fieberfreien Pausen können bei schwerer Infektion ausnahmsweise nur kurz sein, so daß das Bild einer 4—5tägigen unregelmäßigen Kontinua mit einigen

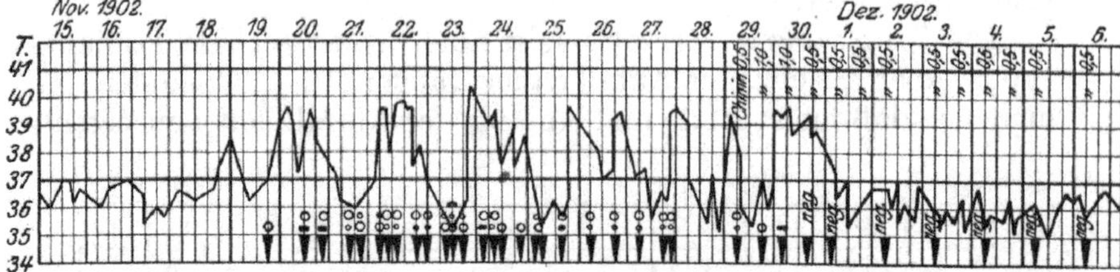

Abb. 6. Malaria tropica. Sechs typische und ein vorausgehender rudimentärer Anfall.

Remissionen entsteht. Umgekehrt gibt es auch bei Tropica, sei es vor der Ausbildung des typischen ersten Anfalles oder als Einleitung zu einem Rezidiv oder beim Abklingen des Fiebers, rudimentäre

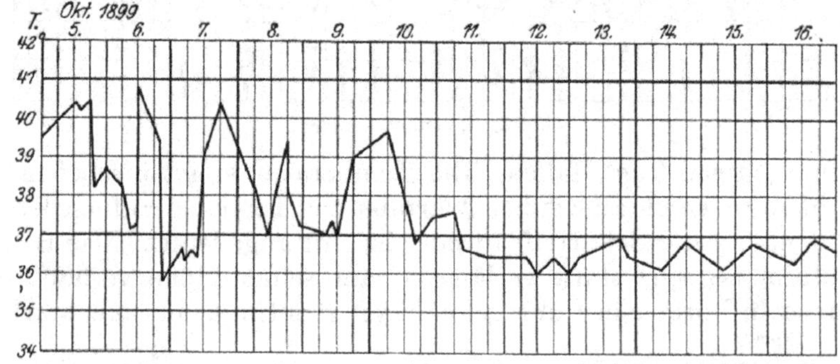

Abb. 7. Tropicakurve mit tiefgehenden Intermissionen zwischen den Anfällen und im einzelnen Anfall.

Anfälle (schmale einspitzige oder breite zweispitzige, aber nicht sehr hochgehende Zacken meist in deutlichem Tertianatypus).

Mischinfektionen der verschiedenen Malariaformen sind häufig, dabei wird gewöhnlich zunächst die ungeschlechtliche Entwicklung der einen Parasitenart von der anderen unterdrückt, und erst nach Ausheilung von der einen kommt es dann später zum Auftreten der anderen Form. So tritt bei Mischinfektionen von Tertiana und Tropica später (Frühjahr) oft ein Rückfall an Tertiana auf (dann findet man oft noch Halbmonde im Blut), während umgekehrt im akuten Stadium oft die Tropicainfektion (Spätherbst) das Bild beherrscht.

Die gewöhnlichen **Begleiterscheinungen** der Malariaanfälle (außer Schüttelfrost, Hitze und Schweiß) sind: *Kopfschmerzen*, *gesteigerte Pulsfrequenz*, völlige *Appetitlosigkeit* sowie *Erbrechen*, das gelegentlich sehr lange anhält, sehr quälend wird und sich bis zum Gallenerbrechen steigert (*Gallenfieber*); auch heftiger, tagelang währender Singultus ist beobachtet. *Milzschmerzen* sind oft sehr charakteristisch, sie strahlen in die Umgebung aus und können unter Umständen pleuritische oder pneumonische Reizungen vortäuschen. Die Milzschwellung, die sich im Laufe der Malariainfektion ausbildet, ist zunächst weich, oft nicht zu fühlen, sondern nur perkutorisch nachweisbar. In seltenen Fällen, meist nach mechanischer Einwirkung (Stoß, Fall usw.), aber auch spontan, z. B. bei heftigem Erbrechen (CORMAN), kann eine *Milzruptur* eintreten, die zu tödlicher Verblutung führt, wenn nicht sofort operiert wird. Plötzlich auftretende, scheinbar peritonitische Reizerscheinungen weisen darauf hin. Die harten, leicht abtastbaren, oft sehr großen Milzschwellungen bilden sich erst allmählich im Laufe längerer Infektionen heraus.

Ein häufiger Begleiter der Tertiana ist *Herpes* der Lippen und der Mundgegend, des Gesichts, manchmal auch der Ohren. Bei Quartana und Tropica ist er viel seltener. Auch ein richtiger *Herpes zoster* kann die Malaria begleiten; bereits 1902 hielt MAC FARLANE WINFIELD die Malaria für eine der Herpes zoster auslösenden Ursachen. PETER und URCHS sahen ihn auch als Nachkrankheit, und ersterer stellt ihn zu den larvierten Malariaformen.

Die *Haut* ist bleich, mit *subikterischer* Verfärbung, die bei Häufung der Anfälle noch zunimmt. Im Hitzestadium besteht oft ein starkes Erythem. Manche Autoren beschrieben auch *Hautexantheme* bei Malaria. Insbesondere sind Roseola- und Purpura-ähnliche Exantheme zu erwähnen, auch solche petechialer Natur. Sicher ist, daß auch Malaria allein Hämorrhagien der Haut in solcher Form, wenn auch selten, verursachen kann (s. a. S. 38 unter Chininnebenwirkungen).

Schwerere **„perniziöse Formen“** bilden sich, sei es durch allgemeine schwere Infektion, sei es infolge gefährlich starker örtlicher Infektion einzelner Organe, namentlich bei der Tropica aus. Ihre Prognose ist schlecht, wenn nicht bald energisch eingegriffen wird. Folgende *Hauptformen* sind dazuzurechnen:

1. *Lebensgefährliche Fieberhöhe*, weit über 41° steigend, dabei äußerst heftige Kopfschmerzen, oft auch Delirien. Der Zustand erinnert an Insolation, wird auch gelegentlich durch starke Sonnenwirkung ausgelöst und ist damit kompliziert.

2. *Die algide und kardiale Form* (an das Stadium algidum der Cholera erinnernd): rascher Kräftezerfall, äußerste Herzschwäche, hippokratisches Gesicht, drohender Kollaps, intensive Schweiße,

kühle Haut. Bei verhältnismäßig niedriger Achseltemperatur hohe Analtemperatur.

3. Die *cerebralen* Formen, durch stärkste Überflutung des Gehirns mit Malariaparasiten sowie entzündliche und degenerative Veränderungen im Gehirn bedingt. Nicht immer sind dabei im peripheren Blut entsprechend viele Parasiten zu finden. Jedoch ist das Auftreten reiferer Tropicaformen, insbesondere von Teilungsformen, im peripheren Blut stets als Zeichen schwerster Erkrankung und oft als Vorbote einer drohenden „Gehirnmalaria" anzusehen und Grund für entsprechende Therapie (s. S. 34 u. 43).

Am häufigsten unter den cerebralen Formen ist die **komatöse Form:** Die Kranken sind oft von vornherein und schon vor dem Anfall apathisch; die Apathie steigert sich im Anfall zur Somnolenz, zum Koma. In manchen Fällen stellt sich das Bild auch erst im Laufe eines zunächst ganz leicht erscheinenden Fieberanfalles oder nach einem oder mehreren vorausgegangenen leichten Anfällen ein. Die Temperaturen sind nicht immer sehr hoch. Bis auf seltene Ausnahmen kommt die komatöse Form nur bei Tropicainfektion, aber sowohl bei Erstlingsfieber wie bei Rezidiven vor; bei Quartana ist, wie oben erwähnt, ein tödlich endender Fall beobachtet.

Die cerebrale Form kann das typische Bild einer richtigen *Encephalitis* annehmen, selbst wenn das Fieber auf Medikamente zurückgeht, und mit cerebralen Lähmungserscheinungen tödlich enden.

Auch *epileptiforme* und *tetanische* Anfälle kommen vor, ferner das Bild einer Bulbärparalyse, von Hemiplegien, Paraplegien, Apoplexien, von spastischer Spinalparalyse, multipler Sklerose u. a.

Auch *psychische Störungen* zeigen sich nicht selten im akuten Anfall. Hierher gehören schwerste Erregungszustände, Delirien, Neigung zu Gewaltakten; sie sind besonders häufig bei Alkoholikern („Tropenkoller"). Auch Depressionszustände kommen vor (über nervöse Nacherkrankungen s. S. 21 u. 22).

Endlich sind *meningitische* Erscheinungen bei cerebraler Malaria beobachtet worden, namentlich ausgeprägte Nackensteifigkeit. Dabei ist auch der Lumbaldruck gesteigert, weshalb auch eine Lumbalpunktion, oder besser Zisternenpunktion, hier oft von guter, wenn auch nur symptomatischer Wirkung sein kann.

4. Die *pneumonische Form*, die sich von leichten pneumonischen Erscheinungen (Infiltration, leicht blutiger Auswurf) bis zu schweren Lungenblutungen und bedrohlichen asphyktischen Zuständen steigern kann. Sie ist durch besonders reichliche Besetzung der Lungencapillaren mit malariaparasitenhaltigen Blut-

körperchen bedingt. Diese Form ist sehr selten, wir selbst haben sie nie gesehen.

5. Die *dysenterische Form* mit ruhrartigen, blutig-schleimigen Entleerungen und Tenesmen. Auch rein blutige, oft profuse Entleerungen werden dabei beobachtet. Besonders starke Infektion der Capillaren der Darmschleimhaut mit Tropicaparasiten findet sich hierbei.

6. *Allgemeine Neigung zu Blutungen* (Haut, Mund, Nase, Magen, Darm, Lungen, weibliche Geschlechtsorgane, Augen usw.) kommt ebenfalls als unmittelbare Wirkung schwerer Tropicainfektion, wenn auch recht selten, vor. Sehr viel häufiger werden solche als Folgen von langem Chiningebrauch oder bei primärer Chininidiosynkrasie beobachtet. Bei letzterer würde Darreichung von Chinin den Zustand verschlimmern, während die als reine Malariawirkung auftretenden Hämorrhagien durch Chinin behoben werden müßten.

Besondere **Nebensymptome** der Malariaanfälle seitens **einzelner Organe,** außer den bereits genannten, sind folgende:

Gefäßsystem. Der *Puls* ist im Froststadium klein und frequent, es kann dabei durch Gefäßkontraktion zu Blutdrucksteigerung kommen. Bei schweren Formen kann bedrohliche Blutdruckerniedrigung eintreten. Das *Herz* kann infolge einer Reihe schwerer Anfälle leicht dilatiert werden, dabei können auch akzidentelle Geräusche bei Auskultation auftreten. Die Capillaren der Herzmuskulatur können bei Malaria tropica von Teilungsformen thrombosiert werden, was infolge Herzschwäche während des Anfalls zum Tode führen kann. Eine durch Malaria bedingte *bleibende* Myokarditis ist nicht bewiesen (s. a. S. 22). Eine Endokarditis verursacht Malaria nicht, kann sie aber verschlimmern.

Magen-Darm-Tractus. Die Verdauung ist während der akuten Erkrankung oft gestört. H. Ruge und Mitarbeiter fanden röntgenologisch häufig Verdrängungserscheinungen des Magens durch die vergrößerte Milz. Sie fanden dabei in etwa $^1/_2$—$^2/_3$ ihrer Fälle Sub- oder Anacidität, bei $^1/_5$ Hyperacidität. Nach Heilung kehrten normale Werte wieder. Seitens des Darmes kommen, besonders bei Erstlingsfiebern, abgesehen von der schweren dysenterischen Form bei Tropica, leichtere dysenterische Fälle vor. Wichtig ist, daß sehr häufig das *Bild einer Appendicitis* vorgetäuscht wird, was wir selbst wiederholt erlebten.

Die *Leber* ist im Anfall gleichfalls meist etwas geschwollen. Es wird reichlich Galle produziert, und der Ikterus mit Gallenerbrechen ist ja ein Charakteristikum für manchen schweren

Malariaanfall („*biliöses Fieber*") (über Beziehungen von Lebercirrhose zur Malaria s. S. 22).

Eine *Pankreatitis* gehört nicht zum Bild einer Malaria, doch können sich im vorher bereits erkrankten Pankreas zahlreiche Parasiten ansiedeln (Flu).

Sekretionsorgane. Der *Urin* ist im Fieber oft konzentriert und dunkel. Regelmäßig kann man in ihm — und auch im Stuhl — schon bei den ersten Anfällen eine erhöhte Ausscheidung von *Urobilin* und *Urobilinogen* feststellen. Sie läuft nach Ballerstedt der Schwere des Anfalls parallel und nimmt bei Heilung langsam ab. *Glykosurie* ist einige Male bei Malaria beobachtet worden, und durch ihr Verschwinden durch intensive Chininbehandlung wurde auf einen direkten Zusammenhang mit der Malaria geschlossen (Castellani und Willmore, Harrison, Sutherland). Eine leichte *Albuminurie* kommt in seltenen Fällen im Anfang vor (während der Chininmedikation kann sie ein Vorzeichen drohenden Schwarzwasserfiebers sein). Dagegen sind *Nephrosen* und *Nephritiden* häufig eine Begleiterscheinung der *Malaria quartana.* Das ist nach früheren und gründlichen neueren Beobachtungen nun zweifellos.

So sah Carothers in Kawirondo (Ostafrika) zahlreiche subakute Nephritisfälle bei Kindern; 67% ergaben Infektion mit Plasmodium malariae. Andererseits stellte er bei 36% seiner Quartanafälle eine subakute Nephritis fest. Surbeck beschrieb 15 derartige Fälle aus Sumatra, und Giglioli beschrieb u. a. 5 tödlich endende Fälle bei nichtbehandelter chronischer Quartana aus Britisch-Guyana.

Es können bei diesen Fällen starke Eiweißausscheidungen, Ödeme und Ascites auftreten. Djaparidse sah Ödeme ohne Eiweißausscheidung, insbesondere bei Quartana. Surbeck sah auch bei Tropica Nephritis, aber nie in Hämoglobinurie übergehend. Nach allem scheint eine nichtbehandelte chronisch werdende Quartana die Entstehung zu begünstigen. Spezifische Malariabehandlung brachte fast stets Heilung.

Von anderen Erkrankungen ist *Mastitis* wiederholt beobachtet, sie tritt mit dem Anfall auf, die Brüste schwellen und sind sehr schmerzhaft (De Brun, Greenfield). Carnot und Bruyère sahen solche auch bei Männern in Mazedonien. Auch *Orchitis* ist wiederholt beschrieben, es handelt sich aber meist um Wiederaufflackern einer früheren Krankheit anderer Ätiologie (Gonorrhöe, Tuberkulose).

Von seiten der *weiblichen Geschlechtsorgane* kommen Blutungen während des Fiebers vor. Es kommt bei schwangeren Frauen nicht selten zum *Abort* oder zu *Frühgeburten* (wie auch sonst bei fieberhaften Erkrankungen). Bei schlecht oder gar nicht behandelter Malaria kommt es zu Dysmenorrhöe, selbst Amenorrhöe.

Seitens der *Sinnesorgane* ist auf Veränderungen der *Augen* hinzuweisen. Ein Herpes kann auch die Cornea befallen. Blutungen kommen sowohl auf der Bindehaut, im Glaskörper wie auf der Netzhaut vor. Es gibt eine, meist vorübergehende *Malariaamblyopie.* Bei ihr kommt es, im Gegensatz zur Chininamaurose (s. S. 39), zu Hämorrhagien der Gefäße, und die Umgebung der Macula zeigt dunkle Blutflecke.

Das *periphere Nervensystem* zeigt nicht selten Zeichen von *Paresen* bestimmter Nervengruppen oder sogar von *Polyneuritis,* letztere können an *Beriberi* erinnern. Meist sind diese beriberiartigen Formen aber durch eine gleichzeitige Avitaminose bedingt, wie wir selbst seinerzeit bei schweren Malarikern aus Brasilien sahen. Die Neuritis kann auch *Atrophien* einer Muskelgruppe zum Gefolge haben; wir sahen dies besonders bei hartnäckiger Tropica.

Die klinischen Symptome der akuten Malaria bei Kindern.

Kinder können bald nach der Geburt an Malaria erkranken. Es sind eine ganze Reihe einwandfreier Beobachtungen bekannt, bei denen in solchen Fällen eine direkte Übertragung durch die mütterliche Placenta stattgefunden hat, es sich also um **kongenitale Malaria** handelt. Auch sonst erkranken gerade Kinder besonders häufig an Malaria. Charakteristisch ist, daß bei ihnen *Schüttelfröste* sowohl wie das *Schweißstadium ganz fehlen* können, die Temperaturen nicht immer sehr hoch sind und das Fieber oft nachts auftritt und nicht bemerkt wird. Die Kinder sind matt, weinerlich, apathisch, sehen vorübergehend grau und verfallen aus, die Haut ist kalt. So verlaufen die Anfälle häufig unbemerkt, und die Kinder werden dabei allmählich recht elend und blutarm, auch stellt sich dabei in der Folge beträchtliche Milzschwellung ein. Bei der Blutuntersuchung findet man meist sehr reichlich Parasiten. Ein besonderes Zeichen der Kindermalaria aber sind krampfartige Anfälle. *Krämpfe* bei Säuglingen und größeren Kindern beruhen sehr oft auf Malaria und können in Form klonischer oder tonischer Krämpfe, oft *epileptiform* erscheinen. Wenn also solche Anfälle in Malariagebieten gehäuft, manchmal sogar periodisch bei einem Kinde auftreten, ist unbedingt das Blut zu untersuchen.

Weiterer Verlauf der Krankheit.

Die durch Tertiana und Quartana bedingten Anfälle können sehr lange in gleicher Wiederkehr anhalten. Die Tropicainfektion nimmt gewöhnlich schon nach wenigen Anfällen eine Wendung entweder zum Schlechteren, indem perniziöse Anfälle, insbesondere die komatöse Form, auftreten, oder zum Besseren, indem die Anfälle auch bei fehlender oder ungenügender Behandlung geringer werden und schließlich für mehr oder weniger lange Zeit verschwinden. Die Selbstimmunisierung, die man dabei annehmen muß, ist aber nicht vollkommen, da über kurz oder lang Rückfälle auftreten. Bei Tertiana und Quartana hören die Anfälle meist erst nach längerer Wiederkehr von selber auf. Die Selbstimmunisierung tritt also hier später ein als bei Tropica, und das ist auch der Grund dafür, daß man bei Mischinfektion mit Tropica und Tertiana während der späteren Rückfälle meist nur Tertianaparasiten findet.

Bei den unvollständigen Immunisierungsprozessen, die zum vorläufigen Verschwinden der Anfälle auch bei ungenügender oder fehlender Behandlung führen, spielt wahrscheinlich die Milz eine große Rolle. Bei der chronischen Malaria der Affen kann man durch Entfernen der Milz akute Fieberanfälle und starke Vermehrung der Parasiten hervorrufen. Ähnliches hat man bei malariainfizierten Menschen nach Milzexstirpation beobachtet. In der Literatur ist ein Fall von sehr schnell tödlich verlaufener, jeder Therapie mit Chinin trotzender Malaria beschrieben, bei dem sich bei der Sektion zeigte, daß die Milz fehlte.

In den *fieberfreien Intervallen* von einem Anfall zum anderen fühlen sich die Kranken verhältnismäßig wohl, wenn auch schwach. Der Appetit fehlt meist auch in der Zwischenzeit ganz. Schon nach wenigen Anfällen, wenn auch leichteren Grades, verändert sich das Aussehen der Kranken, die Gesichtsfarbe wird grau und gelblich, die Lippen und die sichtbaren Schleimhäute werden in zunehmendem Grade blasser. Die Zahl der roten Blutkörper und der Hämoglobingehalt des Blutes sinkt mehr oder weniger schnell. Die Milz wird allmählich härter, dicker und palpabel, auch die Leber schwillt allmählich an.

Nach einer mehr oder weniger großen Zahl von intermittierenden Anfällen tritt eine Zeit der **Latenz** der Malariainfektion ein, manchmal ganz plötzlich (nach genügender Behandlung), manchmal aber auch allmählich, indem die einzelnen Anfälle sich nicht mehr voll ausbilden, kürzere Zeit dauern und so allmählich abklingen. In dieser Latenzzeit bleiben die Kranken, namentlich wenn die vorhergegangenen Anfälle ungenügend mit Chinin behandelt waren und die Behandlung dann auch nicht weiter fortgesetzt wurde, oft mehr oder weniger anämisch und fühlen sich dauernd schwach mit allerlei Beschwerden. Fahles Aussehen, Milzschwellung, oft auch vermehrte Urobilin- und Urobilinogenausscheidung. Bei Männern bleibt die Libido oft noch längere Zeit herabgesetzt. Im Blutpräparat sind während des Latenzstadiums seltener Schizonten, häufiger aber Gameten anzutreffen. Die Zahl der Leukocyten ist meist dauernd vermindert, die der Monocyten relativ vermehrt, unter den Erythrocyten sind oft viele polychromatische und basophile.

Bei genügend behandelten Fällen gelangen die Kranken häufig schnell subjektiv und objektiv zu merklichem Wohlbefinden. Namentlich nach Behandlung mit Atebrin setzt dieses oft überraschend schnell ein.

Rückfälle. Nach kürzerer oder längerer *Latenzzeit* stellen sich in vielen Fällen — zum Teil von Art und Dauer der Behandlung abhängig — Rückfälle ein. Das Gegenteil, Ausbleiben der Rückfälle, gehörte bis zur Einführung des Atebrins zu den größten Seltenheiten. Oft beobachtet man dabei Wiederkehr in regelmäßiger Zeitfolge, z. B. nach 7 Tagen, am häufigsten nach 3 Wochen. Auch begünstigen klimatische Schwankungen und von den Jahreszeiten der Frühling und der Frühsommer das Auftreten von Rezidiven. Recht häufig sind es bestimmte, *plötzliche Einwirkungen,* die Rückfälle auslösen: Kälte, Durchnässungen, Märsche, scharfe Ritte und andere Muskelanstrengungen, Verwundungen, Geburten und chirurgische Eingriffe, starke Sonnenbestrahlung — auch ohne daß sie zum Sonnenstich führt —, Diätfehler, alkoholische Exzesse, geistige Überanstrengungen, psychische Aufregungen (sexuelle Exzesse), starke Abführmittel und schließlich Impfungen aller Art, wie Schutzimpfungen gegen Typhus, Cholera, Pocken, Tuberkulinimpfungen, Injektionen von steriler Milch, Serum, Salvarsan u. dgl.[1]. Auch im Prodromal- und Anfangsstadium akuter Infektionskrankheiten, z. B. bei Typhus und Paratyphus, auch nach Influenza, treten bei malariainfizierten Leuten häufig Rückfälle auf.

Die *Rückfälle* wurden lange Zeit durch die von SCHAUDINN auf Grund morphologischer Befunde aufgestellte Theorie einer „*Gametenrückbildung*" erklärt. (Näheres unter Parasitologie.) Heute gilt diese Annahme als unbewiesen, indem die von SCHAUDINN beobachteten Formen als Doppelinfektionen angesehen werden. Andererseits steht es sicher fest, daß nach klinischer Heilung in der Latenz außer Gameten ungeschlechtliche Formen, insbesondere Ringe, in inneren Organen, seltener auch im peripheren Blut erhalten bleiben, die sich entweder mit großer Verzögerung oder gar nicht

[1] Die durch Einspritzungen von Narkoticis in Ägypten und Nordamerika wiederholt ausgelösten Malariaanfälle beruhten auf Verunreinigung der Spritzen mit Malariablut.

mehr weiterentwickeln, bis eine der oben geschilderten Einwirkungen ihre raschere Weiterentwicklung, Vermehrung und so Rückfälle auslöst. In solchen Stadien sind bei menschlicher Malaria in Milz und Knochenmark (James, Ziemann u. a.) Schizonten nachgewiesen, und das gleiche kennen wir von der der menschlichen Malaria so ähnlichen Vogelmalaria, bei der man oft noch nach vielen Monaten im Knochenmark Parasiten in virulenter Form finden kann.

Das *klinische Bild der Rezidive* und der Verlauf ist dem der Erstlingsfieber durchaus ähnlich. Die ersten Fieber der Rezidive sind oft rudimentär. Bei einem Tropicarückfall kann aber schon der zweite, dritte Anfall perniziös sein. Auf eine Rezidivzeit folgt wieder ein Latenzstadium, und so können sich Rückfälle und Latenzzeit lange ablösen, wobei letztere allmählich länger, die Rückfälle seltner und milder werden, wenn nicht etwa Rezidive durch besondere Einwirkungen (vgl. oben) hervorgerufen werden.

Malariakachexie nennen wir den chronischen Krankheitszustand, der sich nach langer Dauer der Infektion und häufiger Reinfektion bilden kann. Die Kranken sind äußerst blutarm, von erdfahlem Aussehen, gedunsenem Gesicht. Auch Ödeme der Gliedmaßen sind häufig. Milz und Leber sind stark geschwollen. Hämoglobingehalt und Zahl der Erythrocyten sind stark herabgesetzt, basophile und polychromatophile Erythrocyten, Normoblasten und Megaloblasten treten auf, die Monocyten sind vermehrt, im übrigen besteht Leukopenie. Der Urin enthält oft Eiweiß und reichlich Urobilin und Urobilinogen. Nicht selten sind Sehstörungen mit Hämorrhagien, ähnlich den S. 17 geschilderten (über ihre Unterscheidung von Chininwirkung s. S. 39). In seltenen Fällen wird auch Hodenatrophie beobachtet. Bei Kindern bleibt die Entwicklung verkümmert und verspätet sich, erwachsene Jünglinge haben häufig puerile Geschlechtsteile und pueriles Aussehen. Frauen zeigen Neigung zu Abort oder bleiben steril. Diese Entwicklungshemmung betrifft besonders die weiße Rasse; bei Farbigen, insbesondere bei Negern, wird sie meist vermißt. Man kennt sie besonders aus schweren Endemiegebieten in Südeuropa.

Die Malariakachexie äußert sich auch in geistiger Beziehung. Müdigkeit, Unlust zu geistiger Arbeit, Gedächtnisschwäche, Sprachstörungen gehören zu ihren regelmäßigen Begleiterscheinungen. Häufig ist auch Impotenz und mangelnde Libido vorhanden.

Bei schweren kachektischen Zuständen, übrigens auch bei akuten Malariafiebern, die schwer heruntergekommene Individuen, z. B. Dysenteriker, befallen hatten, aber auch bei unkomplizierter Malaria ist gelegentlich auch *Gangrän* — insbesondere an den

Füßen — beobachtet worden. Manchmal zeigen sich bei der Malariakachexie auch *beriberiartige* Erscheinungen, wie Ödeme, Herzschwäche, Paresen und Muskelatrophien (über Komplikation mit echter Beriberi s. S. 17 u. 23). Die sehr großen Milzen der Kachektiker können bei Stößen gegen den Leib u. dgl. leicht zu Rupturen führen, auch sind Punktionen solcher Milzen wegen der Gefahr schwerer Blutungen nicht ungefährlich. Der Parasitenbefund ist wechselnd, man kann bisweilen bei Kachexie im peripheren Blut auch Schizogonien sehen, ohne daß es zu ausgeprägten Fieberanfällen kommt.

Larvierte Formen und Folgezustände (insbesondere *nervöse Störungen*). Von der kachektischen Form der chronischen Infektion, deren Zustandekommen, wie schon oben erwähnt, besonders durch oft wiederholte Reinfektionen begünstigt wird — abgesehen von fehlender oder nicht gründlicher Behandlung —, zu unterscheiden sind die larvierten Formen der chronischen Malaria, die veranlassen sollten, bei früheren Malarikern in solchen Fällen auf Parasiten zu fahnden. Hier fehlt oft das Bild der Malariakachexie, oder es ist nur angedeutet. Die larvierte Malaria tritt meist in Form von *Neuralgien* auf, am häufigsten im Gebiet des Trigeminus. Oft handelt es sich dabei um regelmäßig wiederkehrende neuralgische Anfälle, die sich eine Zeitlang wiederholen, dann verschwinden, um nach einer Latenzzeit wiederzukehren. Auch *Gastralgien, Erbrechen, Migräne*, Anfälle von *Tachykardie* u. a. (nach Peter auch manchmal Herpes zoster), die regelmäßig wiederkehren, gehören zu den „Larven"! Man darf aber nicht etwa jede anfallsweise auftretende Neuralgie bloß deshalb, weil sie durch Chinin günstig beeinflußt wird, als Folge chronischer Malariainfektion ansehen, denn Chinin wirkt auch auf Neuralgien aus anderer Ursache günstig ein. Es müssen mindestens noch einige andere Anzeichen noch bestehender chronischer Malaria vorhanden sein, wenn man solche Neuralgien mit Grund einer chronischen Malaria zuschreiben will. Das gilt auch von den (bereits auch bei der akuten Malaria geschilderten) *Neuritiden mit Paresen* einzelner Muskeln (Abducens) und Muskelgruppen, auch ganzer Gliedmaßen, die gelegentlich als Malariafolgen auftreten. Ferner sind auch *Sprachstörungen*, wie vorübergehende Aphasie oder Dysphasie, hesitierende Sprache, zuweilen mit anderen Erscheinungen, die auf multiple Sklerose deuten können, endlich auch solche, die Herderkrankungen im Gehirn und Rückenmark entsprechen (z. B. spastische Spinalparalyse), als Malariafolgen beobachtet worden (s. auch S. 14 u. 22).

Auch *Psychosen* können sich in Gefolge chronischer Malaria bilden, meist haben sie depressiven Charakter (Apathie und Melancholie). Manchmal steigert sich der Zustand zu Bewußtseinsschwäche, Verworrenheit, Dämmerungszuständen, in denen Handlungen begangen werden, deren sich der Kranke nachher nicht mehr erinnert. In selteneren Fällen kommt es zu Aufregungszuständen, die ja manchmal auch einem Fieberanfall vorausgehen können oder von ihm begleitet sind („Tropenkoller"). Auch bei diesen krankhaften Zuständen ist, damit sie als Folgeerscheinungen einer Malaria angesprochen werden können, der Nachweis *unmittelbaren Zusammenhanges* mit vorausgegangener Malaria oder des Fortbestehens sonstiger Malariaerscheinungen beizubringen. Es ist unserer Ansicht nach nicht zu begründen, wenn ohne solchen Zusammenhang oder ohne sonstige Malariasyndrome bei Straftaten eine alte, schon jahrelang zurückliegende und längst erledigte Malaria als Milderungsgrund herangezogen werden soll.

Dasselbe gilt für die *zahlreichen Erkrankungen*, deren Genese zum Teil noch unklar ist und die im Rentenverfahren (besonders bei früheren Kriegsteilnehmern oder Seeleuten) als Malariafolgen zu beurteilen sind. Von diesen Erkrankungen seien genannt: *Lebercirrhose;* es ist schon vielfach behauptet worden, daß auch die Malaria zu einer ihrer Ursachen gehöre (neuerdings wieder von SEREFETIN), bewiesen ist es niemals. Vor allem müßte sie dann in Malariagebieten häufiger sein als anderwärts. Bei zahlreichen von uns zu begutachtenden Fällen waren meist andere Ursachen (Alkoholismus, Lues) nachweisbar. *Leukämie;* auch bei ihr kann man vielleicht höchstens die 2—3 beobachteten Fälle mittelbar mit Malaria — als auslösendem Moment — in Zusammenhang bringen, die direkt im Anschluß an solche sich entwickelten. Dasselbe gilt für die *„perniziöse Anämie"*; schwere, selbst tödlich endende sekundäre Anämien können nach Malaria tropica und besonders Schwarzwasserfieber vorkommen, echte perniziöse Anämie aber ist sicher keine Malariafolge.

Von Leiden, die viele Jahre nach Kriegsende bei früheren Malarikern zuerst aufgetreten und dann in der Regel zu Unrecht mit der Malaria in Zusammenhang gebracht wurden, nennen wir: Herzfehler, Myokarditis, Arteriosklerose, Apoplexien, Asthma, Lungenemphysem, Ulcus ventriculi und duodeni, Magenkrebs, chronische Darmleiden, Alveolarpyorrhöe, Diabetes, Nephritiden, Neurosen, Epilepsie, multiple Sklerose (alle fieberhaften Erkrankungen, die fälschlich für späte Malariarückfälle gehalten werden, gehören natürlich nicht hierher). (Hierüber s. unter Diagnose.)

Komplikationen und Mischinfektionen. Malaria und akute fieberhafte Infektionskrankheiten zeigen insofern einen gewissen Antagonismus, als akute Malariaanfälle während des fieberhaften Verlaufes einer solchen Krankheit sich in der Regel nicht zu zeigen pflegen. Man beobachtet sie meist nur im Inkubations- oder Prodromalstadium, und wiederum, nachdem die Entfieberung begonnen hat. Misch- oder Summierungsformen, bei denen man etwa den Eindruck haben könnte, daß z. B. die Zacken eines oder mehrerer Malariaanfälle sich auf eine ausgebildete Typhuskurve aufbauten, gehören wohl zu den größten Seltenheiten. Die Malariaanfälle erscheinen bei Typhus erst bei oder während der Entfieberung wieder und können sogar zunächst für ein Typhusrezidiv gehalten werden. Es ist eine allgemeine Erfahrung, daß durch Mischinfektion von Typhus und Malaria eine Verschlimmerung einer der beiden Erkrankungen nicht stattfindet, nur GIGLIOLI sah bei einer Epidemie des sonst mild verlaufenden Typhus C in Britisch-Guyana Todesfälle durch Kombination mit Malaria. Im übrigen kann sich natürlich eine chronische Infektionskrankheit wie Malaria mit allen möglichen Leiden komplizieren. In Spanien wurden wiederholt Mischinfektionen mit Recurrens beobachtet, wobei schlummernde Infektionen scheinbar eine durch die andere aktiviert werden können (GARCIA DE COSA). Es kann auch eine Tuberkulose durch hinzutretende Malaria aktiviert werden. Da die Malaria die Widerstandsfähigkeit gegen andere schädliche Einflüsse herabsetzt und andererseits auch wieder die verschiedensten schädigenden Einwirkungen, darunter auch Krankheiten, das Ausbrechen von Malariarezidiven begünstigen, so kann z. B. auch Malaria wie andere Infektionskrankheiten (Rückfallfieber, Fleckfieber) bei Leuten, die durch einseitige und unzureichende Ernährung zur echten *Beriberi* oder auch nur zur Ödemkrankheit vorbereitet sind, diese Krankheiten ganz akut zum Ausbruch bringen. Auch *Endarteriitis* und anschließende trophische Gewebsstörungen an den Extremitäten sind als solche Folgezustände zu beurteilen. Es ist nicht immer leicht, aber auch nicht immer unbedingt wichtig, sich darüber Rechenschaft abzulegen, ob solche Erscheinungen mehr als unmittelbare Folgen der Malaria oder mehr als Komplikation aufzufassen sind.

Die Diagnose der Malaria stützt sich in erster Linie auf den Blutbefund. Indessen ist ein positiver Parasitenbefund zur ersten Diagnose nicht immer unbedingt erforderlich. Oft genug fehlen die Parasiten im peripheren Blut, namentlich wenn vor der Untersuchung schon Chinin genommen war. Man findet aber auch dann oft einige der die Malaria kennzeichnenden Veränderungen des Blutes (Monocytose, Basophilie und Polychromasie der Erythrocyten, Leukopenie). Starke Leukocytose, namentlich bei wiederholtem Befund, spricht gegen Malaria. Man darf daher die Blutuntersuchung bei Malariaverdacht nicht auf die Untersuchung einiger dicker Tropfen beschränken, sondern muß beim Fehlen von Malariaparasiten im dicken Tropfen unbedingt auch Blutausstriche untersuchen und Leukocyten zählen. Umgekehrt genügt ein Befund von *Gameten* allein nicht für die Annahme, daß das betr. Fieber Malaria ist, es kann in solchen Fällen ebensogut eine andere fieberhafte Krankheit vorliegen, die zu einer chronischen Malaria hinzugetreten ist.

Bei allen Kranken, die in Malariagegenden gewesen sind, sollte man, wenn die Diagnose einer anderen fieberhaften Erkrankung nicht klar ist, an Malaria denken und das Blut untersuchen.

Die *klinischen diagnostischen Zeichen* der Malaria sind blasses, graues oder gelbliches Aussehen, mehr oder weniger blutarme Schleimhäute, Klagen über Müdigkeit, Schlaffheit. Fieber wird nicht immer vom Patienten bemerkt und angegeben, deshalb ist sorgfältige Temperaturmessung auch in den Fällen, in denen nicht über Fieber geklagt wird, beim Verdacht auf Malaria erforderlich. Indessen ist es natürlich zur Begründung der Diagnose nicht erforderlich, daß gerade im Augenblick der Untersuchung erhöhte Temperatur gefunden wird. Im Urin wird während eines Anfalls und noch mehrere Tage später Urobilin und Urobilinogen fast immer in erhöhter Menge ausgeschieden, während im Gegensatz dazu bei Typhus und Paratyphus diese Stoffe nicht in erhöhtem Maße im Urin gefunden werden. Die WASSERMANNsche Reaktion ist nur bei $^1/_3$ der Fälle während oder kurz nach den Anfällen, meist bei Tertiana, positiv. Die HENRYsche Reaktion (s. S. 122) hat dagegen diagnostischen Wert.

Von großer diagnostischer Wichtigkeit ist die Prüfung der Chinin- oder Atebrinwirkung. Wo bei einer akuten fieberhaften Erkrankung Atebrin oder Chinin, vorausgesetzt, daß es in zweckmäßiger Form und genügender Menge verabreicht wird, nicht schon nach 3—5 Tagen die Temperatur völlig und für mindestens einige Tage zur normalen herabzudrücken imstande ist, so daß auch keine kleinen Fieberzacken mehr zu beobachten sind, handelt es sich nicht um Malaria. Dies gilt nicht bloß für die Differentialdiagnose zwischen Malaria und der Typhusgruppe, deren Kurve ja alsbald nach dem Aufhören der Chininwirkung immer wieder in die Höhe geht, sondern auch für intermittierende malariaähnliche Fieber, wie sie durch Maltafieber, Gallensteinanfälle,

Cholecystitis, Leberabscesse, Endokarditis, septische Erkrankungen (z. B. Otitis media bei Kindern, fokale Infektionen, tonsilläre Abscesse), Bronchiektasien, Hydronephrose[1], HODGKINsche Krankheit (mit sog. chronischem Rückfallfieber), Cystopyelitis, Syphilis und viele andere Erkrankungen hervorgerufen werden.

Schwierig ist unter Umständen die Frage zu begutachten, ob jemand, der früher Malaria gehabt hat, aber zur Zeit der Untersuchung klinisch anscheinend gesund und seit langem fieberfrei ist, noch Malariaparasitenträger ist und Rückfälle bekommen wird. In solchen Fällen wird noch häufig versucht, die noch vermuteten Malariaparasiten durch allerhand *Reizmittel*, wie kalte Duschen, Milzduschen, heiße Umschläge auf die Milz, Heißluftbäder, Holzhacken und Märsche, Bestrahlung mit ultraviolettem Licht, Abführmittel, kräftigen Alkoholgenuß, Einspritzung von: Milch, artfremden Eiweißkörpern; fiebererregenden Stoffen wie Pyrifer; Adrenalin usw., zur Vermehrung zu bringen oder in den peripheren Kreislauf auszuschwemmen und dadurch ein positives Blutpräparat zu erzielen. Auch kleine Dosen von Salvarsan oder Plasmochin werden für diese „**Provokation**“ angewandt. Indessen darf man in solchen Fällen sichere Schlüsse nur aus einem positiven Ergebnis ziehen, da spontane Rückfälle, auch nachdem selbst stärkste Reizmittel versagt haben, noch auftreten können. Übrigens darf man deshalb auch das Erscheinen von Parasiten nach längerer Zeit als einige Tage nach solchen Einwirkungen nicht als Erfolg solcher Provokationsverfahren buchen. Bei objektiver Beurteilung sind die Erfolge der Provokation in einem großen Prozentsatz negativ. Wenn wir sie überhaupt anwenden, so bevorzugen wir die harmloseren physikalischen Reize, sind aber im übrigen auch hierbei im Interesse der Kranken der Ansicht „quieta non movere“, denn wir wissen ja gar nicht, ob dadurch etwa die eintretende relative Immunität gestört wird.

Es muß noch darauf hingewiesen werden, daß auch relativ seltenere Krankheiten, besonders während des Fiebers, mit Malaria verwechselt werden können. Hierzu gehört der *hämolytische Ikterus*, bei dem Milzschwellungen, Anämie und periodische Fieber auf Malaria hinweisen können. Den Ausschlag gibt hier — außer der Anamnese — die Prüfung der Resistenz der roten Blutkörper gegen iso- und anisotonische Kochsalzlösungen. Sie ist beim hämolytischen Ikterus deutlich herabgesetzt, bei Malaria entweder ganz normal oder um ein weniges erhöht. O. FISCHER erwähnt auch einen Fall von aleukämischer myeloischer Leukämie mit

[1] In einem von KNABE beschriebenen Fall solcher war die Niere für die vergrößerte Milz gehalten worden.

Hautblutungen und Milztumor, der als Malaria angesehen wurde. Auch *Recurrens, afrikanische Schlafkrankheit* im Anfangsstadium und vor allem *Kala-Azar* werden oft zunächst für Malaria gehalten. Letztere Krankheit ist ja auch im Mittelmeergebiet gar nicht so selten und befällt dort genau wie die Malaria besonders häufig Kinder. Die Krankheit verläuft chronisch mit Fieberperioden, sehr starker Milz- und Leberschwellung und Ausbildung eines Zustandes, der eine weitgehende Ähnlichkeit mit der Malariakachexie hat und lange auch dafür gehalten wurde. Die Diagnose ist leicht durch Punktion der Milz, Leber oder des Knochenmarks zu stellen, wobei man — wenn auch manchmal erst nach längerem Suchen — die Erreger (Leishmania donovani) in Ausstrichen des Gewebssaftes findet. Starke Monocytose bei hochgradiger Leukopenie ist für Kala-Azar charakteristisch.

Die Prognose der Malaria ist bei rechtzeitiger Diagnose und entsprechender Behandlung im allgemeinen als günstig zu stellen. Immerhin ist, besonders bei Tropica, die Sterblichkeit noch relativ hoch, eben weil obengenannte Bedingungen vielfach nicht zu erfüllen sind oder weil allgemeine Schwächung durch mangelhafte Ernährung oder komplizierende Krankheiten die Widerstandskraft herabgesetzt haben. Auch das Schwarzwasserfieber fordert noch reichlich Opfer. Insbesondere sind es plötzliche Malariaepidemien bei ganzen Bevölkerungsgruppen, die eine hohe Mortalität verursachen.

Auch bei Malariakachexie ist die Prognose, wenn sie noch nicht zu weit vorgeschritten ist, nicht ungünstig, wobei auch hochgradige Anämien sich wieder vollkommen zurückbilden können.

Behandlung der Malaria.

Die Malaria gehört zu den wenigen Krankheiten, gegen die wir im Besitz spezifisch wirkender Heilmittel sind. Das älteste davon ist das **Chinin.** Nachweislich seit 1630 gegen Wechselfieber benutzt und 1632 durch einen Jesuitenpater nach Europa gebracht, verknüpft die Legende die Chinarinde mit dem Namen der Gräfin CINCHON. 1820 stellten PELLETIER und CAVENTOU das Alkaloid Chinin aus der Rinde rein dar. 1931 gelang RABE und seinen Mitarbeitern die Synthese des Hydrochinins.

Es gibt verschiedene Arten des Chinabaumes, aus deren Rinde die wirksamen Alkaloide gewonnen werden. Die wichtigsten sind Cinchona ledgeriana (gelbe Rinde) und C. succirubra (rote Rinde).

Die erstere enthält annähernd 13% (höchstens 18%), die letztere nur bis 7—8% Chinin. Außer Chinin sind darin noch verwandte Alkaloide enthalten, die zum Teil für die Malariatherapie verwendet werden. Das wichtigste Alkaloid ist das Chinin, das meistens in Form des salzsauren Salzes gebraucht wird. Es ist daher im folgenden, wenn nichts anderes erwähnt wird, stets Chininum hydrochloricum gemeint.

Chininbehandlung. Die rationellen Behandlungsmethoden der Malaria mit Chinin sind begründet auf langer Erfahrung an natürlich erworbener Malaria. Daneben sind neue Erfahrungen bei der induzierten Malaria der Paralytiker gewonnen worden, die aber wegen derer Besonderheit nicht ohne weiteres in die Praxis übernommen werden können.

Die wichtigsten Tatsachen, die sich ergaben, sind: *Die Chininbehandlung der Malaria ist keine Therapia magna sterilisans, auch nicht bei noch so großen und lange fortgesetzten Chiningaben. Rückfälle sind auch dabei unvermeidlich.*

Die Malariaparasiten werden nicht im gleichen Grade in ihren verschiedenen Entwicklungsstadien beeinflußt. Am empfindlichsten sind die jüngsten Formen. Die *Gameten sind am widerstandsfähigsten.* Sie werden im Körper durch Chinin nicht merkbar beeinflußt.

Bei länger fortgesetztem täglichem Gebrauch großer Chinindosen kann eine *Abstumpfung* der Malariawirkung des Chinins und daneben oft auch eine *Überempfindlichkeit* des Kranken gegen das Mittel eintreten, die sich im Auftreten von ungewöhnlichen Nebenwirkungen äußert, wie man sie sonst nur bei Chininidiosynkrasie beobachten kann.

Hieraus ergeben sich folgende *praktische Folgerungen:*

Zu große Chiningaben haben *in der Regel* keinen Vorzug vor mittleren Gaben. Die mittlere Dosis Chinin für einen Erwachsenen beträgt 1 g (s. S. 29). Kleine Kinder bis zu 1 Jahr erhalten 0,075 bis 0,1 g; bis zu 10 Jahren von 0,1 mit dem Alter steigend bis 0,75 g Chinin. Kinder vertragen übrigens Chinin verhältnismäßig gut.

Chinin muß gerade in der Zeit, in der die jüngsten Parasiten entstehen und am reichlichsten vorhanden sind, d. h. bei Beginn eines Anfalls, vor und im Schüttelfrost und unmittelbar nachher, in genügenden Mengen im Körper vorhanden sein.

Fieberrückfälle lassen sich auch durch große und länger fortgesetzte Chiningaben nicht ganz ausschalten, und es ist vergebliche Mühe, bei Gametenträgern die Gameten durch große lange fortgesetzte Chiningaben zerstören zu wollen.

Die alte Regel, Chinin in gehöriger Dosis 4—6 Stunden vor einem neuen zu erwartenden Anfall zu geben, war durchaus richtig, aber die Anfälle treffen nicht immer zur berechneten Zeit ein und können ja postponieren und anteponieren. Daher gab NOCHT seit Anfang 1900 das Mittel nicht in einer größeren Einzelgabe, sondern in mehreren kleineren auf längere Zeit verteilten Gaben und hat damit, unabhängig vom Anfall, möglichst sofort beginnen lassen. Setzt man diese Teilgaben noch mehrere Tage fort, so kann man sicher sein, daß gerade immer zur richtigen Zeit die erforderliche Menge von Chinin im Körper ist. Diese Chininkur in verteilten Gaben ist unter dem Namen „*Chininkur nach* NOCHT“ vielfach eingeführt worden. Da bei jeder Parasitenteilung auch neue Gameten entstehen, so werden die Gameten im Körper durch wiederholte Anfälle auch immer mehr angereichert. Je früher daher die Anfälle durch Chinin bekämpft und beschränkt werden, desto geringer wird die Zahl der Gameten.

Sehr umstritten ist noch die Frage, *wie lange man die Chininbehandlung* fortsetzen soll, da Rezidive bei ihr nicht zu verhindern sind und trotz der größten und möglichst lange fort gegebenen Chinindosen sich in einem Prozentsatz von mindestens 25—50% wieder einzustellen pflegen.

Es stehen sich hier zwei Ansichten gegenüber. Die einen betonen, daß die Zahl der Rückfälle auch bei längerer Behandlung nach ihren Erfahrungen nicht seltener sei, die Nachteile einer lange fortgesetzten Chininkur für den Organismus dagegen größer als neue Rückfälle. Die anderen, darunter wir, haben gegenteilige Erfahrungen gemacht und halten eine Weiterbehandlung noch einige Wochen lang für angebracht. Wir sahen, daß die Kranken bei kurzer Chininkur sich nicht vollständig erholt haben, namentlich blutarm bleiben, Rückfälle sehr oft schneller eintreten und auch leichter einen schwereren Charakter annehmen als nach längerer Chininbehandlung. Als überflüssig wird diese Fragestellung bei solchen Menschen anerkannt, die in schwer verseuchten Endemiegebieten als nicht seßhafter Bevölkerungsteil immer wieder Neuinfektionen ausgesetzt sind und auch — ohne daß sie erkrankt wären — eine ständige Prophylaxe machen müssen.

Auch bei längerer Nachbehandlung besteht keine Einigkeit darüber, ob man *täglich oder mit Unterbrechungen* behandeln soll. Gegen die tägliche mehrwöchige Nachbehandlung mit Dosen von 0,5—1 g ist geltend zu machen, daß dabei zweifellos eine „Abstumpfung“ der Chininwirkung, sei es durch Gewöhnung des

Organismus, sei es durch erworbene Chininfestigkeit der Plasmodien, entstehen kann. Solche Beobachtungen wurden namentlich während des Weltkrieges gemacht. Der eine von uns (NOCHT) sah damals sogar zahlreiche mit täglichen 2—3-g-Dosen behandelte Fälle, die trotzdem Rückfälle bekamen und während der Kur sogar recht häufig Parasiten und Fieber zeigten. (Daß während des Weltkrieges sich bei allen Armeen gegen Chinin besonders resistente Malariafälle häuften, ist allgemein bekannt.)

Formen der Chininkur. Wir empfehlen daher — *soweit man die reine Chininbehandlung überhaupt noch anwenden will* — die im Hamburger Tropeninstitut seit 1904 eingeführte *Chininkur nach* NOCHT mit längerer Pausenbehandlung. Danach gibt man, solange noch Fieber besteht und dann noch 5 Tage nachher, bei Erwachsenen als mittlere Dosis 1 g Chininum hydrochloric. Dann empfehlen wir entweder erstens: 2 Tage Pause — 3 Chinintage — 3 Tage Pause — 3 Chinintage — 4 Tage Pause — 2 Chinintage — 5 Tage Pause — 2 Chinintage, und mit 5tägigen Pausen noch 4 Wochen lang je 2 Chinintage, oder zweitens: der Einfachheit halber mit 4 freien Tagen und 3 Chinintagen noch etwa 6 Wochen lang (früher gaben wir es noch bis zu 8 Wochen).

Dies gilt nur als praktisch erprobtes Schema, nicht als starre Regel. Manche haben einen anderen Turnus. So empfiehlt ZIEMANN noch 7 Tage nach der Entfieberung täglich 1 g Chinin, dann 14 Tage jeden zweiten Tag, dann mindestens 2 Monate jeden vierten Tag. MANSON-BAHR hält zur Rückfallverhütung (1935) eine 3monatige Kur für ratsam, „entweder als sog. Wochenendsystem 30 grains (= 1,9 g) an je 2 aufeinanderfolgenden Wochentagen oder 10 grains (= 0,65 g) einmal täglich an 6 Wochentagen". Eine ähnliche Nachkur für 4 Monate bewährte sich früher auch bei den holländischen Ärzten (nach DE LANGEN und LICHTENSTEIN), während eine Anzahl dieser sich neuerdings den Anhängern einer kurzen Behandlung angeschlossen haben, ungefähr eine Woche lang, bis zu 10 Tagen, täglich 1 g Chinin geben und diese kurze Kur bei den hierbei fast stets zu erwartenden Rezidiven wiederholen (SNIJDERS, DE LANGEN und LICHTENSTEIN). Für diese Methode sprach sich vor allem die Malariakommission des Völkerbundes 1933 aus und empfahl — abgesehen von der Tropica — insbesondere bei Rückfällen von Tertiana und Quartana mit dem Beginn der Behandlung — wenn es möglich ist — erst nach einigen Anfällen anzufangen, weil dann schon die natürlich entstandenen Abwehrkräfte des Körpers mitwirken sollen. Hiergegen wurde allerdings aus Indien, Afrika und anderen Ländern Einspruch erhoben. Der eine von uns (NOCHT) wies schon früher darauf hin, daß ein solches Zuwarten zu schweren Anfällen führen kann.

Barrowman sah in den Malay States nach kurzer Chininbehandlung bei Tertiana 93%, bei Tropica 87% Rückfälle; bei langer Chininkur nur 29 bzw. 12%. Da es sich um stark infizierte Gebiete handelte, werden ein Teil der Rezidive nach kurzer Behandlung natürlich auch Neuinfektionen sein.

Die mittlere Tagesmenge von 1 g gilt für Menschen bis zu etwa 80 kg Körpergewicht, schwerere bedürfen während der ganzen Zeit eine Tagesmenge von 1,5 g. Abgesehen hiervon kann es jedoch bei schweren akuten Formen, namentlich bei Tropica, erforderlich sein, *in den ersten 2—3 Tagen größere Mengen, etwa 2 g, pro Tag* zu geben. Sergent und seine Mitarbeiter empfehlen solche Dosen allgemein während der Anfälle und noch einige Tage nachher.

Die *Tagesmengen* geben wir gewöhnlich in 2—3stündigen Pausen in Dosen von 5mal 0,2 g. Im allgemeinen empfiehlt es sich, in der ersten Zeit, während der der Kranke zu Bett liegt, die Einzelgaben in dieser Weise gleichmäßig auf den Tag zu verteilen derart, daß sie nicht auf einen leeren Magen kommen. Selbst Einnahme während einer Mahlzeit stört gewöhnlich die Resorption nicht. Bei Leuten, die nicht mehr bettlägerig sind, kann man auch nur etwa die Hälfte der Einzelgaben vor und während der Arbeitszeit einnehmen lassen und die zweite Hälfte erst am Abend. So wird die Chininwirkung während der Arbeitszeit möglichst gelindert.

Art der Verabreichung des Chinins. Wegen des bitteren Geschmacks der meisten Chininpräparate wird das Chinin bei innerer Verabreichung meist in Oblaten, Kapseln oder Tabletten gegeben. (Wir verwenden seit Jahrzehnten die auch in den Tropen haltbaren Chininperlen der Zimmerschen Chininfabrik, Frankfurt a. M.) Kapseln, Tabletten und Pillen müssen, besonders bei längerem Lagern in den Tropen, von Zeit zu Zeit geprüft werden, ob das darin enthaltene Chinin im Magen und Darm leicht resorbiert wird. Das ist der Fall, wenn sie in lauwarmem Wasser in einigen Minuten zu kleinen Bröckchen oder Pulver zerfallen, daß sie sich ganz lösen, ist nicht nötig. Zerfallen sie aber nicht nach längerem Liegen in Wasser, so kann man annehmen, daß sie auch den Darm unangegriffen passieren und mit dem Stuhlgang abgehen. Hierdurch bedingte mangelnde Resorption, aber leider auch häufig Verfälschungen, täuschen dann leicht „Chininfestigkeit“ vor.

Chininlösungen werden besonders in der Kinderpraxis verwendet, aber auch bei Massenbehandlungen in Malariakrankenhäusern. Es ist stets bei der Anfertigung strengste Kontrolle nötig, da wiederholt — besonders im 2. Fall — falsche, ungenügende Dosierungen vorkamen. Für Kinder löst man am besten Tabletten in entsprechender Menge von Wasser und gibt die Lösung in Sirup, Marmelade, süßem Brei oder gesüßtem Tee (z. B. 0,25 g in 100 ccm warmen Wassers gelöst und in Einzeldosen von 10 ccm 4mal täglich verabfolgt, entspricht 0,1 g Chinin, der Tagesgabe für Kinder bis zu einem Jahr. — Vor Gebrauch schütteln!). In Indien ist SINTONS Chininlösung sehr verbreitet, die er zugleich mit Alkalilösung (s. dazu S. 59) gibt; eine Einzeldosis davon enthält: Chin. sulf. 0,6 g; Acid. citric. 2 g; Magnes. sulf. 4 g; Aqua dest. ad 28,4 ccm.

Das am meisten angewandte Chininpräparat ist das *Chininum hydrochloricum* mit 81,7% Chininbase; Chininum bihydrochloricum enthält nur 75%. Das *schwefelsaure Salz* steht dem salzsauren mit 72,8% wenig nach, von ihm entsprechen 1,12 g = 1 g Chin. hydrochl. Auch das *Chin. bisulfuric.* mit 59% Chinin wird von manchen Autoren gelobt. Auch die *reine Chininbase*, die ihrer fast völligen Unlöslichkeit wegen nur sehr wenig bitter schmeckt, wird gut resorbiert. Geschmacklos ist auch das als Chininschokolade in der Kinderpraxis manchmal noch benutzte *Chininum tannicum* mit 30% Chin., das aber sehr langsam und wahrscheinlich oft unvollständig resorbiert wird. Man muß von ihm 2,55 g statt 1 g Chin. hydrochl. geben. Von Chininderivaten werden das *Euchinin* (der Äthylkohlensäureester des Chinins), das *Insipin* (Sulfat des Chinindiglykolsäureesters) und das „*Chinin-Weil*" (= Chininphenylcinchonat [mit 60% Chin.]) verwendet. Sie sind fast geschmacklos und werden besonders für die Kinderpraxis empfohlen. Von Euchinin und Insipin entsprechen 1,5—2 g 1 g Chin. hydrochl.

Von anderen Präparaten der Chinarinde sind für die Malariabehandlung zu nennen:

Hydrochinin (= Dihydrochinin = Methyl-dihydrocuprein) als salzsaures Salz verwendet, ist dem Chin. hydrochl. (nach GIEMSA und WERNER, MORGENROTH, BAERMANN, MCGILCHRIST, GOODSON u. a.) nicht nur an Wirkung überlegen, sondern auch bedeutend verträglicher (kein Chininrausch). Es entsprechen 0,6—0,8 g davon 1 g Chin. hydrochl. Wir haben es in Kapseln zu 0,2 g vielfach mit bestem Erfolg angewandt. Leider ist es nicht allgemein im Handel. (Es ist übrigens von RABE und seinen Mitarbeitern ebenso wie Hydrochinidin synthetisch hergestellt worden. Dies ist vorläufig nur von theoretischem Interesse.)

Chinidin (englisch Quinidin), die rechtsdrehende Stereoisomere des Chinins, ist ihm an Wirkung mindestens gleich. GIEMSA und

Werner (1914) fanden das salzsaure Chinidin dem Chinin sogar überlegen und bei einem auf Chinin mit Urticaria reagierenden Fall ohne diese Nebenwirkungen. Diese Vorzüge des *Chinidins* und des *Hydrochinidins* bei Fällen mit Chininidiosynkrasie und erworbener Überempfindlichkeit sind in letzter Zeit vielfach, namentlich von englischen Autoren, bestätigt worden (s. S. 40).

Zwei Spezialpräparate, *Tebetren* = Methyl-hydrocuprein-methyl-Acridin-dehydrocholat und *Malarcan* (von fast gleicher Zusammensetzung, nur mit Chinidin statt Hydrocuprein als Chininkomponente), bieten keine besonderen Vorteile gegenüber dem Hydrochinin und Chinidin, wie schon aus dem folgenden Urteil der Malariakommission des Völkerbundes entnommen werden kann: „Erst neuerdings hat man, um der Nachfrage nach einem Mittel, das wirksamer als Chinin ist — infolge der Entdeckung synthetischer Heilmittel —, zu genügen, mehrere Spezialpräparate, die Hydrochinin enthalten, in den Handel gebracht, das *Malarcan* und *Tebetren*. Beide können gute Ergebnisse bei der Malariabehandlung ergeben, sind aber viel teurer als das Hydrochinin, das sie enthalten".

Das *Cinchonin* (bereits 1810 von Gomez dargestellt) hat bei Tertiana eine unbestreitbare Wirkung in etwa $1^1/_2$—2facher Dosierung des Chinins; seine Nebenwirkungen sind aber stärker als bei Chinin. Bei Malaria tropica hat es viel geringere Wirkung, selbst in höherer Dosierung (neuerdings auch Lega).

Cinchonidin, Hydrocinchonidin und andere Nebenalkaloide haben nur eine ganz minimale Wirkung und kommen einzeln angewandt nicht zur Behandlung in Frage. Dagegen wurden aus ökonomischen Gründen schon lange Extrakte der Gesamtalkaloide namentlich da verwendet, wo die Rinden minderwertiger Sorten, wie Cinchona succirubra, eine zu geringe Ausbeute an Chinin selbst ergaben. Von solchen Präparaten wurde *Quinetum* (de Vrij) schon 1874 in Indien aus C. succirubra dargestellt, später wurden bei der Ausnutzung besserer Arten nach Gewinnung des Chinins die Nebenalkaloide gemischt und durch Zusatz von Chinin auf ungefähr den gleichen Standard des ursprünglichen Quinetum gebracht und unter dem Namen „*Cinchona febrifuge*" in Indien, Java, England u. a. O. vielfach verwendet. Diese Präparate waren in ihrer Zusammensetzung sehr schwankend, daher hat eine Kommission des Malariakomitees des Völkerbundes Richtlinien für diese Präparate aufgestellt, wonach ein Standardpräparat als **Totaquina** diese ersetzen soll, das folgenden Anforderungen genügt: Es muß enthalten mindestens 70% krystallisierbare Alkaloide, davon mindestens 15% Chinin; der Gehalt an amorphen Alkaloiden soll 20%, an Mineralstoffen 5% und an Wasser 5% nicht überschreiten. Davon wurden 2 Typen hergestellt: *Typ I*, ein weißes Pulver, gewonnen durch Extrahieren und Fällen der Gesamtalkaloide der Rinde von Cinchona succirubra oder robusta (die in vielen wärmeren Ländern kultiviert werden können), und *Typ II*, ein bräunliches Pulver, hergestellt aus den Rückständen der Fabrikation von Chininsulfat aus C. ledgeriana (besonders in Java züchtbar), durch Zusatz einer entsprechenden Menge von Chinin und der anderen krytsallisierbaren Alkaloide bis zum Erreichen obigen Standards. Typ I, der aber mangels genügender derzeitiger entsprechender Anpflanzungen nicht in genügender Menge hergestellt werden kann, ist nach Versuchen von Giemsa bei Vogelmalaria und von James bei Paralytikern dem Typ II überlegen, aber seine Wirkung beruht zum großen Teil nur auf dem Chiningehalt.

Da diese Präparate einen unnötigen Ballast wenig wirksamer Stoffe enthalten, sind sie vom *ärztlichen* Standpunkt aus — der die Verwendung reinster Präparate mit größter Wirkungsbreite erstrebt — *eigentlich überflüssig* und ihr Gebrauch für Massenbehandlung in Endemiegebieten lediglich aus *ökonomischen* Gesichtspunkten begründet. *Wenn es dagegen gelänge, Hydrochinidin, Chinidin und Hydrochinin in genügenden Mengen* — und nicht zu teuer — *herzustellen, so wären diese, soweit Chinintherapie in Frage kommt, die idealen Präparate*, insbesondere die rechtsdrehenden Verbindungen wegen ihrer guten Verträglichkeit bei Chininüberempfindlichen.

Die **orale Chininbehandlung** ist die allgemein wichtigste, und wo sie irgend möglich ist, den parenteralen Methoden vorzuziehen. Dies muß von vornherein betont werden, weil man in vielen Ländern „einen erstaunlichen *Mißbrauch mit der parenteralen* Applikation im allgemeinen getrieben hat resp. noch treibt" (Pittaluga).

Die *parenterale* Anwendung kann notwendig werden entweder wegen der Schwere der Erscheinungen (bei Malaria comatosa, Erbrechen usw.) oder wenn die Resorption bei innerlicher Anwendung nicht sicher erscheint. Das kann bei Magen-Darmkatarrhen, Ruhr und Überempfindlichkeit des Darmes gegen Chinin — wobei es Durchfall hervorruft — nötig sein, auch bei Behandlung von Kindern. Eine subcutane Einführung kommt kaum in Frage, sondern nur *intramuskuläre* oder *intravenöse*.

Die zu verwendenden Chininlösungen müssen leicht löslich und haltbar sein. Hierzu gehört in erster Linie das *Urethan-Chinin*

(Chin. hydrochloric. 10 g, Aq. dest. 18 g, Äthylurethan 5 g). Ampullen zu 1,5 ccm dieser Lösung enthalten 0,5 g Chinin. Auch *Antipyrin-Chinin* hat sich ebenso bewährt. Solche Lösungen sind als „*Solvochin*", das auch Chininbase enthält, und „*Chinin-Bayer*" in Ampullen zu 2 ccm mit 0,5 g Chinin im Handel. Auch Chininum bihydrochloricum, das sehr leicht löslich ist, wird noch viel verwendet, aber es ist stark sauer und daher vielleicht die Ursache mancher Nekrosen. (Bei Ampullen aller Präparate, die Ausfällungen zeigen, ist durch leichtes Erwärmen eine Auflösung zu versuchen, mißlingt sie, so sind sie unbrauchbar.)

Bei **intramuskulärer** *Injektion* sind also nur leicht lösliche Präparate zu verwenden, da sonst eine Ausfällung im Gewebe stattfindet, die zu schmerzhaften Infiltraten, ja langdauernden Nekrosen führt. Die Injektionen werden zweckmäßig unter allen aseptischen Kautelen bei entspannten Muskeln in das obere äußere Viertel der Gesäßhälfte gemacht. Mehr als 2 Injektionen zu 0,5 g Chinin am Tage sind nicht angebracht, und die intramuskulären Einspritzungen sind *nur so lange fortzusetzen, als unbedingt notwendig* (meist höchstens 2—3 Tage), und dann durch innere Verabreichung zu ersetzen.

Wo es auf eine besonders schnelle Chininwirkung ankommt, sind **intravenöse Injektionen** angezeigt. Das ist namentlich bei allen perniziösen Fiebern der Fall. Man wende aber in diesen Fällen die Chininlösungen nur verdünnt an. Entweder indem man den Inhalt einer Ampulle mit 0,5 g Chinin zu 10—20 ccm 0,9proz. Kochsalzlösung in der Spritze zufügt oder, wenn man gleichzeitig die Herzkraft heben will, dieselbe Menge von Chinin in 120—200 ccm Kochsalzlösung einspritzt. Ein Zusatz von einigen Tropfen Adrenalinlösung zu den Lösungen wird empfohlen. *Mehr als 0,5 g Chinin* sollte intravenös *niemals auf einmal* eingespritzt werden, und es muß ganz langsam injiziert werden, sonst kann man sehr schwere, ja tödliche Kollapse erleben. Meist genügt auch diese Chininmenge, oft schon 0,3 g, um den Zustand augenblicklich günstig zu beeinflussen. Größere Mengen, etwa 1 g, üben übrigens zweifellos keine stärkere unmittelbare Wirkung aus, auf die es ja allein dabei ankommt. Es empfiehlt sich vielmehr, neben der intravenösen Injektion gleichzeitig 0,5—1 g Chinin intramuskulär zu verabfolgen, da die Wirkung des intravenös injizierten Chinins schnell vorübergeht. Natürlich aber muß die intravenöse Einspritzung, wenn bedrohliche Erscheinungen wiederkehren, wiederholt werden. Sind sie vorüber, muß die gewöhnliche Chininbehandlung wieder Platz greifen.

In den allermeisten Fällen fällt das Fieber nach genügender Chininwirkung an dem 2. Chinintage zur Norm ab, sehr viel seltener erst am 3. Tage. Bei der Tropica stellt sich manchmal noch eine kurzdauernde Temperaturerhöhung ein, über deren

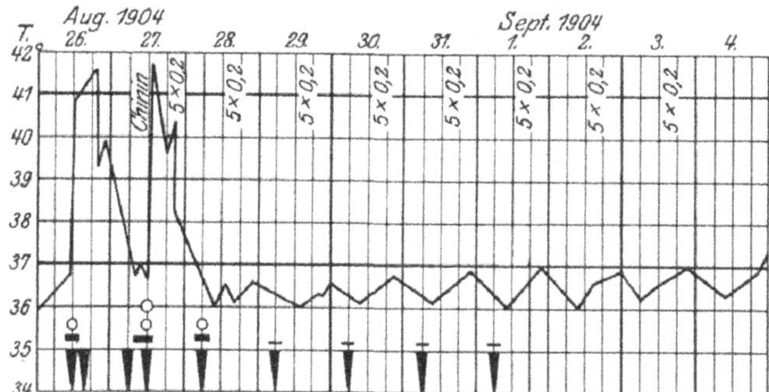

Abb. 8. Schnelle Chininwirkung bei M. tertiana.

Deutung (Toxinwirkung durch die massenhaft zugrunde gegangenen Parasiten oder abgeschwächter neuer Anfall) man verschiedener Ansicht ist (s. Kurve 8 und 9). Mit dem Fieber verschwinden auch die ungeschlechtlichen Malariaformen meist rasch aus dem peripheren Blut. Nur bei Quartana kann man manchmal noch längere Zeit trotz des Chinins Schizonten im peripheren Blut

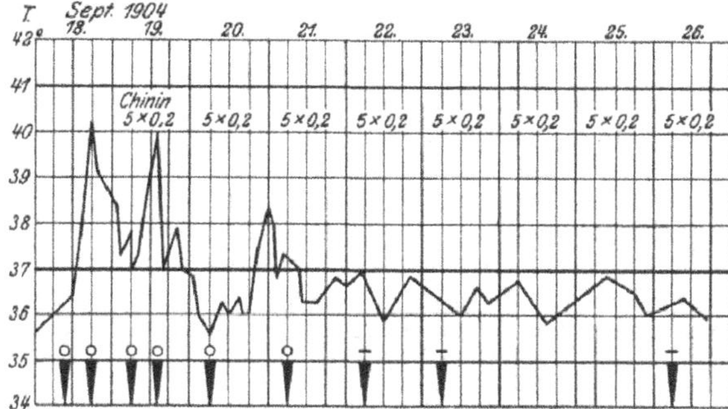

Abb. 9. Verzögerte Chininwirkung bei M. tropica.

antreffen. Am Ende 4tägiger Chininpausen zeigen sich bei allen Malariaformen gelegentlich noch vereinzelte junge Parasiten; bei 5—6tägigen Pausen kommt das noch häufiger vor, auch ohne daß dann sofort wieder Fieber dazutritt. Die *Gameten* sind *sehr wenig empfindlich gegen Chinin*, können selbst während der Chininbehandlung noch auftreten und namentlich die Halbmonde überhaupt nicht, auch bei langer Kur, verschwinden.

Die Temperatur muß bei unserer Therapie spätestens nach den ersten 5 Chinintagen zunächst für längere Zeit, auch in den Pausen, endgültig normal bleiben und auch keine kleinen subfebrilen Steigerungen zeigen. Erhebt sich die Temperatur aber noch während der Chinintage oder den ersten Pausen wieder, wenn auch zunächst nur zu kleinen subfebrilen Zacken, so haben wir es entweder mit einer Fehldiagnose, einer Komplikation, einem mangelhaften Präparat oder mit Chininabstumpfung, nach längerem Mißbrauch des Mittels, zu tun. Auch eine erworbene Chininüberempfindlichkeit kann solche „Pseudorezidive" oder „paradoxes Chininfieber" hervorrufen. *In allen solchen Fällen* haben wir es, wenn der Malariaverdacht weiter besteht, jetzt in der Hand, *mit Atebrin bei allen Parasitenarten oder mit Plasmochinpräparaten bei Tertiana und Quartana weiterzubehandeln.*

Die **Art der Wirkung des Chinins** auf die Malariaparasiten ist noch nicht geklärt; d. h. es ist noch nicht bewiesen, ob sie eine *direkte* oder eine *indirekte*, sei es durch Umbau im Gewebe oder durch Mobilisierung der Abwehrkräfte (MÜHLENS u. a.), ist.

Für letztere Ansicht wird geltend gemacht, daß Malariaparasiten mit zugesetzter Chinin-Kochsalz-Lösung in einer Gesamtkonzentration von 1 : 10000 bis zu 12 Stunden bei 37% gehalten, noch infektiös blieben (MÜHLENS und KIRSCHBAUM)[1]. Gegen solche Versuche wird eingewendet, daß in vitro ganz andere Bedingungen vorlägen (NOCHT, LOURIE, SINGER). Für direkte Wirkung soll sprechen, daß Chinin nur auf bestimmte Entwicklungsstadien einwirkt, nämlich die freien Formen und die jungen noch auf der Oberfläche der roten Blutkörper liegenden Parasiten (ACTON und CHOPRA). (Die Beobachtung, daß die Parasiten sich im Blutkörper mit einem „Häutchen" umgeben [WARASI], und die Sichtbarmachung derber Membranen bei GIEMSA-Färbung an älteren Tertianaparasiten und Plasmodium knowlesi [s. unter Parasitologie] durch SCHÜFFNER, BRUG, MALAMOS könnte auch die Unwirksamkeit von Mitteln gegenüber diesen Stadien erklären.) Für die direkte Wirkung spricht auch das Entstehen bestimmter „*Chininformen*" in Gestalt zerrissener, in einzelne zusammenhanglose Fetzen aufgelöster Protoplasmateile, wobei der Kern oft isoliert davon gelagert erscheint. (Eine Stütze erhält diese Ansicht durch das andere Aussehen der „Atebrinformen", s. S. 46.)

Viele Arbeiten beschäftigten sich dabei mit der *Verteilung des Chinins in Blut und Organen.* Manche nehmen an, daß das Chinin hauptsächlich in der Leber verankert wird (ACTON, PLEHN, GROSSER und RONA). GIEMSA glaubt, daß Chinin direkt wirke und sich die Abtötung der Parasiten wahrscheinlich nicht im peripheren Teil des Gefäßsystems abspiele, sondern im Endothelialgebiet der in den chininspeichernden Organen befindlichen Gefäßcapillaren. MACFIE und YORKE nehmen an, daß ein kleiner Teil der Parasiten direkt vernichtet wird, deren frei werdende Antigene den Organismus zur Bildung von Antikörpern stimulieren, die den Rest der Para-

[1] BRUG hatte (1916) bei Vogelmalaria in gleicher Konzentration nach 17 Stunden bei Eisschranktemperatur Abtötung erhalten.

siten abtöten und die Immunität bewirken. (Auf die zahlreichen anderen Theorien können wir hier nicht eingehen.)

Es ist wohl anzunehmen, daß für die Ausheilung beide Wirkungsweisen eine Rolle spielen. Zunächst dürfte aber doch eine direkte Wirkung eintreten, wie man aus der raschen, oft lebensrettenden Rolle intravenöser Chinininjektionen schließen kann. Auch wäre es merkwürdig, daß nur dieses Specificum bei Malaria diese „die Abwehrkräfte des Organismus auslösende aktivierende Einwirkungen" zeigen sollte, während wir doch wissen, daß die verschiedensten Stoffe und artfremden Eiweißkörper diese bei anderen Infektionen auslösen. Auch die Tatsache, daß bei Ausschaltung der Hauptabwehrorgane, nämlich der Milz (durch operative Entfernung) und des Reticuloendothels (durch Blockierung), Chinin und andere Mittel bei Affenmalaria nicht in ihrer Wirkung beschränkt werden, spricht gegen diese Begründung einer indirekten Wirkung (NAUCK und MALAMOS).

Die *Resorption* des Chinins findet bei allen drei Anwendungsarten (oral, intramuskulär, intravenös) sehr schnell statt. Man kann auch bei oraler Gabe bereits eine Viertelstunde nachher im Urin Chinin nachweisen; diese *Ausscheidung* ist auch bei sog. „Chininabstumpfung" nicht gestört. Sie ist auch bei normalen Menschen im Verlauf des Tages großen Schwankungen unterworfen, und außerdem hängt der Ausfall der klinisch meist verwendeten Alkaloidreaktion des Harns zu ihrem Nachweis (s. S. 84) sehr von der Menge und Konzentration desselben ab. Ungefähr 25% Chinin werden im Urin ausgeschieden, ungefähr 5% im Kot, geringe Mengen mit dem Speichel und in der Milch. (Immerhin haben wir schon beobachtet, daß Säuglinge offenbar wegen des bitteren Geschmacks zeitweise die Brust der Chinin nehmenden, stillenden Mutter verweigerten.)

Chininnebenwirkungen. Die bekannten, fast bei allen Menschen besonders an den ersten Chinintagen eintretenden leichteren Chininnebenwirkungen (Nausea, Ohrensausen, leichter Schwindel, Tremor, Herzklopfen) brauchen die Behandlung nicht zu stören, ja man kann im Gegenteil sagen, daß, wo sie fehlen, auch die Malariawirkung des Chinins in Frage gestellt ist. Die starke Blutdrucksenkung und der Kollaps, den Chinin bei intravenöser Injektion auslösen kann, sowie ihre Vorbeugung sind bereits S. 34 erwähnt. Von größerer Bedeutung sind schwerere Chininnebenwirkungen, wie sie bei Leuten auftreten, die entweder von vornherein eine Chininidiosynkrasie haben oder durch sehr langen Chiningebrauch überempfindlich gegen Chinin geworden sind. Die

Erscheinungen sind in beiden Fällen ungefähr dieselben, die auslösenden Chiningaben aber individuell ganz verschieden. Es gibt Leute mit *Chininidiosynkrasie* oder *erworbener Überempfindlichkeit,* die schon auf ganz kleine Chinindosen (0,05—0,1 g) reagieren. Die Erscheinungen einer Chininüberempfindlichkeit sind sehr mannigfach. Die einen bekommen *Hautausschläge,* die sich von leichter Rötung, scharlachähnlichem Exanthem, Urticaria, bis zu Bläscheneruptionen, nässenden Ekzemen und umfangreichen, entzündlichen Hautinfiltrationen (Dermatitis exfoliativa), allgemeinen Ödemen mit Cyanose von Gesicht und Extremitäten steigern können. Sie sind oft mit heftigem *Juckreiz* verbunden. Auch lokale *Ödeme* der Augenlider, Nasen- und Mundschleimhaut, Tränenfluß, Erbrechen, schwere Dyspnoe, Lungenödem, Herzschwäche werden beobachtet. Nicht selten sind *Hautblutungen* von kleinsten Petechien bis zu Purpura haemorrhagica oder großen Hämorrhagien oder *Blutungen aus Nase, Mund, Darm-* oder *Urogenitalsystem,* die in einzelnen Fällen zum Tode geführt haben. Auch *Temperaturerhöhungen* nach Chinin sind nicht selten, entweder allein auftretend oder mit anderen Erscheinungen verbunden („*paradoxes Chininfieber*“). Diese Erscheinungen können sich mit, aber auch ohne Malariainfektion entwickeln. Idiosynkrasie von vornherein ist selten. Für alle Fälle ist es aber angebracht, Leuten, die sich in Malariagebiete begeben, vorher 0,5 g Chinin probeweise zu verabfolgen; man kann dabei auch, um ganz sicher zu sein, die Ausscheidung im Harne nach $^1/_2$—1 Stunde prüfen. Die *erworbene Überempfindlichkeit* ist verhältnismäßig häufig zu beobachten, besonders wenn Chinin in Gaben von 1 g und mehr lange Zeit täglich ohne Pausen gegeben wurde. Nicht selten haben wir es dann mit einem Zusammentreffen von mangelnder Malariawirkung des Chinins („Abstumpfung“) und erworbener Chininüberempfindlichkeit zu tun, und man muß namentlich bei Temperaturerhöhungen, die unter solchen Umständen auftreten, in der Deutung vorsichtig sein. Oft schwinden diese hartnäckig immer wieder auftretenden scheinbaren „chininresistenten Malariafieber“ sofort, wenn man das Chinin aussetzt.

Die *erworbene Überempfindlichkeit* ist meist hartnäckiger als die bloße Abstumpfung, es gelingt aber oft, sie durch längeres Aussetzen des Mittels, Wiederbeginn mit kleinen Dosen und allmähliches Gewöhnen an größere nach und nach zu überwinden. Die Frage, inwieweit das Zustandekommen der Überempfindlichkeit, insbesondere die hämorrhagische Diathese, die sich nach Chininmißbrauch häufig einstellt, durch eine daneben und trotz des Chinins weiterbestehende Malariainfektion begünstigt wird, ist noch nicht genügend geklärt. Es scheint aber, als ob in einzelnen Fällen die Neigung zu Blutungen nach Chinin durch die Malaria allein, ohne daß Chininmißbrauch vorausgegangen ist, erzeugt werden kann. Umgekehrt sind auch schwere, selbst tödliche Blutungen nach Chinin, ohne daß dabei eine Malaria in Frage kam, beobachtet worden. *Sehstörungen* macht Chinin nur selten. Sie setzen meist plötzlich ein, betreffen meist beide Augen, verursachen im Beginn Gesichtsfeldeinschränkung und sind oft mit Gehörsstörungen verbunden. Mit den als Folge einer Malaria gelegentlich auftretenden Sehstörungen sind sie nicht leicht zu verwechseln (s. S. 17 u. 20).

Diese entwickeln sich im allgemeinen nur bei Malariakachexien, wo also eher zuwenig als zuviel Chinin gegeben wurde. Meist entsteht hierbei die Sehstörung allmählich, trifft nicht notwendig beide Augen, ist nicht mit Taubheit verbunden und steigert sich meist nicht bis zum gänzlichen Verlust des Sehvermögens. Nur bei Netzhautblutungen, wie sie sich bei schwer anämischen Patienten gelegentlich zeigen, tritt die Abschwächung und der Verlust des Sehvermögens plötzlich ein.

Bei den durch Chinin bewirkten Sehstörungen muß es natürlich sofort ausgesetzt werden. Ist aber Malaria die Ursache der Sehstörung, so wird die Prognose um so besser, je gründlicher bei aller Vorsicht die Behandlung der Malaria betrieben wird. Bei Amaurosen durch Chininwirkung ist die Prognose schlecht, da sich dabei im Gefolge fast regelmäßig Atrophie der Sehnerven ausbildet. Die Prognose der Malariaamblyopie ist in der Regel gut. *In Zweifelsfällen gebe man lieber sofort Atebrin.*

Schwere andauernde *Hörstörungen* sind unserer Erfahrung nach nur selten und nur in Fällen, in denen Chinin in sehr viel größeren Mengen, als sie zur rationellen Behandlung einer Malaria erforderlich sind, längere Zeit genommen wurde, zu beobachten. Aber oft werden Schwerhörigkeit und Gehörleiden durch Chinin vorübergehend verschlimmert.

Da Chinin *wehenerregend* wirkt, kann es bei Schwangeren zu Abortus führen. Während die einen behaupten, daß größere Dosen besonders zu vermeiden seien, geben andere an, daß kleinere häufig gegebene Dosen stärkere Uteruskontraktionen auslösen sollen. Es ist daher angebracht, bei Graviden Chinin besser ganz zu vermeiden und statt dessen Atebrin zu geben (s. a. S. 44).

Nierenreizungen, Albuminurie, Nephritiden, auch hämorrhagische, bilden mit Ausnahme der Fälle, bei denen sie durch Chininmißbrauch entstanden sind, keine Kontraindikation gegen Chininanwendung.

Behandlung der Chininnebenwirkungen. Gegen starken Chininrausch empfahl v. SZENT-GYÖRGYI auf Grund von Versuchen Coffein (innerlich oder als Injektion) oder Aspirin (vor dem allerdings andere bei Chininverabfolgung warnen). ZIEMANN empfiehlt gegen Ohrensausen Bromkalium in gleicher Dosis zugleich mit dem Chinin. Bei Chininüberempfindlichkeit gibt MOLLOW eine halbe Stunde vor der Chiningabe 0,5 g Pepton (WITTE) per os wegen seiner antianaphylaktischen Wirkung. Andere empfehlen Adrenalin. In zahlreichen Fällen, bei denen Chinin nicht vertragen wird, wurden Hydrochinin, Chinidin und Hydrochinidin ohne Schaden angewandt. Eine von BÖRNER angegebene Hautreaktion durch Scarifikation mit einer 10proz. Chininsulfatlösung zur Prüfung der Verträglichkeit ist nach DAWSON und GARBADE nur bei positivem Ausfall beweisend. Bei Chininblutungen sahen wir rasche und gute Erfolge von Injektionen von Coagulen. Auch Calcium und Gelatine kommen zur Verwendung.

In allen Fällen von Verdacht auf Chininnebenwirkung ist dieses sofort abzusetzen und durch Atebrin zu ersetzen. Leute mit Chininüberempfindlichkeit (auch Schwarzwasserfieberkandidaten), die früher „dauernd tropendienstunfähig" waren, können seit der Einführung von Atebrin und Plasmochin anstandslos in Malarialänder geschickt werden, sind aber auf völligen Verzicht auf Chinin (auch Chinoplasmin) hinzuweisen und gegebenenfalls mit den anderen Mitteln auszurüsten.

Atebrin. In Zusammenarbeit des Chemotherapeuten KIKUTH und der Chemiker MIETZSCH und MAUSS gelang 1930 (in den wissenschaftlichen Laboratorien der I.G. Farbenindustrie, Elberfeld) die Auffindung eines Acridinderivats, das sich im biologischen Testversuch bei Vogelmalaria als stark parasiticid erwies. Es ist das Dihydrochlorid des 2-Methoxy-6-chlor-9-α-diäthylamino-δ-pentylaminoacridin, das ein gelbliches Pulver darstellt. Bald wurde seine Wirkung von SIOLI, PETER, MÜHLENS und FISCHER bei der menschlichen Malaria erwiesen und seitdem seine spezifische Wirksamkeit bei allen drei Arten der Malaria in Hunderten von Arbeiten aus aller Welt bestätigt[1].

Atebrin wirkt *ausnahmslos* bei allen Malariaarten auf die ungeschlechtlichen Formen und auf das Fieber mindestens ebenso gut wie Chinin, bei Tropica ist es ihm an Wirkung überlegen (Bericht der Malariakommission des Völkerbundes). Im akuten Anfall gegeben, schwindet das *Fieber* durchschnittlich nach 2—3 Tagen.

[1] Wenn im folgenden und bei Plasmochin aus der Fülle dieser Arbeiten nur ein Teil erwähnt werden kann, so soll dies kein Werturteil sein. Es haben sich so zahlreiche Forscher in mühevoller Arbeit an dem Vergleich der Präparate beteiligt, daß sie in einem Lehrbuch für den Praktiker nicht alle aufgeführt werden können.

Wenn die Medikation in einem Anfall beginnt, tritt manchmal noch der nächste Anfall, wenn auch in schwächerem Grade auf (Abb. 10). DUNCAN sah bei Behandlung von 400 Personen bei Tertiana im Mittel nach 44 Stunden, bei Tropica nach 46—48 Stunden völligen Temperaturabfall. Die ungeschlechtlichen Parasiten verschwinden bei Tertiana und Quartana in der Regel am 3. und 4. Tage, bei Tropica sind vereinzelte Ringe manchmal noch am 4. und 5. Behandlungstage zu sehen. Ebenso wie bei Chinin scheinen auch hier die jungen Schizonten und freien Merozoiten dem Mittel am ehesten zugänglich.

Eine ausgesprochene *Gametenwirkung* kommt dem Atebrin *nicht* zu. Dies konnte KIKUTH bereits durch seine Versuche voraussagen, indem er beim Hämoproteus der Reisfinken zwar

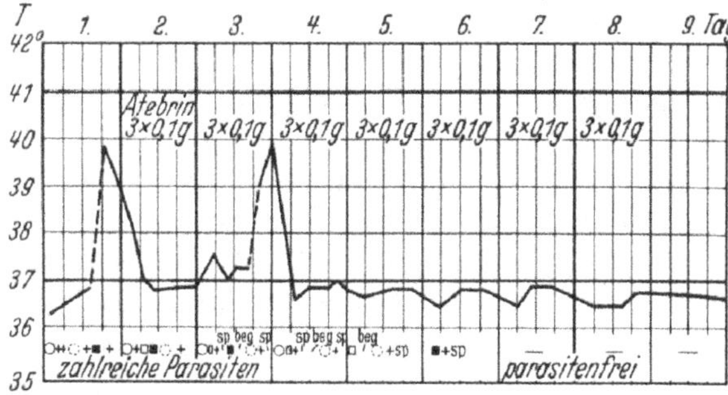

Abb. 10. Malaria tertiana. Atebrinbehandlung. (Nach MÜHLENS.)

mit Atebrin Rezidive verhindern, die Gameten im peripheren Blut jedoch nicht vernichten konnte. Es scheint sogar, daß vielleicht unter der Atebrinbehandlung noch eher — besonders bei Tropica — Gameten im Blut auftreten als unter Chininbehandlung. THONNARD-NEUMANN sprach davon, daß reine Atebrinbehandlung Halbmonde direkt provoziere. Auch SICART (Tunis) glaubt, daß sie durch Atebrin ins periphere Blut gelockt und gerade dadurch der späteren Wirkung des Plasmochins leichter zugänglich werden. Tertiana- und Quartanagameten verschwinden dagegen (wie auch oft bei Chinin) auch bei reiner Atebrintherapie oft schon nach wenigen Tagen. Die Angaben verschiedener Autoren, daß bei gründlicher Atebrinbehandlung allein schon die Halbmonde verschwänden, sind unseres Erachtens anders aufzufassen. Es handelt sich dabei wohl um solche Fälle — die man auch bei Chininbehandlung sieht —, bei denen die spärlich auftretenden Halbmonde auch von selbst wieder aus dem peripheren Blut verschwinden können.

Alles in allem ist demnach die *unmittelbare Wirkung* beim akuten Stadium *derjenigen des Chinins mindestens gleich.* [Sie tritt vielleicht manchmal etwas langsamer als bei diesem ein, besonders bei Tropica, aber ist vielleicht wegen der hierdurch erhöhten Möglichkeit einer Antikörperbildung um so intensiver (siehe auch bei Rückfällen).] Ebenso wie auf das Fieber und die Parasiten wirkt Atebrin auch sehr rasch auf das Allgemeinbefinden. Brechreiz, Kopfschmerzen schwinden schnell, und vor allem bildet sich auch die Milz rasch zurück.

Auch im *chronischen* fieberlosen oder subfebrilen *Stadium* ist die Wirkung ebenso und bringt ungeschlechtliche Parasiten rasch zum Verschwinden.

Art der Anwendung. Die gewöhnliche Methode der Verabfolgung ist die **orale**. Die kleinen, etwas bitter schmeckenden Tabletten zu 0,1 g werden dabei *stets nach dem Essen mit reichlich Flüssigkeit* heruntergespült.

Die *Tagesmenge* für einen Erwachsenen beträgt 0,3 g, sie wird zweckmäßigerweise auf 3mal täglich 0,1 g verteilt, doch ziehen es manche Ärzte vor — besonders bei Massenbehandlung —, die Tagesmenge auf einmal zu geben. Sehr kräftigen Personen über 80 kg geben wir 0,4 g (4mal 0,1 g). *Kinder*, selbst Säuglinge, vertragen Atebrin sehr gut. Auf Grund vielfacher Erfahrungen werden für *Kinder* folgende *Dosen* empfohlen: bis zu 1 Jahr 0,05 g ($^1/_2$ Tablette), 1—4 Jahre 0,1 g, 4—8 Jahre 0,2 g, über 8 Jahre 0,3 g (am besten in Milch). (Körpergewicht und Allgemeinzustand in Betracht ziehen!)

Die *Dauer der oralen Verabfolgung:* Wir beginnen unabhängig vom Fieber sofort mit der Verabfolgung und halten *eine ununterbrochene Behandlung von 7 Tagen* für die richtige. Die zuerst empfohlene Dauer von 5 Tagen erscheint uns zu kurz, zumal bei Tropica, bei der zu diesem Zeitpunkt ja manchmal noch vereinzelte Parasiten vorhanden sind. Andererseits halten wir — auf Grund eigener Erfahrungen und derjenigen zahlreicher anderer Ärzte — eine *Verlängerung oder gar Wiederholung* der Kur *nicht* für nötig. Wir haben nicht den Eindruck, daß die an sich geringe Zahl der Rückfälle (s. später) hierdurch noch mehr vermindert wird, und sehen gerade die Überlegenheit der Atebrinbehandlung gegenüber der üblichen Chininbehandlung darin, daß wir nur 1 Woche zu behandeln brauchen. Es sei aber vermerkt, daß z. B. MANSON-BAHR 10 Tage behandelt und nach 1wöchiger Pause eine Wiederholung dieser Behandlung empfiehlt.

Die **parenterale Verabfolgung. 1. Intravenöse Injektionen:** Bald nach Einführung des Mittels haben es eine Reihe von Ärzten, insbesondere bei schweren Fällen von Malaria tropica, auch intravenös verabfolgt. Die Malariakommission des Völkerbundes empfahl 1933 eine Dosis von 0,3 g in 5 ccm Kochsalzlösung gelöst. ECKHARDT und der eine von uns (MAYER) wandten Atebrin dann zuerst systematisch zur Ausprobierung der Dosis intravenös an. 0,1 g Atebrin lösten sie mit 3 ccm destilliertem Wasser; es wurden bis zu 0,3 g in 9 ccm Wasser in einer Injektion ohne die geringste Nebenerscheinung vertragen. Erst bei 0,4 g (also mehr, als oral als Tagesdosis vorgeschrieben ist!) erlebte ECKHARDT einen schweren Kollaps. GANGULI gab mit Erfolg 0,1 g bei Gehirnmalaria, HAY, SPAAR, LUDOVICI sahen auf Ceylon bei Komatösen „wunderbare Erfolge" mit 0,2 g, einer Dosis, die auch HOOPS empfiehlt. Auch GUAQUINTO MIRA und FERNANDEZ retteten schwerkranke komatöse Fälle. DA ROCHA gab besonders schwerkranken Kindern am 1. Tag 0,06 g, am 2. und 3. Tag 0,125 g intravenös, später oral. DEL CORRAL wandte intravenöse Injektionen von Atebrin bei Tropica in großem Maßstab an und hält sie für gefahrloser als solche von Chinin. Aus diesen Angaben geht hervor, daß bei richtig angewandten intravenösen Injektionen mit Dosen bis zu 0,2 g keine Gefahr besteht, und daß es zweifellos berechtigt erscheint, *auch bei Malaria comatosa oder besonders schweren Fällen die intravenöse Atebrinverabfolgung unter allen Vorsichtsmaßnahmen in größerem Maßstabe zu versuchen*, als es bisher geschah[1]. Wir selbst glauben, daß man dabei die Dosis von 0,1 g bei der einzelnen Injektion nicht zu überschreiten braucht und gleichzeitig noch intramuskulär etwa 0,2 g geben kann (s. dazu aber S. 44 unter Intramuskuläre Injektion).

Die Wirkung in unseren Fällen glich ungefähr der bei oraler Verabfolgung. Natürlich soll man — genau wie bei Chinin —, *sobald es möglich ist*, zur oralen Anwendung übergehen.

Inzwischen ist von den Herstellern für intravenöse und intramuskuläre Anwendung ein besonders leicht wasserlösliches Präparat als „*Atebrin pro injectione*" (Atebrin-Musonat)[2] herausgebracht worden, das Atebrin-Dimethansulfonat ist und von dem 0,375 g einer Menge von 0,3 g des gewöhnlichen Atebrins (Atebrin-Dichlorhydrat) entsprechen. MASSA, CARMAN und CORMACK und andere gaben es intravenös mit bestem Erfolg, ersterer gab 2 Injektionen zu 0,1 g täglich 4—5 Tage lang. *Es scheint jedoch intramuskulär ebenso rasch resorbiert zu werden.*

---

[1] Nötigenfalls mit gleichzeitiger Adrenalingabe, wie bei intravenösen Chinininjektionen (s. a. S. 47).

[2] Eigene Erfahrungen damit haben wir nicht.

2. **Intramuskuläre Injektionen:** Die Anwendungsmöglichkeit und der Bedarf von intramuskulären Injektionen ist natürlich größer als der von intravenösen Injektionen. ECKHARDT gab es Negerkindern in Dosen von 0,025—0,05 g an 3—4 aufeinanderfolgenden Tagen und erwachsenen Europäern sogar in Mischspritze mit Plasmochin. Inzwischen ist es intramuskulär vielfach angewandt worden, insbesondere bei der großen Malariaepidemie auf Ceylon in Form des Musonats (BLAZE und SIMEONS, SOMASUNDRAM, HAY, SPAAR und LUDOVICI, FIELD u. NIVEN u. a.). Die meisten Autoren rühmen die Schmerzlosigkeit der Injektion im Gegensatz zu intramuskulären Chinininjektionen. In Ceylon wurden von BLAZE und SIMEONS 2 intramuskuläre Injektionen von 0,375 g an 2 aufeinanderfolgenden Tagen verabfolgt, ebenso in den Straits Settlements. GIAQUINTO MIRA gab sogar 2mal 0,2 g Atebrin intramuskulär pro Tag. Er sowie HOOPS, VAN SLYPE, SICAULT (mit dem französischen Quinacrine, identisch mit Atebrin) u. a. loben die Methode sehr. VARDY prüfte das Musonat bei 50 sehr schweren Fällen in den Malay States und gab bei Kindern unter 4 Jahren 0,1 g, von 5—8 Jahren 0,2 g und über 8 Jahren 0,3 g pro Tag an 2 aufeinanderfolgenden Tagen. In allen Fällen der intramuskulären Injektion trat die Wirkung sehr rasch ein. (VAN SLYPE glaubt, daß bei der intramuskulären Injektion des gewöhnlichen Atebrinsalzes die Parasiten rascher verschwinden als bei Musonat.) SPAAR rettete ein 14tägiges fast moribundes Kind mit angeborener Malaria tropica + tertiana durch je eine Injektion von 0,05 Atebrin an 2 Tagen. Auch in Fällen von drohendem Abort wirkte Atebrin intramuskulär rasch und verhütete ihn (VAN SLYPE und GIAQUINTO MIRA).

Die intramuskuläre Injektion ist daher außer bei Maleria comatosa besonders bei schweren Fällen mit Magen-Darmstörungen und bei Kindern angebracht. Vor allem ist sie die Methode der Wahl zur Massenbehandlung bei großen Epidemien. Wenn auch durch nur 2 Injektionen recht gute unmittelbare Erfolge erzielt sind, so *muß doch zur Rückfallverhütung die Behandlung länger fortgesetzt* werden. HAY, SPAAR und LUDOVICI, die auf Ceylon 3500 Fälle intramuskulär behandelten, billigen für Massenbehandlung die nur 2malige Injektion, sahen dabei aber bereits nach 10—14 Tagen Rückfälle (oder Neuinfektionen). Sie geben gewöhnlich nur 0,15 g intramuskulär an 2 Tagen und dann noch 6 Tage 2 Tabletten oral; bei Frauen und schwachen Männern je 0,25 g als Injektion an 2 Tagen und noch 5 Tage je 2 Tabletten. FIELD u. NIVEN fanden im Vergleich von 2 intramuskulären Musonatinjektionen zu 0,3 g mit 7tägiger oraler Chininbehandlung bei ersteren ein etwas rascheres Verschwinden von Fieber und Parasiten. Carman u. Cormack gaben sogar 3 Injektionen zu 0,3 g und sahen dabei perniziöse Symptome ebenso rasch verschwinden als bei parenteraler Chininbehandlung; die Rekonvaleszenz trat bei ihren Fällen rascher ein. Inzwischen hat Simeons in Indien rund 6000 Personen aller Lebensalter (davon 5650 einer Plantage im „blanket Treatment“ [Massenbehandlung]) mit je 2 i. m. Injektionen mit bestem Erfolg und ohne ernstliche toxische Schädigungen behandelt.

Für die *intramuskuläre* Injektion wurde empfohlen: 2 Injektionen mit 24 Stunden Abstand. Die Lösung wird stets frisch aus Trockenampullen mit je 0,1 g bzw. 0,3 g zu 3 ccm bzw. 9 ccm Aq. dest. bereitet (mehr als einige Stunden alte Lösungen verursachten nach Simeons einige Male leichten Schwindel)[1]. Erwachsene und Kinder über 8 Jahre sollten ursprünglich 9 ccm = 0,3 g, Kinder bis zu 4 Jahren 3 ccm = 0,1 g erhalten. Angesichts der beobachteten Nebenwirkungen (siehe später) bei durch Unterernährung geschwächten Kindern in Ceylon ist aber bei Kindern eine schwächere Dosierung geboten. Simeons gab bei seiner Massenbehandlung in Indien folgende Mengen: Kräftigen, gesunden erwachsenen Männern 9 ccm = 0,3 g, ebensolchen Frauen und schwächeren Männern 8 ccm, schwachen oder kränklichen Frauen 7 ccm dieser Lösung. Bei Kindern berücksichtigt er nicht nur das Alter, sondern den Allgemeinzustand und gab ungefähr: Von 6 Monaten bis zu 2 Jahren 1 ccm; 2—4 Jahre 2 ccm; 4—6 Jahre 3 ccm; 6—10 Jahre 4 ccm; 10—12 Jahre 5 ccm; 12—15 Jahre 6 ccm; 15—18 Jahre 7 ccm.

Die *zweimalige intramuskuläre Atebrininjektion* ist also — um es zu betonen — *keine Vollbehandlung*, und es müssen ihr zu Rezidivverhütung möglichst 5 Tage mit oraler Verabfolgung folgen.

Die **Resorption und Ausscheidung des Atebrins.** Die Resorption erfolgt bei allen Anwendungsarten sehr rasch. Man kann es oft schon nach 1 Stunde im Urin nachweisen. Bei intramuskulärer Injektion des „Atebrin pro injectione“ fand es Vardy nach längstens 2 Stunden darin, Field u. Niven sogar bereits nach 10 Minuten in Spuren. Es wird ein Teil im Harn, ein Teil mit den Faeces ausgeschieden; die *Ausscheidung* geht anfangs schnell, später *äußerst langsam* vor sich, so daß Weise und Tropp u. a. es noch nach Wochen nach der letzten Gabe im Urin nachweisen konnten. (Methodik s. S. 85.) Duncan fand Atebrin auch in der Milch und sogar im Urin eines solche Muttermilch trinkenden Säuglings. Hecht wies nach, daß es einen internen Kreislauf durchmacht, wobei es zum

[1] Field u. Niven lösten 0,3 g in nur 2,5—3 ccm Wasser für i.m. Injektionen und loben die gute Verträglichkeit dieser konzentrierten Lösung.

Teil von der Leber mit der Galle ausgeschieden und vom Darm zurückresorbiert wird. Dies Verhalten erklärt vielleicht die nachhaltige Wirkung.

Die *Wirkung auf die Malariaparasiten* ist auch bei Atebrin mikroskopisch erkennbar. Bereits SIOLI beschrieb Zerreißungsformen mit Absprengungen des Protoplasmas und Vakuolenbildung. JAMES sah Anhäufung von Pigmentklumpen im Protoplasma und dann vollkommene Pigmentausscheidung. Am Cytoplasma selbst traten Verdünnungen, Einrisse und Vakuolen auf; auch das Chromatin wurde aufgelockert und in einzelne zerrissene Fäden aufgelöst. Diese Befunde wurden vielfach bestätigt.

Auch hier wird die Frage noch erörtert, ob die *Wirkung* eine *direkte* oder *indirekte* ist.

Für erstere sprechen nach JAMES die obenerwähnten Veränderungen, auch ihr charakteristischer Unterschied gegenüber den „Chininformen", den auch NAUCK und MALAMOS bei Affenmalaria feststellten. Er kann doch nicht gut durch Mobilisierung von Abwehrstoffen erklärt werden. Bei entmilzten und „blockierten" Affen war die Wirkung nicht beeinträchtigt. RONCORONI fand auch, daß Malariablut, das eine halbe Stunde mit Atebrinmusonat vermischt im Brutschrank aufbewahrt war, bei Paralytikern mit einem Malariastamm eine erhebliche Verlängerung der Inkubationszeit verursachte, mit einem zweiten Stamm innerhalb von 2 Monaten noch zu keiner Infektion geführt hatte. FISCHL und SINGER fanden bei Untersuchung von Tertianablut nach intravenöser Einspritzung von 0,2 g Atebrin im Fluorescenzmikroskop eine elektive Bindung an die Parasiten, die im Gegensatz zu der an die Leukocyten außerordentlich fest und dauerhaft war. Nach CHOPRA, GANGULI und ROY spricht das langsame Verschwinden der Parasiten trotz hoher Atebrinkonzentration im Blut gegen eine unmittelbare Wirkung.

Verträglichkeit und Nebenwirkungen des Atebrins. Daß selbst sehr hohe Atebrindosen ohne Schaden vertragen werden, ist wiederholt festgestellt worden; so beschreibt BARBOSA 5 Fälle mit versehentlich sehr hohen Überdosierungen, von denen z. B. ein 9monatiges Kind in 13 Tagen 8 Tagesdosen von je 1,0 g bekam, von denen es nur 3 erbrach, es zeigte außer Gelbfärbung nur Erbrechen, leichte Diarrhöe und einmal leichte Leberschwellung und erholte sich rasch. BRUCE, PHELPS und JANTZEN gaben bis zu 4 g in 7 Tagen ohne jede Störung seitens des Magen-Darmkanals. Auch mehrmonatige tägliche Dosen von 0,1 g bei Prophylaxeversuchen (JUNGE, FISCHER u. a.) wurden ohne Schaden vertragen. Trotzdem ist selbstverständlich vor jeder Überdosierung zu warnen, um so mehr als sie therapeutisch überflüssig ist.

Von den *Nebenwirkungen* ist eine *Gelbfärbung* der Haut eine häufige Erscheinung. Sie ist oft auf der Brust am deutlichsten, die Scleren bleiben meist frei. Von den meisten Kranken wird die Gelbfärbung überhaupt nicht bemerkt, sie verschwindet in etwa 1—2—3 Wochen. Sie beruht auf Ablagerung des Farbstoffes in der Haut, eine Photosensibilität wie bei anderen Acridinfarbstoffen soll dabei nicht entstehen (MÜHLENS und FISCHER). Heftige *Leibschmerzen*, die wiederholt beobachtet wurden, beruhten meistens auf *gleichzeitiger Plasmochinbehandlung*, nur in vereinzelten Fällen treten sie auch nach Atebrin allein ein. MANSON fand es nur in Fällen, bei denen der Säuregehalt des Magens sub- oder hyperacid war. Leichte Leibschmerzen, die manchmal vorkommen, verschwinden rasch auf Abführmittel. Auch Kopfschmerzen, Schwindel und Erbrechen sind manchmal beobachtet worden. FIELD u. NIVEN betonen das Ausbleiben toxischer Erscheinungen bei 421 Injizierten, sie sahen bei 2 Tamilen vorübergehende epileptiforme Krämpfe bzw. Spasmen nach einer dritten Injektion, ebenso VARDY einmal Krämpfe nach der zweiten Injektion. Eine schädigende Wirkung auf das *Herz* ist bisher nie, auch nicht bei Malaria comatosa, gesehen worden. GANGULI prüfte dies besonders bei seinen Fällen und fand keine Beeinflussung von Blutdruck und Elektrokardiogramm, Schädigung des Myokards hält er für ausgeschlossen. CHOPRA, DAS GUPTA und SEN fanden nur bei einigen Patienten bei einer Untersuchungsreihe eine ganz leichte Blutdrucksenkung, FIELD u. NIVEN ebenfalls. HECHT hatte bereits bei pharmakologischen Tierversuchen bei intravenöser Injektion eine kurze Drucksenkung festgestellt, DE LANGEN und STORM fanden bei Affenversuchen mit hohen intravenösen Dosen auch eine solche und Atemstörungen[1]. Beim Menschen ist aber bei den angegebenen Dosierungen für intravenöse Injektion nur selten — wie oben erwähnt — ein Kollaps od. dgl. gesehen worden. Im Gegenteil ist wiederholt festgestellt, daß für Atebrinbehandlung Myokarditis und Endokarditis selbst mit Leber- und Nierenerkrankung keine Kontraindikation bilden. Ebenso ist Atebrin bei Nephrosen, Nephritis, Pyelitis, Amöbenruhr u. a. Krankheiten ohne Schaden gegeben worden, obwohl Andere Nierenschädigungen für eine Kontraindikation halten. Es löst im Gegensatz zum Chinin in therapeutischen Dosen auch keine Kontraktionen des Uterus aus.

SIMEONS sah in Ceylon bei 2 Kindern von 2 und 4 Jahren, die in hoffnungslosem Zustand mit Somnolenz und Krämpfen eingeliefert wurden, eines 20 Minuten nach der i. m. Injektion im Kollaps sterben, das andere nach Erbrechen genesen, bei 3 anderen wurde vorübergehend Erbrechen und Schwindel beobachtet. BRIERCLIFFE berichtete über 4 von anderer Seite in Ceylon nach i. m. Injektionen beobachtete Todesfälle, es handelte sich bei 3

[1] Sie raten daher, wie bei intravenösen Chinininjektionen auch bei intravenösen Atebrininjektionen daneben Adrenalin zu geben.

um Kinder in elendem Ernährungszustande; es wurde daher geraten, bei solchen Kindern von Injektionen abzusehen.

Eine noch nicht aufgeklärte Nebenwirkung ist verschiedentlich, jedoch soweit uns bekannt, bisher nur aus Ostasien beobachtet worden, nämlich *vorübergehende „cerebrale Erregungszustände“, einem Alkoholrausch ähnlich*, meist wenige Stunden, seltener einige Tage und länger dauernd. KINGSBURY berichtete zuerst, daß unter mehreren tausend von ihm und seinen Kollegen in den Malay States mit Atebrin behandelten Fällen 12mal solche Störungen auftraten, 8 davon waren leicht und von kurzer Dauer, 2 waren in ihrer Anamnese, einer hereditär belastet. Bei einer Konferenz in den Malay States beschrieb GREEN 2 Fälle unter 750 Behandelten, die solche vorübergehenden Erregungszustände boten. Dabei erwähnte CONOLEY solche Beobachtungen (ohne Zahlenangabe), wobei die Erregungszustände ohne jede weitere Malariabehandlung verschwunden seien; BARROWMAN gab unter 2000 Behandelten keine Erregungszustände an, QUAIFE unter 1200 nur 2 Fälle mit Kopfschmerzen und 2 mit vorübergehender Depression; HOOPS mit über 1000 Fällen betonte, daß er alle die gewöhnlichen Nebenwirkungen des Chinins bei Atebrin vermißte; er sah nur einen Fall von vorübergehender Erregung und Unklarheit am 5. Behandlungstag, dessen Anamnese eine frühere vorübergehende geistige Störung ergab. In Ceylon sahen HAY, SPAAR und LUDOVICI psychische Erregungszustände äußerst selten, etwa in $5^0/_{00}$ ihrer 3500 Fälle, sie waren durch Brom, Chloral und Abführmittel leicht zu beeinflussen. UDALAGAMA beschrieb von Ceylon 6 Fälle unter 644 Behandelten; meist bestand Unruhe, Verworrenheit, auch vorübergehende Amnesie. In Indien hatten auch CHOPRA, DAS GUPTA und SEN vereinzelt eine leichte Depression gesehen. SIMEONS sah bei seinen 5600 in Indien Behandelten *keinerlei* psychische Störungen. Die Zahl der Fälle ist also bei den vielen tausenden Behandelten äußerst gering, und die Erscheinungen gingen mit Aussetzen des Mittels in allen Fällen in kurzer Zeit zurück.

Daß bei der Einführung neuer Präparate mehr als sonst auf Nebenwirkungen geachtet wird, ist selbstverständlich und notwendig. Es können daher zum Teil Malariapsychosen — die von HAY, SPAAR und LUDOVICI sowie FERNANDO während der Ceylon-Epidemie bei unbehandelten Fällen wiederholt gesehen wurden — oder Erregungszustände anderer Ursache unter den Fällen sein, es scheint aber, daß dem Atebrin selbst unter gewissen Umständen und bei gewissen Rassen eine auslösende Wirkung zukommt. Es handelte sich meist um Tamilen, Chinesen und Singhalesen. Es wurde zunächst ein rasches Freiwerden von Toxinen aus den zerstörten Parasiten oder verzögerte

Ausscheidung oder direkte Einwirkung des Atebrins auf das Zentralnervensystem als Ursache erörtert. Für letzteres könnten HECHTS pharmakologische Tierversuche mit tödlichen Dosen sprechen, die das Zentralnervensystem und Großhirn erregten. Im Zusammenhang damit wurde auch die Möglichkeit einer unterschiedlichen Toleranz der einzelnen Rassen erwähnt. Es ist dringend erwünscht, daß überall auf solche cerebrale Erscheinungen geachtet wird und sie veröffentlicht werden.

Für die *Verhinderung von Rückfällen* ist die *Atebrinbehandlung* nach vielen Beobachtungen *der Chininbehandlung überlegen.*

BARROWMAN (Malay States) bezeichnete die Dauerheilungen nach 5tägiger Atebrinkur als ungefähr 4mal so hoch wie nach langer Chininbehandlung. HOOPS sah 1933 in den Malay States bei Atebrinbehandlung bei Malaria tertiana 7,3%, bei Tropica 5,11% Rückfälle; 1934 fand er 14,4% bei Tertiana und 5,9% bei Tropica; auf einer Pflanzung eines asiatischen Besitzers war die Rate nach Atebrin 17,3% und nach 1wöchiger Chininkur 77%. Es wurde während der Jahre 1933/34 kein Fall von Schwarzwasserfieber beobachtet. SOUZA PINTO hatte bei der gegen Chinin sehr hartnäckigen Malaria in Brasilien bei 600 2—3 Wochen lang mit 22—30 g Chinin Behandelten regelmäßig Rezidive gesehen und häufig unangenehme Nebenerscheinungen, dagegen bei 283 mit Atebrin Behandelten überhaupt keine Rezidive (er kombinierte auch mit Plasmochin). In anderen Gegenden waren die Rezidivzahlen nicht ganz so günstig; es werden Zahlen bis zu 40% angegeben, wobei aber stets betont wird, daß sie nach Chinin noch höher waren, wobei in der Regel auch Neuinfektionen mitgezählt sind.

Die Malariakommission des Völkerbundes urteilte 1933: „Zur Behandlung der akuten Anfälle von Tertiana und Quartana scheinen Chinin und Atebrin ungefähr gleich wirksam, aber bei Tropica ist Atebrin dem Chinin zweifellos überlegen.“ HOOPS beobachtete, daß Atebrin, bei chronischer Malaria mit Milzvergrößerung verabfolgt, das Auftreten von Fieberanfällen verhindert, und ist der Überzeugung, daß durch seine systematische Anwendung die Malariahäufigkeit bei farbigen Arbeitern stark und dauernd herabgesetzt wird. Unsere eigenen Erfahrungen bestätigen auch, wie bei anderen, *daß Patienten, die früher Chininkuren durchgemacht haben, das Atebrin dem Chinin vorziehen.*

Plasmochin. Das von SCHULEMANN, SCHÖNHÖFER und WINGLER synthetisch dargestellte und von RÖHL bei der Vogelmalaria als Malariaheilmittel erkannte Plasmochin (1926) hat sich gleichfalls neben dem Chinin einen wichtigen Platz in der Behandlung und der Bekämpfung der Malaria erobert. Es ist chemisch N-Diäthylamino-isopentyl-8-amino-6-Methoxy-chinolin. In den Versuchen von SIOLI, MÜHLENS, RÖHL bei Menschen zeigte sich bald, daß *Plasmochin bei Malaria tertiana und quartana der Chininbehandlung ungefähr gleichwertig* ist, daß es aber gegenüber den Schizonten der Malaria tropica nur eine vorübergehende Wirkung hat. Wohl sinkt auch bei ihr das Fieber, aber die Ringe verschwinden überhaupt nicht völlig oder nur für kurze Zeit, und das Fieber steigt bald wieder an. Dagegen erkannten sehr bald MÜHLENS (1926) und RÖHL (1927) unabhängig voneinander, daß Plasmochin eine *elektive Wirkung auf die Gameten der M. tropica* ausübt. Ganz gleichgültig, ob diese bereits längere Zeit vor der Behandlung vorhanden gewesen waren oder erst kurz vorher oder gar während der Behandlung auftraten, sie verschwinden in der Regel wenige Tage nach der Plasmochinbehandlung dauernd aus dem Blut. Morphologisch kann man die Wirkung deutlich erkennen; zunächst werden die Konturen unregelmäßig, schließlich zerfallen die Gameten, und es bleibt nur ein Restkörper zurück, hauptsächlich aus verklumptem Pigment bestehend.

Zur Behandlung von mikroskopisch sichergestellter Malaria tertiana und quartana *kann* man das reine Plasmochinsalz (= Pl. simplex) allein oral anwenden. Namentlich durch die ausgedehnten klinischen Versuche von MÜHLENS und seinen Mitarbeitern (FISCHER u. a.) ist die richtige Dosierung bei dieser Behandlung festgesetzt worden. Das Pl. simplex wird am besten in Tabletten zu 0,02 g in Gesamttagesgaben von 0,06 g (= 3 Tabletten) an Erwachsene verabfolgt, und zwar stets *nach* den Mahlzeiten, nicht nüchtern. Die Plasmochinkur verläuft dabei nach den Angaben von MÜHLENS ungefähr folgendermaßen: Man gibt 7 Tage 3mal täglich 0,02 g und setzt diese Behandlung dann mit 4tägigen Pausen und je 3 Plasmochintagen zu 3mal 0,02 g noch 2—6 Wochen lang fort. Kleine Kinder vertragen Plasmochin relativ gut. Es wird für Kinder folgende Dosierung empfohlen: Säuglinge 0,005—0,01 g (= $^1/_4$—$^1/_2$ Tablette) täglich; Kinder von 1 bis 5 Jahren 2—4mal täglich 0,005 g (= $^1/_4$ Tablette); Kinder von 6—15 Jahren 3—5mal 0,01 g täglich. Individualisieren nach Körperzustand (ungefähr 0,001 g pro Kilogramm)!

Eine *intramuskuläre* Behandlung (Ampullen im Handel) mit gleicher Dosierung ist möglich, aber wohl nur *ausnahmsweise* notwendig. Intravenöse Injektionen sind überflüssig und *völlig abzulehnen.*

Bei der oben angegebenen Nachbehandlung kann natürlich der Arzt genau wie bei Chinin nach eigenem Ermessen variieren; eine *Behandlung ohne ärztliche Kontrolle* ist *zu vermeiden.*

Bei Behandlung mit Pl. simplex verschwindet das Fieber meist am 2. bis 3. Tage, bei M. quartana bleibt der nächste Anfall oft ganz aus; die Parasiten verschwinden bei Tertiana am 2. bis 3. Tag, bei Quartana am 5. etwa völlig aus dem Blute.

Bei M. tropica hat es zwar keinen Zweck wegen der ungenügenden Einwirkung Plasmochin allein zu geben, doch ist es in dringenden Fällen von Chininintoleranz z. B. bei Schwarzwasserfieber zunächst mit Erfolg gegeben worden (s. aber nächsten Absatz und S. 72). Die Zahl der Rückfälle bei Tertiana und Quartana nach reiner Plasmochinbehandlung werden als bedeutend geringer als nach Chinin angegeben, bei Tertiana im Mittel mit nur 5—7%, bei Quartana noch geringer. Es besteht also zweifellos eine Überlegenheit gegenüber dem Chinin. Plasmochin simplex kommt heute nur noch, wenn kein Atebrin zur Verfügung steht, bei Tertiana und Quartana bei Chininüberempfindlichkeit und bei Chininresistenz in Frage.

Nebenwirkungen des Plasmochins. Besonders bei der anfänglich zu hohen Dosierung wurden häufig nach Plasmochin *cyanotische Verfärbung* von Lippen, Zunge, Gaumen, mitunter auch Ohrläppchen und Fingernägeln bemerkt. Diese Verfärbung ist verursacht durch *Methämoglobin*bildung. Ferner reagieren zahlreiche Menschen gelegentlich mit *Leibschmerzen,* besonders in der Magengegend. Bei gleichzeitiger Verabfolgung von Atebrin sind diese Leibschmerzen oft sehr stark, so daß schon an dieser Stelle hiervor gewarnt sei (s. S. 55). Schwerere Nebenerscheinungen sind ebenfalls, wenn auch selten und meist bei stärkerer Dosierung, beobachtet (CORDES, MANSON-BAHR, BAERMANN und SMITS, EISELSBERG, MANIFOLD u. a.), und zwar in Form schwerer *toxischer Anämien mit Entleerung von gelbbraunem, methämoglobinurischem Urin, was leicht zu Verwechslung mit richtiger Hämoglobinurie Anlaß gibt.* Es ist ungefähr ein halbes Dutzend solcher Fälle tödlich verlaufen, wobei die Obduktion eine Lebernekrose ergab.

Es ist daher bei jeder reinen Plasmochinbehandlung eine ärztliche Kontrolle nötig, obwohl bei obengenannten Dosierungen ernste Nebenerscheinungen sehr selten eintreten. Bei Anzeichen einer toxischen Nebenwirkung (Cyanose, Leibschmerzen) ist das Mittel sofort abzusetzen, evtl. durch Atebrin zu ersetzen.

Das Plasmochin wird heute kaum noch allein zur Malariabehandlung verwandt, jedoch hat es in Kombinationsbehandlung mit Chinin, ferner zur Anschlußbehandlung bei Atebrinkuren und vor allem in der Assanierungsprophylaxe wegen seiner elektiven Rolle gegenüber Tropicagameten und Gametenbildung sich einen wichtigen Platz erobert.

Im Ausland sind verschiedentlich von Plasmochin ausgehend ähnliche Präparate hergestellt worden, so „*Fourneau 710*“ (Rhodoquine) = 6-Methoxy-8-diäthylamino-n-propylamino-chinolin und „*Fourneau 574*“, das entsprechende Dimethylamino-Präparat. Ersteres zeigte sich bei Anwendung durch SERGENT und Mitarbeiter, spanische und französische Ärzte u. a. toxischer als Plasmochin; beide Präparate sind gegen Schizonten (SAUTET, GREEN) etwas weniger wirksam als Plasmochin, sie wirken auf Halbmonde ähnlich wie das Originalplasmochin. Eine russische Nachsynthese heißt Plasmocid. (Eine ganze Reihe anderer Chinolinderivate sind und werden noch in vielen Ländern untersucht, um bei gleicher oder gesteigerter Wirkung eine geringere Toxizität zu erreichen. Es scheint aber, daß gerade die wirksame Komponente auch die toxische ist.)

Methylenblau wurde bereits 1891 von EHRLICH und GUTTMANN in die Malariatherapie eingeführt. Es ist bei Tertiana und Tropica nur von einer ungenügenden Wirkung, aber von guter Wirkung bei Quartana. Diese häufig bezweifelte Angabe hat der eine von uns (MAYER) 1919 bei 3 akuten Quartanarezidiven mit Fieber und zahlreichen Parasiten bestätigt; im Anfall gegeben, blieb der nächste bereits aus, die Schizonten verschwanden nach 1, 7 und 8 Tagen, die Gameten nach 6, 8 und 9 Tagen; einer rezidivierte 4 Monate nach der Behandlung. Man gibt Methylenblau als M. med. purum in Tagesdosen von 1 g am besten verteilt in Kapseln zu 0,1—0,2 g, daneben etwas geriebene Muskatnuß gegen den entstehenden Harndrang (Methylenblau färbt Urin und Stuhl blau!). Lediglich aus Brasilien hat COUTO auch bei Tertiana und Tropica, insbesondere bei chininresistenten und komatösen Fällen, über gute Erfolge mit Methylenblau berichtet. Er gab auch intravenös 0,05 g in 5 ccm Wasser pro dosi 2—5mal am Tage je nach Schwere des Falles; seine Schüler wenden es noch vielfach an. (Vom Methylenblau aus gingen die Versuche von SCHULEMANN und Mitarbeitern zur Herstellung synthetischer Malariamittel.)

Organische Arsenpräparate. *Salvarsan* hatte sich als unmittelbar stark wirksam bei Tertiana gezeigt, aber nur, wenn es während des Anfalles in Tagesdosen von 0,45—0,6 g gegeben wurde, es konnte aber keine Rückfälle verhüten. Bei Quartana und Tropica war die Wirkung ungenügend. Im Latenzstadium sind durch Salvarsan schon Anfälle ausgelöst worden, die sogar tödlich verliefen. Während und nach dem Krieg vielfach bei malariafesten Stämmen verwendet, ist es nach Einführung des Atebrins zur Malariabehandlung überflüssig geworden. Dasselbe gilt auch für die innerliche Anwendung von *Stovarsol* und *Spirocid;* sie haben (allein angewandt) nur eine ungenügende Wirkung und verursachen oft toxische Nebenerscheinungen wie Magen-Darmstörungen, Hautreaktionen, Nephritis. In Kombination mit Chinin werden sie neuerdings empfohlen (Quiniostovarsol).

Zahlreiche *andere*, hier nicht erwähnte, *gegen Malaria empfohlene Mittel* haben sich nicht bewährt, so Antimon- und Silberpräparate, Urotropin u. a.

Kombinationstherapie der Malaria.

Das Auffinden neuer Malariamittel führte bald zu Versuchen, durch gemeinsame Anwendung ihre Wirkung zu kombinieren und dadurch gegenseitig zu verstärken. So ist heute in vielen Fällen eine Kombinationsbehandlung einer einfachen Behandlung vorzuziehen.

I. **Kombination von Chinin und Plasmochin.** Die ungenügende Wirksamkeit des Plasmochins gegenüber Tropicaschizonten, aber die vollkommene bei Tertiana und Quartana führte, nachdem sich die gleichzeitige Anwendung beider Präparate als ungefährlich erwiesen hatte, zunächst zur Herstellung des *Plasmochin compositum*, von dem jede Tablette 0,01 g Plasmochin und 0,125 g Chin. sulfuric. enthält. Es wurden bei allen drei Malariaarten 6 Tabletten (= 0,06 g Pl. + 0,75 g Ch.) täglich 1 Woche lang gegeben und mit 4tägigen Pausen und 3tägiger Behandlung je nach der Schwere wie bei Plasmochin simplex nachbehandelt. Mit dieser Zusammensetzung wurden auch bei Tropica sehr gute Erfolge erzielt. Da sich aber zeigte, daß schon geringere Dosen als 0,06 g Plasmochin genügten, die Halbmonde zu vernichten, andererseits bei Empfindlichen 0,06 g Plasmochin bereits Leibschmerzen auslösen können, wurde auf Grund ausgedehnter Erfahrungen in Indien (SINTON, MANIFOLD, JARVIS, DIXON) die Chininkomponente erhöht und die Plasmochinkomponente herabgesetzt.

In Indien hatte u. a. MANIFOLD 3187 Soldaten (Europäern und Indern) je 0,04 g Plasmochin und 1,2 g Chinin täglich 21 Tage lang gegeben und bei Tropica nachher noch 5 Tage je 0,04 g Plasmochin. Er fand diese Kombination höchst wirksam und sieht sie in bezug auf Rückfälle für einen großen Fortschritt gegenüber der Chinintherapie an. Da er aber in 0,1% noch Nebenerscheinungen sah, wurde ein Kombinationspräparat mit noch geringerem Plasmochinanteil hergestellt, das *Chinoplasmin*.

Das **Chinoplasmin,** von dem 1 Tablette 0,01 g Plasmochin und 0,3 g Chinin sulf. enthält, wird jetzt fast nur noch ausschließlich zu dieser Kombinationsbehandlung verwendet. Dabei scheint durch die Kombination nicht nur eine Verstärkung der Wirkung beider Präparate, sondern auch eine Herabsetzung der Nebenerscheinungen von Chinin und Plasmochin einzutreten. MCQUEEN fand

Chinoplasmin bei mehr als 4000 Kindern völlig harmlos. Als praktischste Methode hat sich zur Behandlung sowohl akuter wie chronischer Malaria *eine kontinuierliche orale Behandlung* mit 3 bis 4 Tabletten täglich (nach den Mahlzeiten verabfolgt) ergeben; gewöhnlich genügen 3 Tabletten. Kinder von 1—5 Jahren erhalten 1—2mal täglich $^1/_2$ Tablette; von 6—10 Jahren 3—4mal täglich $^1/_2$ Tablette. (Es gibt auch verzuckerte Dragées mit entsprechend geringeren Dosen [1 Tablette = 2 blaue Dragées = 4 rote Dragées].) Zur intramuskulären Injektion stehen auch Ampullen zur Verfügung.

Man setzt die Chinoplasminbehandlung 2—3 Wochen lang, in der Regel 21 Tage, fort, und zwar bei allen Formen der Malaria, also auch bei solchen Fällen, bei denen Malaria klinisch diagnostiziert wurde, aber die Art mikroskopisch nicht festzustellen war. *Kontraindiziert* ist Chinoplasmin wegen des hohen Chiningehaltes bei *Schwarzwasserfiebergefahr* und *Chininidiosynkrasie*, in denen also ausschließlich heute Atebrin gegeben wird.

Die Chinoplasminbehandlung führt sehr rasch zu einer Erhöhung des Hämoglobinwertes und vor allem zu einer Verkleinerung der Milz. Diese Beeinflussung von Milztumoren zeigen sich besonders auch *bei chronischer Malaria, wofür wir Chinoplasmin 2—3 Wochen in voller Dosis vor allem empfehlen möchten.* Wir haben wiederholt Milzvergrößerungen, Milzschmerzen und andere Erscheinungen chronischer Malaria ohne deutliche Fieberanfälle sehr rasch durch diese Behandlung verschwinden sehen.

II. **Chinin mit Arsenikalien.** Als *Quiniostovarsol* wurde von FOURNEAU und TRÉFOUEL eine Kombination von Chinin und Stovarsol unter obigem Namen eingeführt, das ca. 54% Chinin enthält. Obwohl Stovarsol allein als ungenügend zur Malariabehandlung (genau wie Salvarsan) fast allgemein abgelehnt wurde, fanden verschiedene Ärzte (RAYNAL, DE LA CAMARA und MORALEDA, GREEN, MOLLOW u. a.), daß es als Zusatz zu Chinin dessen Wirkung verstärke und vor allem eine sehr wirksame Beeinflussung des Allgemeinzustandes, der Milzschwellung und des Körpergewichtes verursache. Man gibt als Tagesdosis 3—4 Tabletten zu 0,25 g, die meist in 4 Serien von 7—10 Tagen mit 4—7tägigen Pausen gegeben werden. Es erfolgen aber noch häufig Rückfälle. SLATINEANU erhielt mit Chinin 35%, Quiniostovarsol 24% und Chinoplasmin 10% Rückfälle. Die Wirkung beruht nach PITTALUGA nicht auf einer Verstärkung des parasitoziden Chinineffektes, sondern einer solchen der allgemeinen und spezifischen Abwehrkräfte des Organismus. Er hält es daher zur Nachbehandlung für geeignet. RAYNAL hält es insbesondere für chronische und kachektische Fälle für zweckmäßig. Einen ähnlichen Zweck erfüllt auch das italienische Präparat *Esanofele* = Pillen mit Chin. bisulfur. 0,1 g; Acid. arsenicos. 0,001 g; Ferrum citric. 0,3 g; Extracta amara 0,15 g; es wird auch als ähnlich zusammengesetzte Tinctura Bacelli oder Esanofelina hergestellt. Zur Behandlung, insbesondere der Tropica, enthält es in der vorgeschriebenen Dosierung von 6 Pillen für Erwachsene zuwenig Chinin, kann aber für Nachkuren verwendet werden.

(Auf eine ganze Reihe von anderen Präparaten, in denen Chinin mit den verschiedensten Stoffen kombiniert ist und dadurch seine Wirkung erhöht werden soll, können wir hier nicht eingehen; über die meisten liegen noch keine genügenden Erfahrungen vor.)

III. Kombinationstherapie von Atebrin und Plasmochin. Es war sehr naheliegend, die Wirkung des Atebrins auf die Schizonten mit der elektiven Wirkung des Plasmochins auf die Halbmonde bei Tropica zu verbinden und auch bei Tertiana und Quartana durch Kombination beider Mittel eine Steigerung der Wirkung zu versuchen. Bei Tropica wandten MÜHLENS und FISCHER bereits 1930/31 beide Mittel gleichzeitig an, wobei sie schon bei einem ziemlichen Prozentsatz ihrer Fälle beobachteten, daß dabei Magenbeschwerden (Schmerzen und Appetitlosigkeit) auftraten, die nach Absetzen des Plasmochins aufhörten. Ähnliche Beobachtungen führten bei zahlreichen Untersuchern zu den gleichen Erfahrungen. Es ist noch nicht völlig geklärt, wieso sich bei Kombination von Atebrin und Plasmochin die Wirkung auf den Magen-Darmtraktus erhöht, während sie bei Kombination von Chinin und Plasmochin herabgesetzt wird. Jedenfalls haben diese Erfahrungen dazu geführt, *Atebrin und Plasmochin nicht gleichzeitig zu verabfolgen, sondern die Plasmochinkur an die Atebrinkur anzuschließen.* Wir müssen diese Methode dringendst empfehlen, die auch wir seit Jahren ohne jegliche Beschwerden der Kranken durchführten[1].

---

[1] Neuerdings berichtet MANSON aus Indien über Versuche mit einfachen und überzogenen Tabletten, in denen Atebrin zu 0,1 g mit 0,0033 bzw. 0,005 g Plasmochin kombiniert war. Während er mit den Tabletten gelegentlich bei Leuten mit gestörter Magen- oder Gallensekretion Nebenwirkungen sah, blieben solche bei Verwendung der überzogenen Tabletten aus, und die Behandelten blieben frei von Rückfällen. Aus den wenigen Versuchen kann man noch nicht schließen, ob diese Art der kombinierten Atebrin-Plasmochin-Behandlung, *die eine wesentliche Vereinfachung* wäre, ohne Nebenwirkung genügende Wirksamkeit gegenüber Halbmonden zeigt.

Wir empfehlen folgende Anwendungsweise: 7 Tage Atebrinkur und *im Anschluß daran* 3—5 Tage lang 3 mal täglich 0,01 g Plasmochin simplex oder 3 mal täglich 1 Tablette Chinoplasmin. Kinder erhalten bei der Nachkur je nach Alter: Säuglinge 0,005 g; 1—5 jährige 0,01 g; 6—10 jährige 0,01—0,02 g Plasmochin täglich. Man kann auch zwischen der Atebrin- und Plasmochinkur eine Pause von

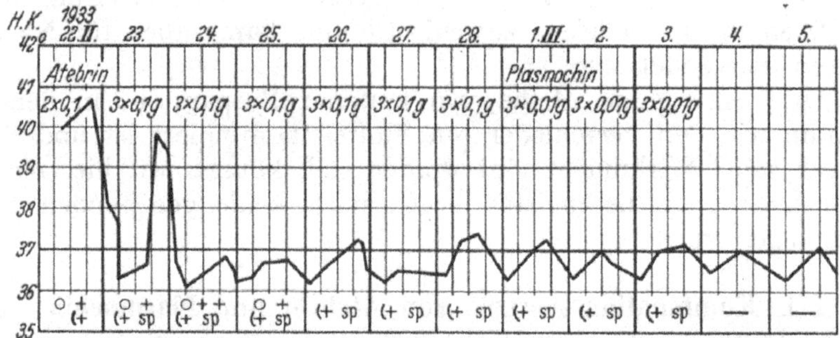

Abb. 11. Malaria tropica. Atebrin mit anschließender Plasmochinbehandlung. (Verschwinden der Halbmonde.) Eigene Beobachtung.

3—5 Tagen einschalten, wir selbst ziehen aber die direkte Anschlußbehandlung vor. Diese Nachbehandlung ist nicht nur für Tropica, sondern auch bei Tertiana und Quartana empfehlenswert und setzt bei diesen die Rezidivrate noch mehr herab. Bei Malaria tropica sieht man, daß die unter oder nach der Atebrinkur aufgetretenen Halbmonde meist schon am 2. und 3. Tage der Plasmochinbehandlung verschwinden (s. Abb. 11).

Angaben über die *Erfolge dieser Kombinationsbehandlung* liegen aus den verschiedensten Gebieten, vor allem aus den Malay States vor. Dort beobachteten z. B. mit Atebrin allein bzw. Atebrin + Plasmochin Duncan bei 168 bzw. 116 Tertianafällen 10,7 bzw. 5% Rückfälle; Barrowman bei 175 bzw. 192 Tertianafällen 12 bzw. 3% Rückfälle; bei Tropica Duncan mit Atebrin-Plasmochin (33 Fälle) 3%, Barrowman (63 Fälle) 5%, Hoops (176 Fälle) 5,11% Rückfälle. In Mittelamerika gibt Connor nach Atebrin-Plasmochin eine Rückfallrate von 2—5% gegen 25—50% bei Chininbehandlung an. Ebenso gute Erfolge berichten u. a. Cuenca, Arbona, Benarroch und Boos aus Südamerika. Auch in Indien sind nach Amy die Ergebnisse bei der britischen Armee 1933—35 sehr günstig, im Durchschnitt wurden etwa 12% Rückfälle beobachtet. Labuschagne sah in Natal 12 Wochen nach 5tägiger Kur mit je 0,3 g Atebrin + 0,03 g Plasmochin eine Heilung bei 60—70% seiner Fälle, wobei Tropica besser als Tertiana ansprach.

Daß diese Kombination auch der Kombination von Chinin mit Plasmochin überlegen ist, beweisen zahlreiche Beobachtungen. So sei hier ein Parallelversuch von Morishita angeführt: 21 Fälle, behandelt mit Atebrin + Plasmochin, zeigten innerhalb 8 Wochen keine Rückfälle, während 22 Fälle nach 14tägiger Behandlung mit je 0,9 g Chinin + 0,04 g Plasmochin bei Tertiana innerhalb 8 Wochen 23% und bei Tropica 15% Rückfälle zeigten. BARROWMAN hatte gegenüber den obengenannten Zahlen nach Chinin + Plasmochin bei Tertiana und Tropica 17 bzw. 29% Rückfälle.

Nach den meisten vorliegenden Beobachtungen scheint somit die *Atebrinbehandlung mit anschließender Plasmochinbehandlung die größte Aussicht von allen Methoden zur Vermeidung von Rückfällen* zu geben. In Endemiegebieten ist aber bei ihr wie bei allen kurzfristigen Behandlungsmethoden auch stets mit Neuinfektionen zu rechnen.

Die Behandlung von Malariarückfällen.

Da sich Rückfälle demnach bei keiner Methode vermeiden lassen, erhebt sich die Frage: Wie werden diese am besten behandelt?

Wenn bereits 8—14 Tage nach Abschluß einer Behandlung schon wieder ein Rückfall auftritt und sich solches mehrfach wiederholt, so kann die Ursache entweder auf ungenügender Resorption des Mittels beruhen, was durch Kontrolle der Aufnahme oder Ausscheidung feststellbar ist, oder auf ungenügender Wirkung, entweder bedingt durch zu geringe Dosierung (im Verhältnis zum Körpergewicht) oder durch *Resistenz* des betreffenden Parasitenstammes gegen das angewandte Mittel. Andererseits weiß man aus Erfahrung, daß manche örtlichen Stämme leichter durch Medikamente zu beeinflussen sind, andere schwerer, und daher intensiver behandelt werden müssen (JAMES, SCHÜFFNER und SWELLENGREBEL, KORTEWEG u. a.). Eine Resistenz gegen Chinin wurde vor allem vor und nach dem Weltkrieg, früher in Brasilien, beobachtet. Jetzt ist sie relativ selten, und viele Autoren leugnen eine primäre Resistenz der Stämme und erkennen nur eine erworbene an, teils durch unzweckmäßige Behandlung, teils durch dauernde Hyperinfektion während der Chininisierung, womit wir zweifellos im Krieg zu tun hatten. Sicher kann eine Resistenz auch dadurch vorgetäuscht werden, daß dauernd provozierende Einflüsse während der Behandlung auf die Betroffenen einwirken (Strapazen, Unterernährung, Verwundungen usw.), wie dies im Kriege und seinerzeit in Brasilien der Fall war. Es sind auch bereits einige Fälle bekannt, die auf Atebrin wieder sehr schnell rezidivierten; demnach kann eine solche Resistenz wohl gegenüber allen Mitteln entstehen. Aber abgesehen hiervon, müssen wir — wie gesagt — früher oder später mit Rückfällen rechnen, insbesondere bei Tertiana und Quartana, während die Tropica eher auf einmalige Behandlung ausheilt.

Wir stehen auf dem Standpunkt, daß man jeden klinischen Rückfall, bei jeder Malariaart, *genau wie das Erstlingsfieber sofort und mit voller Dosis behandeln soll*, obwohl Rezidive erfahrungsgemäß häufig infolge einer erworbenen gewissen Immunität leichter zu beeinflussen sind. Wenn die Möglichkeit besteht, daß es sich um eine Neuinfektion handelt (die ja bei allen kurzfristig Behandelten eher auftreten kann als bei einer monatelangen Chininnachbehandlung während der Malariasaison eines Gebietes), oder wenn bereits *einige Wochen* seit dem früheren Anfall vergangen sind, so braucht *kein Wechsel der Behandlung* stattzufinden. Immerhin aber haben wir es ja mit 3 wirksamen Mitteln heute in der Hand, durch einen solchen Wechsel die Aussicht der Heilung zu verbessern. Trat z. B. ein Rückfall nach langer Chininkur auf (kurze Chininkuren lassen wir außer Betracht, da hierbei gut 90% rezidivieren), so können wir jetzt mit Atebrin oder Atebrin + Plasmochin behandeln; trat er nach Atebrin oder Atebrin + Plasmochin auf, so können wir 3 Wochen mit Chinoplasmin oder mehrere Wochen mit Chinin behandeln.

Die Malariakommission des Völkerbundes hatte 1933 empfohlen, nur bei Tropica, wie oben geschildert, Rückfälle zu behandeln, bei Tertiana und Quartana aber erst einige Anfälle vorübergehen zu lassen und dann mit geringerer Dosis zu behandeln, um die Selbstimmunisierung des Körpers zu steigern, der dann bei späteren meist milderen Anfällen oft allein imstande sei, der Infektion Herr zu werden[1]. Gegen diese Vorschläge sind zahlreiche Einwände erhoben worden. Einmal tritt die Selbstimmunisierung scheinbar nur bei einzelnen Völkerrassen und meist nur gegen die örtliche Rasse der Parasiten ein, andererseits können sehr wohl auch Rückfälle zu schweren Anfällen führen, und drittens müssen wir — soweit die Behandelten im Malariagebiet bleiben oder nach Heilung dahin zurückkehren — auch versuchen, sie möglichst *als Parasitenträger auszuschalten*. Unseres Erachtens ist daher nur ein im betreffenden Endemiegebiet dauernd tätiger Malariologe berechtigt, eine solche „immunisierende Behandlung" je nach seinen Erfahrungen anzuwenden und solche erprobte „lokale Standardmethoden" (SINTON) bei der Bevölkerung seines Arbeitsgebietes durchzuführen. Diese Frage führt aber schon von der Behandlung des Einzelnen zu der Frage der medikamentösen Sanierung ganzer Gebiete über, die meist nicht nur eine sanitäre, sondern auch eine ökonomische ist.

Daß solche lokale Immunität der Bevölkerung eine Rolle spielen kann, zeigt eine — wenn auch kleine — Statistik von JOHNSON aus den Malay States. Er hatte unter 83 mit Chinin behandelten Europäern 62% Rückfälle bei Tropica und 80% bei Tertiana; mit 5tägiger Atebrinkur bei 49 Europäern 43% Rückfälle, bei *Asiaten* dagegen mit Atebrin nur 5—10%.

---

[1] LOURI fand bei Vogelmalaria (Pl. cathemericum), daß die Immunität gegen Superinfektion sich in gleichem Maße entwickelte, einerlei ob eine starke Chininbehandlung am Anfang erfolgte oder überhaupt keine Behandlung stattfand.

Symptomatische Behandlung der Malaria.

Die Ausheilung einer Malaria hängt vor allem von der allgemeinen Widerstandskraft des Körpers ab. Wie wir schwere Symptome und viele Todesfälle bei einer durch mangelhafte Ernährung geschwächten Bevölkerung sehen, so bedingt auch den Erfolg jeder Behandlung eine möglichste Kräftigung des Körpers. Es ist also zu versuchen, durch zweckmäßige und genügende Ernährung die Heilkraft der Mittel zu unterstützen und die Bildung von Antikörpern hierdurch anzuregen.

In sehr vielen Fällen benötigt man außer den spezifischen Mitteln keine weiteren Arzneien zur Behandlung der Malaria. Vielfach werden im Anfang daneben noch *Abführmittel* verabfolgt; das hat natürlich einen Zweck, wenn die Verdauung daniederliegt. Eine in Indien von Sinton empfohlene Methode legt auch Wert darauf, neben dem Chinin Alkali zu geben, da bei Malaria eine leichte Acidose entstehe (MacGilchrist) und nach Befunden von Acton und Chopra Chinin bei stärkerer alkalischer Reaktion vom Darm besser resorbiert würde; er gibt daher eine Mixtur von Natr. bicarb. 4 g; Natr. citr. 2,6 g; Calc. carbonic. 0,16 g; Aq. dest. ad. 28,4 ccm jeweils 20 Minuten vor seiner Chininlösung (s. S. 31) und sah damit viel weniger Rückfälle als bei reiner Chininbehandlung.

Wo im Anfall allgemeine Symptome zu bekämpfen sind, ergibt sich die Behandlung meist von selbst, hierher gehören bei Kopfschmerzen kühle Kompressen, bei Hyperpyrexie kühle Bäder, Packungen, Abreibungen. Bei Herzschwäche kommen neben anderen Mitteln unter Umständen auch Adrenalin (subcutan 0,5 bis 1 ccm der 1promill. Lösung) sowie Kochsalzinfusionen in Frage. Bei komatöser Malaria ist mit Erfolg in schweren Fällen auch Lumbalpunktion, oder nach Cordes besser Zisternenpunktion, mit Ablassen einer entsprechenden Menge von Liquor vorgenommen worden. Bei starken Erregungszuständen kann Morphium notwendig werden. Gegen das äußerst quälende Erbrechen, das allerdings bei der spezifischen Behandlung meist bald von selbst aufhört, wird Jodtinktur (1 Tropfen auf ein Weinglas voll Wasser), Eisschlucken und vor allem Chloroform empfohlen. Ziemann wendet folgende Mischung an: Chloroform 10 g, Gummi arabic. 10 g, Zucker 20 g, in einem Mörser zerrieben und versetzt mit Aqua ad 200 g; vor dem Gebrauche gut umzuschütteln; 1—2-stündlich ein Tee- bis Eßlöffel. Die spezifische Behandlung führt man bei heftigem Erbrechen am besten zunächst mit Injektionen von Chinin oder Atebrin aus. Manchmal erweisen sich auch die von ZIEMANN für solche Fälle empfohlenen Magenausspülungen von großem Nutzen.

Als Getränke im Fieber gibt man Limonaden, kohlensaure Wässer, evtl. Sekt und andere Stimulantien. Der meist ganz daniederliegende Appetit hebt sich nach dem Aufhören der Fieberanfälle in der Regel von selbst, und Blutbildung und Kräftezustand bessern sich oft überraschend schnell.

Natürlich wird die Blutneubildung sehr durch eine zweckmäßige *Eisen- und Arsentherapie* gefördert. Zu dieser Therapie kleine Mengen Chinin zuzufügen, wird als Nachkur auch empfohlen, und wir nannten für diesen Zweck bereits die Esanophelepillen und das Quiniostovarsol. Auch Plasmochin-Silber-Tonicum (Dragées mit Plasmochin 0,0025 g; Chin. sulf. 0,1 g; Ferr. reduct. 0,03 g; Dinatriumsalz der Essigarsinsäure 0,0017 g; Strychnin. nitr. 0,00005 g) sei hierfür noch genannt. Wir verordnen gewöhnlich entweder Eisen-Arsen-Pillen oder Natrium cacodylicum, Elarson, Eisen-Elarson, Solarson, je nach dem Grade der Anämie.

Zur *Nachbehandlung* hat sich eine *Höhenkur* in sonnenreichem Mittelgebirge vielfach bewährt. Zu große Höhen sowie Orte mit schroffen Temperaturwechseln und viel Regen sind wegen der Möglichkeit der Auslösung von Rückfällen zu meiden. Es sei hier ausdrücklich nochmals darauf hingewiesen, daß auch Sonnenbäder, Seebäder, Schwimmbäder solche Rückfälle auslösen können. Schonende künstliche Höhensonne wirkt auch oft kräftigend, besonders bei anämischen Kindern.

Versuche, große Milzen durch lokale Bestrahlungen mit Quarzlampe oder Röntgenstrahlen zu beeinflussen, haben keinen Zweck, man gebe lieber dann noch eine schonende Nachbehandlung, etwa mit Chinoplasmin[1]. Ebenso sind Versuche zu vermeiden, durch Provokationen aller Art (s. S. 25) festzustellen, ob definitive Heilung besteht, da solche nur die „labile Immunität" stören können.

Zusammenfassung der Hauptmethoden der Malariabehandlung und Prophylaxe. (Dosierung für Erwachsene.)

A. **Behandlung.** 1. *Atebrinbehandlung.* 7 Tage lang je 0,3 g Atebrin per os (3mal täglich 0,1 g = 1 Tablette) nach den Mahlzeiten. Bei bedrohlichen Zuständen intravenöse oder intramuskuläre Anwendung an den ersten Tagen.

2. *Atebrin-Plasmochin-Behandlung.* Anschließend an obige Atebrinbehandlung 3—5tägige Nachbehandlung mit täglich 3mal 0,01 g Plasmochin simplex.

[1] Chirurgische Entfernung der Milz lehnen wir ab, außer bei Milzruptur oder den seltenen schweren mechanischen Störungen durch die Milzgeschwulst.

3. *Chininbehandlung.* a) Chininkur nach NOCHT: Täglich 1 g Chinin. hydrochl. (5mal 0,2 g) bis einschließlich 5 Tage nach Fieberabfall, dann mit 4tägigen Pausen und je 3 Chinintagen noch etwa 6 Wochen lang täglich 1 g Chinin (bei bedrohlichen Zuständen intravenöse oder intramuskuläre Anwendung an den ersten Tagen).

b) Kurze Chininkur: 7—10 Tage täglich je 1 g Chinin, Wiederholung dieser Kur bei den in der Regel wieder auftretenden Rückfällen.

4. *Chinoplasminbehandlung.* 21 Tage lang täglich 3 Tabletten Chinoplasmin.

B. **Prophylaxe** (s. S. 90). 1. *Chininprophylaxe.* a) Tägliche Prophylaxe mit 0,4 g; b) jeden 6. und 7. Tag je 1 g (5mal 0,2 g) Chinin.

2. *Chinoplasminprophylaxe.* Täglich 1 Tablette Chinoplasmin.

3. *Atebrinprophylaxe.* An 2 auseinanderliegenden Wochentagen (etwa Mittwoch und Sonnabend) je 0,2 g Atebrin.

Fortsetzung jeder Prophylaxe noch 6—8 Wochen nach Aufhören der Infektionsgefahr.

Schwarzwasserfieber.

Den Namen „Schwarzwasserfieber“ (englisch blackwater fever, französisch Fièvre bilieuse hémoglobinurique) führt eine Komplikation der Malaria, deren vorstechendes Symptom die Ausscheidung eines in Farbgrenzen von Portweinfarbe bis zum dunklen Schwarzrot schwankenden Urins ist. Diese Färbung ist dadurch bedingt, daß der Urin Hämoglobin in mehr oder weniger großen Mengen gelöst enthält. Die in den Tropen nicht seltenen Hämaturien, auch wenn sie bei Malariakranken beobachtet werden, gehören nicht zum Schwarzwasserfieber; es handelt sich beim Schwarzwasserfieber immer um Hämoglobinurie.

Klinik. Diese Komplikation tritt immer *plötzlich* auf und verläuft akut. Wir unterscheiden verschiedene Grade:

1. Die *leichtere* Form: Schüttelfrost, mehrstündiges Fieber — beides kann aber auch fehlen —, Übelkeit mit oder ohne Erbrechen, geringe kolikartige Schmerzen im Leibe, portwein- bis kirschsuppenfarbener Urin, der in normalen Mengen abgesondert und entleert wird und sich im Laufe von etwa 24 Stunden völlig aufhellt. Nach dem Anfall allgemeine Abgeschlagenheit.

2. Die *schwere* Form: Sehr starker Schüttelfrost, hohes mehrtägiges Fieber, andauerndes Erbrechen galligen, oft grün gefärbten Schleimes, häufig Singultus, starke kolikartige Schmerzen im ganzen Leib oder nur in der Nieren- oder Leber- oder Milzgegend,

schnell zunehmende Anämie und Herzschwäche. Der Urin ist dunkelschwarzrot und wird in zunehmend geringeren Mengen entleert. Manchmal wird zwischendurch wieder hellerer Urin ausgeschieden. In ganz schweren Fällen Aufhören jeder Urinentleerung, Ikterus. Das Sensorium ist in der Regel frei oder nur leicht getrübt, bis auf zunehmende urämische Erscheinungen vor dem tödlichen Ausgang.

3. Die *unausgebildete* Form: Keine Hämoglobinurie, Urin enthält Eiweiß und große Mengen Urobilin und Urobilinogen. Plötzlicher, aber bald vorübergehender Temperaturanstieg, Ikterus Abgeschlagenheit.

Die leichte und die unausgebildete Form können sich unter Umständen schnell verschlechtern; die während des Anfalls entleerten Urinportionen können wechselnde Mengen von gelöstem Hämoglobin enthalten, in seltenen Fällen vorübergehend frei davon sein. Die Dauer des einzelnen Anfalls beträgt mehrere Stunden bis zu mehreren Tagen. Ausgang in Tod oder mehr oder weniger schnelle Rekonvaleszenz; oft Bestehenbleiben einer Disposition zur Wiederkehr.

Prognose. Die Prognose hängt in erster Linie von der Nierenfunktion ab; dauernde Anurie und Oligurie sind tödlich. Ältere und schwache Kranke erliegen unter Umständen auch der Herzschwäche und Anämie. Sie kann bei Versagen der Blutregeneration die direkte Todesursache sein.

Vorkommen und Verbreitung. Das Schwarzwasserfieber zeigt sich ganz unregelmäßig auf einzelne Individuen verteilt in allen Gebieten mit schwerer Malaria, am häufigsten dort, wo die Tropicaform überwiegt, also in den wärmeren Malarialändern. Die Angabe, daß in den Tropen die feuchtwarmen Niederungsgebiete bevorzugt werden, hängt sicher hiermit zusammen. Schwarzwasserfieber kommt in allen Weltteilen, auch in Südeuropa, vor. Zweifellos ist es in manchen Gegenden häufiger als in anderen, so im tropischen Afrika, Haiti u. a. O., in anderen Ländern mit tropischer Malaria dagegen seltener, z. B. auf den Philippinen. Aber sie ist nicht auf diese Gebiete beschränkt. In seltenen Fällen ist sie auch bei Kranken, die ihre Malariainfektion aus mehr nördlichen Gebieten bezogen hatten (z. B. Polen), beobachtet worden, natürlich aber auch bei Leuten, die mit Malaria aus wärmeren Gegenden in die Heimat zurückkehrten und erst dort erstmalig an Hämoglobinurie erkrankten, was durchaus nicht selten ist; auch bei induzierter Malaria kommt es vor (s. S. 65).

Die Schwarzwasserfieber-Komplikation tritt immer nur sporadisch hier und da bei einzelnen Malariakranken, nie in gehäufter

Form auf. Wo man gehäuftes Auftreten in einzelnen Häusern („Schwarzwasserfieber-Häusern“[neuerdings z. B. GIGLIOLI in Britisch-Guyana]) beobachtet hat, liegt das nur zum Teil an der besonderen Örtlichkeit — schwere Malariagefahr —, zum guten Teil erklärt es sich zwanglos auf andere Art (siehe unten).

Farbige Eingeborene, in endemischen Malariagebieten heimisch, zeigen die Komplikation der Hämoglobinurie nur selten, doch sind in letzter Zeit eine Reihe solcher Fälle von belgischen Kolonialärzten beschrieben worden. Meist werden nur Europäer und Mischlinge, ferner Farbige, die aus malariafreien Gegenden in schwer endemische Gebiete übergesiedelt sind, ergriffen. Alle Lebensalter sind der Gefahr dieser Komplikation gleichmäßig ausgesetzt, Kinder von etwa 2 Jahren an vielleicht stärker als die übrigen Altersklassen. Das männliche Geschlecht ist stärker betroffen als das weibliche.

Die Häufigkeits- und Sterblichkeitskurve geht im ganzen der Malariakurve des betreffenden Malariagebietes parallel, sie verläuft aber weit darunter.

Ätiologie und Pathogenese. Alle auf die Entdeckung eines besonderen Krankheitserregers gerichteten Forschungen sind bisher ergebnis- oder beweislos verlaufen. Abgesehen von schon länger als 3 Jahrzehnte zurückliegenden, nicht überzeugenden, älteren Befunden oder Vermutungen (FR. PLEHN, PATRICK MANSON u. a.), hat man in einzelnen Fällen von Schwarzwasserfieber Spirochäten bzw. Leptospiren gefunden und zum Teil zunächst auch als Erreger der Krankheit angesprochen (SCHÜFFNER, NOC und ESQUIER, BLANCHARD und LEFROU, VAN HOOF, FRANCHINI und MAGGESI). Ein Teil dieser Befunde ist vielleicht als solcher von Pseudospirochäten zu deuten, bei anderen ist jetzt anzunehmen, daß es sich um WEILsche Krankheit oder um eine zufällige Mischinfektion mit Spirochäten handelte, die mit Schwarzwasserfieber in keinem Zusammenhang steht. Jedenfalls sind in den letzten Jahren einwandfreie Spirochätenbefunde nicht mehr mitgeteilt worden, die weitaus große Mehrzahl aller auf die Auffindung eines besonderen Krankheitserregers gerichteten Untersuchungen ist negativ ausgefallen.

In allen Fällen von Schwarzwasserfieber muß man das Bestehen einer Malariainfektion annehmen. Zwar findet man nicht immer im Schwarzwasserfieber-Anfall selbst Malariaparasiten, wohl aber fast ohne Ausnahme vorher oder nachher bei Malariarückfällen. Die außerordentlich seltenen Fälle, in denen man weder im Anfall noch vorher oder nachher Malariaparasiten, auch keine Malariaanamnese oder klinische Zeichen einer noch bestehenden

Infektion feststellen konnte, müßten soweit als möglich nachträglich und jedenfalls in Zukunft immer daraufhin geprüft werden, ob es sich dabei überhaupt um eine hierher gehörige Hämoglobinurie handelt, denn es gibt, wie bei uns, so auch in den Tropen, Hämoglobinurien anderer Herkunft, z. B. Kälte-Hämoglobinurie, die differentialdiagnostisch abgegrenzt werden können.

Wir müssen, um zu einer brauchbaren Grundlage für weitere Forschungen wie zu einer einigermaßen klaren Einsicht in das vorliegende Material von Beobachtungen und Untersuchungen zu gelangen, unter allen Umständen daran festhalten, daß das Schwarzwasserfieber immer aus einer Malariainfektion heraus entsteht, und zwar in der ganz überwiegenden Mehrzahl der Fälle aus einer chronischen Infektion, d. h. aus einer solchen, die schon zu mehreren Rezidiven geführt hat oder an die sich Neuinfektionen angeschlossen haben. Die meisten Schwarzwasserfieber-Kranken sind mit Malaria tropica infiziert; es sind aber auch nicht wenige Fälle auf Grund einer Tertiana- und Quartanainfektion beobachtet worden.

Worauf ist es nun zurückzuführen, daß nicht alle, sondern doch nur eine verhältnismäßig geringe Auswahl von chronisch Malariakranken Schwarzwasserfieber bekommt? Da bieten sich hauptsächlich zwei Erklärungen:

Es könnte sich einmal um Varietäten von Malariaparasiten handeln, die neben ihren gewöhnlichen krank machenden Eigenschaften noch eine besondere blutlösende „*hämolytische*“ Wirkungskomponente besitzen, wie wir dies ja bei manchen Bakterienstämmen (Tetanusbacillen, Streptokokken u. a.) beobachten. Diese Vermutung, zuerst von Nocht geäußert, dann fallen gelassen, würde gut zu den Beobachtungen von „Schwarzwasserfieber-Häusern“ (s. oben) passen. R. Ruge hält das Vorkommen solcher hämolytisch wirkender Formen insbesondere bei dem Tropicaparasiten von Westafrika, den er auch morphologisch mit Ziemann für eine besondere Varietät hält, für wahrscheinlich. Diese Ansicht könnte begründet werden durch absichtliche Übertragung eines anscheinend „hämolytischen“ Malariastammes auf gesunde Menschen. Würden die damit Infizierten im Laufe ihrer chronischen Erkrankung in größerer Zahl Anfälle von Schwarzwasserfieber zeigen, als sonst in der betreffenden Gegend beobachtet wurde, so wäre die Annahme besonderer hämolytischer Malariastämme bewiesen, aber es dürfte kaum möglich und erlaubt sein, ein solches Experiment anzustellen.

Die zweite Erklärung nimmt eine in dem infizierten Individuum vorhandene oder durch die Malariainfektion bewirkte besondere *hämolytische Disposition* an. Diese Ansicht hat neuerdings zwei gewichtige Stützen bekommen: Einmal nämlich ist Schwarzwasserfieber mehrfach bei Paralytikern, die zu Heilzwecken mit Tertianaparasiten infiziert worden waren, beobachtet worden. In den Anstalten, in denen solche Infektionen vorgenommen werden, wird immer ein und derselbe Tertianastamm benutzt, der von einem Kranken auf den anderen übertragen wird. (BAMFORD sah auch einen Fall bei induzierter Quartana.) Wenn unter solchen Umständen immer nur ganz ausnahmsweise Schwarzwasserfieber beobachtet wird, so kann es sich dabei wohl nur um eine besondere hämolytische Disposition der so Erkrankten handeln.

Diese Annahme wird zum anderen gestützt durch neuere Beobachtungen über Hämoglobinurie bei malariainfizierten Affen. Es gibt einen affenpathogenen Malariaparasiten, Pl. knowlesi, der bei Übertragung auf eine gewisse Affenart (Macacus rhesus) mit größter Regelmäßigkeit eine extrem starke, bei nicht rechtzeitig einsetzender Behandlung immer tödliche Überschwemmung des Blutes mit Malariaparasiten und eine Hämoglobinämie mit terminaler schwerer Hämoglobinurie verursacht, während bei Übertragung desselben Stammes auf andere Affenarten (M. cynomolgus u. a.) die Infektion einen chronischen Charakter annimmt und nicht zum Tode führt. Hämoglobinurie wird bei diesen Affenarten nicht beobachtet. Es besteht also von vornherein eine besonders starke Disposition zur Hämolyse bei der Infektion mit diesem Malariastamm nur bei einer bestimmten Affenart, bei anderen Arten nicht.

So werden wir annehmen müssen, daß zum Zustandekommen eines Schwarzwasserfiebers beim Menschen mindestens zweierlei gehört: eine chronische Malariainfektion und eine besondere Disposition des Erkrankten zur Hämolyse. Eine Disposition, die sich für gewöhnlich in keiner Weise zu äußern braucht, sondern nur bei bestehender Malaria. Wahrscheinlich aber wird die Disposition erst durch die Malariainfektion bei gewissen Kranken hervorgerufen oder mindestens stark gefördert.

In der Tat liegt eine kleine Anzahl von Beobachtungen vor, in denen andere Faktoren nicht festzustellen waren, wo also im Laufe einer Malariainfektion plötzlich, ohne daß irgendwelche andere Einflüsse bekanntgeworden wären, z. B. ohne jede medikamentöse oder toxische Auslösung, Schwarzwasserfieber aufgetreten sein soll. Allerdings bekommt der Arzt in der Regel den Kranken erst im Anfall oder nachher zu sehen. Er ist für die Feststellung vorhergegangener schädlicher Einwirkungen, auch bezüglich der Einnahme von Medikamenten oder Alkohol, auf die

Angaben des Kranken und seiner Umgebung angewiesen, weshalb eine in Hinsicht auf diese Dinge negative Anamnese nicht immer ganz zuverlässig zu sein braucht.

In der weitaus größten Mehrzahl von Schwarzwasserfieber finden wir, daß neben den beiden prädisponierenden Momenten — chronische Malariainfektion und individuelle, dadurch bedingte hämolytische Disposition — noch ein drittes zum Zustandekommen des Anfalls mitgewirkt, ja ihn erst ausgelöst hat, nämlich eine *medikamentöse Noxe. In den meisten Fällen ist dies das* ***Chinin.*** Man hat aber auch, allerdings in sehr viel selteneren Fällen, Schwarzwasserfieber nach Methylenblau, Phenacetin, Antipyrin, Salvarsan, Bestrahlung der Milz u. a. auftreten sehen. Mehrere Stunden nach dem Einnehmen oder der Einspritzung des Medikaments tritt Schwarzwasserfieber ein. Über die Höhe der dazu nötigen Dosis liegen außer bei dem Chinin keine irgendwie vergleichbaren Erfahrungen in Anbetracht der Seltenheit dieser Fälle vor. Vom Chinin steht es fest, daß jeder zur Hämolyse nach Chinin disponierte „Schwarzwasserfieber-Kandidat" seine *Schwellendosis* hat. Gaben unterhalb der Schwellendosis werden gut vertragen, Überschreiten der Schwellendosis ruft den Anfall hervor. Die Schwellendosis ist bei den einzelnen „Kandidaten" ganz verschieden. Sie schwankt von 0,01 g Chinin bei stark empfindlichen Patienten bis zu 2 g und höheren Dosen bei den weniger empfindlichen. Je stärker die Schwellendosis überschritten ist, desto schwerer gestaltet sich oft der Anfall. Einige Beobachter geben an, daß die rechtsdrehenden Nebenalkaloide der Chinarinde wie Cinchonin und andere nicht hämolytisch wirken; uns fehlen hierüber Erfahrungen am Menschen. Bei den im folgenden zu erwähnenden Tierversuchen zeigte sich allerdings das Cinchonin jeder hämolytischen Wirkung bar. Plasmochin und Atebrin machen kein Schwarzwasserfieber, zum mindesten ist noch nichts Derartiges berichtet worden[1]. Auch liegt schon eine ganze Reihe von Beobachtungen vor, nach denen Patienten, die wiederholt auf Chinin mit Schwarzwasserfieber reagierten, Plasmochin und Atebrin anstandslos vertrugen. Die Disposition zu Schwarzwasserfieber nach Chinin hält in vielen Fällen monatelang und länger an. Schwarzwasserfieber kann bei diesen Patienten mit der Sicherheit eines Experiments zu beliebigen Zeiten hervorgerufen werden, in anderen Fällen allerdings geht die Disposition sehr schnell vorüber und ist nach dem Anfall dauernd verschwunden.

[1] Bezüglich Auftreten von *Methämoglobinurie* bei Überdosierung von Plasmochin s. S. 51 u. 72.

Untersuchungen über die näheren Vorgänge bei der Auslösung der Disposition und beim Zustandekommen des Schwarzwasserfiebers sind bisher hauptsächlich nach zwei Richtungen unternommen worden. Beide Male ging man davon aus, daß die Zerstörung der roten Blutkörperchen und der Austritt des Hämoglobins intravasal in der Blutbahn sich vollzieht, d. h. also, daß in jedem Falle von Malariahämoglobinurie auch eine Hämoglobinämie vorhanden ist, der Hämoglobinurie vorausgeht und ihre Ursache ist.

Vor einigen Jahren vertrat allerdings A. PLEHN die Ansicht, daß die Hämolyse bei Schwarzwasserfieber sich erst in den Nieren vollzieht. Es kommt nach ihm in der funktionell hochgradig geschädigten Niere zur Hämolyse durch Einwirkung eines stark hypotonischen Urins, nach Zerstörung der Basalmembran der Harnkanälchen, auf die Erythrocyten in den umgebenden Capillaren und damit zur Absonderung eines hämoglobinhaltigen Urins. RAPOPORT glaubt aber durch eigene Untersuchungen diese Ansicht ablehnen zu müssen, nach ihm kommt es allerdings beim Schwarzwasserfieber zu einer starken Degeneration und Abstoßung der Epithelien der Harnkanälchen, wobei die Basalmembran zerstört werden kann. Infolgedessen werden Blutgefäße eröffnet, rote Blutkörperchen strömen in die Harnkanälchen und werden dort hämolysiert.

HÖPPLI sowie SALVIOLI konnten aber bei im ganzen 22 untersuchten Schwarzwassernieren nur in einer kleinen Minderzahl ein Einströmen von Blut in die Harnkanälchen und jedesmal nur in geringem Umfange feststellen. Häufiger fanden sie eine mehr oder weniger hochgradige Degeneration und Abstoßung der Epithelien der gewundenen Harnkanälchen. Die abgestoßenen Epithelien werden herabgeschwemmt und spielen eine wesentliche Rolle bei der massenhaften Bildung von Zylindern, die die HENLEschen Schleifen und die Sammelröhren ausfüllen und schließlich ganz verstopfen können, so daß jede Urinsekretion mechanisch unterbunden ist. Die Untersuchungen von SALVIOLI wie die von HÖPPLI sprechen gegen die Annahme, daß die Nieren der Ort der Hämolyse beim Schwarzwasserfieber sind.

Daß der Hämoglobinurie eine Hämoglobinämie vorausgeht oder mit ihr vergesellschaftet ist, konnte in fast allen untersuchten Fällen festgestellt werden (vgl. auch FAIRLEY und BROMFIELD [S. 68]); allerdings ist die Hämoglobinämie oft sehr schwach, aber auch ein ganz negativer Befund würde unserer Ansicht nach noch nicht gegen eine innerhalb der Blutbahn vor sich gehende Hämolyse sprechen, da der Organismus das intravasal gelöste Hämoglobin so schnell wie möglich abbaut oder durch die Nieren ausscheidet. Die Hämoglobinämie verschwindet viel schneller als die Hämoglobinurie; übrigens haben BRAHMACHARI und SEN durch Leberpunktion bei Hämoglobinurie nach Chinin (2 Fälle von Kala-Azar, von denen der eine sicher außerdem Malaria hatte) 10% gelöstes Hämoglobin im Leberblut gefunden, während sie im peripheren Blut nur Spuren davon nachweisen konnten. KIKUTH fand in dem einen Fall von Schwarzwasserfieber, bei dem er eine Leberpunktion vornahm, allerdings keinen Unterschied im Hämoglobingehalt des Leberblutes gegenüber dem peripheren Blut. FAIRLEY und BROMFIELD fanden bei einem ihrer Schwarzwasserfieber-Fälle im Blutplasma ein neues Blutpigment, eine Modifikation von Methämoglobin, entstanden im Plasma aus dem aus den Erythrocyten ausgetretenen Hämoglobin.

Wie kommt nun die intravasale Hämolyse zustande? Man kann denken:

a) an besondere Empfindlichkeit der roten Blutkörperchen gegen Chinin bei gewissen Malariakranken;

b) an massenhaftes Freiwerden von Hämoglobin durch den Untergang derjenigen roten Blutkörperchen, die — weil mit Parasiten behaftet — bei der Abtötung ihrer Parasiten infolge von Chinineinwirkung ebenfalls zugrunde gehen;

c) an eine hämolytische Wirkung der Stromata dieser Erythrocyten;

d) an Hämolysine, die, durch den Malariaprozeß entstanden, in der Blutbahn kreisen oder in gewissen inneren Organen fixiert sind und die durch Chinin in ihrer Wirkung verstärkt oder erst aktiviert werden.

Zu a) ist zu bemerken, daß die Widerstandsfähigkeit roter Blutkörperchen von Malaria- und Schwarzwasserfieber-Patienten gegenüber Chinin oder anderen Agenzien von einer Reihe von Untersuchern, auch von uns, geprüft worden ist. Man fand niemals eine Herabsetzung der Resistenz. Chinin löst zwar rote Blutkörperchen in vitro auf, aber erst in einer Konzentration, die weit über den therapeutischen Dosen liegt. Überdies hat man bei gesunden Menschen selbst nach sehr großen Chiningaben, z. B. in einem in Hamburg beobachteten Selbstmordversuch durch Einnehmen von 9 g Chinin auf einmal, wobei sich sehr schwere sonstige Vergiftungserscheinungen zeigten, weder Hämolyse noch Schwarzwasserfieber beobachtet.

Zu b). In den meisten schweren Malariafällen, bei denen das periphere Blut geradezu von Malariaparasiten wimmeln kann, gibt es auch nach Einverleiben großer Chinindosen bei der großen Mehrzahl der Patienten weder Hämolyse noch Hämoglobinurie. Umgekehrt kriegen „Schwarzwasserfieber-Kandidaten“ oft schon nach kleinen Chinindosen Hämoglobinurie, auch wenn der Parasitenbefund sehr spärlich oder negativ ist.

Zu c). Nach den auf Veranlassung von NOCHT unternommenen Untersuchungen von BORCHARD und TROPP verursachen die Stromata roter

Blutkörperchen, in die Blutbahn injiziert, zwar regelmäßig Temperatursteigerungen, aber niemals Hämoglobinurie.

Zu d). Bei jedem Malariaanfall gehen große Mengen von roten Blutkörperchen zugrunde. Ihre Bestandteile werden im Organismus teils abgelagert (Malariapigment), teils verarbeitet. Wenn sich solche anfallsweise oder allmähliche Verarbeitung im Laufe einer chronischen Malariainfektion längere Zeit fortsetzt, könnten die hämolytischen Kräfte, die diese Verarbeitung besorgen, in ihrer Wirksamkeit gestärkt, in ihrer Menge vermehrt werden. Es könnten „Hämolysine" entstehen. Man hat vielfach nach solchen Hämolysinen bei chronischer Malaria, insbesondere bei der Tropicainfektion und bei Schwarzwasserfieber gesucht, und einige Autoren haben behauptet, daß ihnen der Nachweis davon geglückt sei (GASPARINI, GHIRON u. a.). Auf Veranlassung NOCHTS hat KIKUTH bei 22 Malariapatienten und 5 Schwarzwasserfieber-Fällen nach den von diesen Autoren angegebenen Verfahren ebenfalls versucht, solche Hämolysine nachzuweisen. Das Ergebnis war immer negativ; ebenso erging es anderen Forschern. Indessen schließt dieser negative Befund nicht aus, daß die Schwarzwasserfieber-Hämolyse doch durch Hämolysine bewirkt wird, da diese nur in den inneren Organen vorhanden sein und deshalb im peripheren Blut nicht nachgewiesen werden können. Es gelingt ja der Nachweis von Hämolysinen im peripheren Blut auch nicht bei Tieren, denen man solche Hämolysine (hämolytische Amboceptoren) eingespritzt hat, und zwar auch dann nicht, wenn diese Amboceptoren in solchen Mengen einverleibt wurden, daß sie schwere Hämoglobinämie, Hämoglobinurie und schließlich den Tod der Tiere herbeiführten. Diese Hämolysine kreisen nicht im peripheren Blut, sie sind in den inneren Organen festgehalten.

Nun konnte der eine von uns (NOCHT) im Verein mit KIKUTH zeigen, daß hämolytische, in Kaninchen durch Hundebluteinspritzungen erzeugte Amboceptoren in ihrer hämolytischen Wirkung im lebenden Hund (aber nicht im Reagensglas) durch gleichzeitige oder bald nachfolgende Einspritzungen von Chinin deutlich verstärkt werden. Kleine Gaben des hämolytischen Amboceptors, die allein noch nicht zu Hämoglobinämie und natürlich erst recht nicht zu Hämoglobinurie führen, werden in ihrer Wirkung durch Chinin derartig beeinflußt, daß beide Folgen bei den mit Amboceptor + Chinin behandelten Hunden eintreten. Bei Kombination von hämolytischem Amboceptor mit so viel Antihämolysin, daß dadurch die hämolytische Wirkung des Amboceptors neutralisiert wird, kann doch noch Hämolyse und Hämoglobinurie erzeugt werden, wenn die Tiere zu der Kombination von Amboceptor und Antilysin noch Chinin dazu erhalten. Das Chinin ist also imstande, die neutralisierende Wirkung des Antihämolysins im Tierkörper aufzuheben, mindestens erheblich zu schwächen. Es sei aber nochmals hervorgehoben, daß diese Ergebnisse sich nur im Tierkörper einstellen, die Reagensglasversuche ergaben keine hämolyseverstärkende Wirkung des Chinins.

Diese verstärkende Wirkung des Chinins zeigte sich übrigens im Tierkörper auch für andere hämolytische Agenzien, z. B. für Kobragift, Lysocithin, gallensaure Salze.

Unter der Voraussetzung, daß bei Malariainfektionen und dadurch entstehender Disposition zu Schwarzwasserfieber irgendwelche hämolytischen Stoffe, seien es sog. Hämolysine in engerem Sinne, seien es andere hämolytische Substanzen, mitwirken, wäre die Rolle des Chinins bei der Pathogenese des Schwarzwasserfiebers durch diese Versuche erklärt. Chinin verstärkt die hämolytische Wirkung solcher, allerdings nur hypothetischen und — weil wahrscheinlich in den inneren Organen fixiert — bisher noch nicht nachgewiesenen hämolytischen Agenzien bei Malariakranken. Damit wäre eine Einsicht in die Pathogenese derjenigen Schwarzwasserfieber eröffnet, in denen durch Chinin oder andere Medikamente Schwarzwasserfieber ausgelöst wird. Es gibt aber seltene Fälle, in denen eine solche Auslösung durch Chinin u. a. ausgeschlossen ist; hier müßte man annehmen, daß die Eigenproduktion hämolytischer Körper bei diesen Patienten sich plötzlich von selbst so verstärken kann, daß sie für eine ausgiebige Hämolyse allein genügt.

Verschiedene Autoren nehmen an, daß die Hämolyse in der Leber oder Milz (LEFROU) erfolge, insbesondere UJLAKI. Dieser glaubt, daß die Hämolyse bei Schwarzwasserfieber durch das Einwirken von hämolytisch wirkenden Leberstoffwechselprodukten auf konstitutionell minderwertige Blutkörperchen zustande käme. FAIRLEY und BROMFIELD vermuten, daß die Bildung des hämolytischen Agens bei Schwarzwasserfieber-Anfällen erst durch Chinin oder Plasmochin (?) im Organismus ausgelöst wird. Dies Agens werde in manchen Fällen in größeren Mengen gebildet und führe dann zum Tode durch schwere Hämolyse, in anderen Fällen seien die gebildeten Mengen geringer, gelegentlich sogar fluktuierend, es werde im Anfall unter Umständen aufgebraucht und seine Bildung durch weiteres Chinin nicht wieder angeregt. Das würde für die Fälle zutreffen, in denen Hämolyse und Hämoglobinurie durch Pausen, in denen normaler Urin entleert wird, unterbrochen werden, und auch jene Fälle erklären, in denen unmittelbar nach einem Schwarzwasserfieber-Anfall Chinin wieder vertragen wurde (STEUDEL und BASTIANELLI).

Außer den noch hypothetischen Hämolysinen hat man noch andere im Verein mit Chinin hämolysierende Substanzen als Ursache des Schwarzwasserfiebers angesprochen. Lecithin verstärkt, selbst in großer Verdünnung, in vitro die Auflösung roter Blutkörperchen durch Chinin (s. oben). KRITSCHEWSKY und MURATOFFA stellten daraufhin die Hypothese auf, daß das Schwarzwasserfieber in vielen Fällen durch Zusammenwirken von Lecithin und Chinin zustande kommen könnte; indessen hebt schon im Reagensglas jeder Zusatz von Serum die Lecithinhämolyse auf, und wir konnten zeigen, daß bei Kaninchen auch nach steigenden Dosen von Lecithin und Chinin jede Hämolyse ausblieb. Demnach entbehrt die Ansicht von KRITSCHEWSKY und MURATOFFA der tierexperimentellen Grundlage.

Von Bedeutung dürfte die Vermutung sein, daß neben anderen Ursachen *Cholesterinmangel* im Blut beim Zustandekommen des Schwarzwasserfiebers eine Rolle spielen kann. Es ist seit langem bekannt, daß Cholesterin in vitro hämolysehemmend wirkt, z. B. bei der Kobragifthämolyse. Wir konnten feststellen, daß Kaninchen, deren Serum man durch Fütterung mit Cholesterin angereichert hatte, weniger empfindlich gegen hämolytische Stoffe wie Amboceptoren, Lysocithin u. a. waren als unvorbehandelte Tiere, auch wenn man diese Stoffe mit Chinin zusammen wirken läßt.

Das Blut anämischer Kranker, auch solcher, bei denen die Anämie durch Malaria bedingt ist, ist oft cholesterinarm. FAIRLEY und BROMFIELD fanden bei allen ihren Fällen von Schwarzwasserfieber Hypocholesterinämie. Indessen konnte ein klarer Zusammenhang zwischen Cholesterinmangel im Blut und Hämolyse bei Malaria von uns nicht immer erwiesen werden.

Zusammenfassend läßt sich sagen, daß alle diese Untersuchungen die Annahme wahrscheinlich machen, daß beim Schwarzwasserfieber hämolytische Stoffe eine Rolle spielen, die im Laufe chronischer Malariainfektionen bei dazu Disponierten gebildet werden und die entweder allein (selten) oder (meistens) im Verein mit Chinin, dessen hämolysebefördernde Wirkung unter analogen Umständen experimentell bewiesen ist, Hämolyse und Hämoglobinurie verursachen.

Ob Beziehungen zu der bei manchen sonst gesunden Menschen von vornherein bestehenden oder im Verlaufe einer Malaria durch längeren Chiningebrauch mitunter erworbenen Überempfindlichkeit gegen Chinin vorhanden sind, die sich in Hämorrhagien (Haut- und Schleimhautblutungen, auch Hämaturien) äußert und sehr schwere Erscheinungen hervorrufen kann, ist noch nicht klargestellt. In einigen Fällen unserer Beobachtungen bekamen einige Patienten mit solcher Überempfindlichkeit gegen Chinin später auch Schwarzwasserfieber nach Chinin.

Diagnose. Der ausgebildete Anfall ist nicht zu verkennen, wenn der Urin des Kranken vorgezeigt werden kann. Hämaturie ist durch Sedimentieren, Zentrifugieren und mikroskopische Untersuchung abzugrenzen. Bei jedem schweren Malariaanfall soll man sich die in seinem Verlaufe abgesonderten Urinportionen zeigen lassen. Schon Portweinfarbe ist verdächtig. (Über den Hämoglobinnachweis im Urin s. S. 84.) Besonders verdächtig auf Schwarzwasserfieber sind Malariakranke, bei denen im Laufe eines anscheinend unkomplizierten Malariaanfalles sich Ikterus zeigt. Auch beim Nachweis von Eiweiß im Urin ist bereits Vorsicht geboten.

Anfälle von Kältehämoglobinurie, die auch in wärmeren Ländern vorkommen können, sind natürlich leicht mit Schwarzwasserfieber zu verwechseln, und mancher Fall von angeblichem Schwarzwasserfieber, das ohne Mitwirkung von Chinin oder anderen Medikamenten entstanden sein soll, mag vielleicht hierher gehören. Die Differentialdiagnose ist durch den DONATH-LANDSTEINERschen Versuch zu stellen, der bei Schwarzwasserfieber immer negativ ausfällt, allerdings auch in seltenen Fällen von Kältehämoglobinurie. Das spricht, wie bekannt, noch nicht gegen die Annahme einer Kältehämoglobinurie, aber eine Abgrenzung vom Schwarzwasserfieber ist dann natürlich nur mit Wahrscheinlichkeit aus der Anamnese zu stellen, d. h. wenn bestimmt feststeht, daß nicht Chinin, sondern irgendeine Kälteeinwirkung den Anfall ausgelöst hat, und wenn sich eine solche Auslösung evtl. wiederholen läßt.

Zur Differentialdiagnose kommt auch eine *Methämoglobinurie* in Frage, die nach Überdosierung von *Plasmochin* mehrfach beobachtet wurde. Vor allem kann WEILsche Krankheit (Icterus infectiosus) mit Hämaturie (s. oben) leicht mit Schwarzwasserfieber verwechselt werden. Auch Gelbfieberkranke können im ikterischen Stadium etwas an Schwarzwasserfieber erinnern, doch tritt bei diesem ja die Gelbsucht erst nach der Entfieberung und dann Anurie ohne Bluthamen auf. Genannt sei der Vollständigkeit halber hier auch die akute gelbe Leberatrophie.

Therapie. Bei der Behandlung des Schwarzwasserfiebers sind verschiedene Aufgaben zugleich oder nacheinander zu lösen.

Von allgemeinen Maßnahmen wird bei jedem, selbst dem leichtesten Fall jeder überflüssige Transport des Kranken zu vermeiden sein, und unbedingte Bettruhe ist anzuordnen. Man sieht hier gerade bei alten „Afrikanern" oft ein leichtfertiges Verhalten. Gegen das oft lang anhaltende Erbrechen wird die von ZIEMANN und französischen Autoren empfohlene Chloroform-Gummi arabicum-Lösung (s. S. 59) mit Nutzen angewandt. Bei sehr starker Erregung müssen nötigenfalls minimale Mengen von Narkoticis verabfolgt werden.

1. **Die Behandlung des Anfalls.** Vor allem ist jede weitere Chininmedikation sofort auszusetzen, auch solche von Chininderivaten, wie Euchinin u. a., und überhaupt irgendwelcher Chininkompositionen, wie sie auch heißen mögen, und einerlei, ob sie als unschädlich bezeichnet werden. Das gilt auch von Patentmalariamitteln, die oft, ohne daß es angegeben ist, Chinin enthalten. Auch Plasmochin comp. und Chinoplasmin sind selbstverständlich auszusetzen.

Ein zuverlässiges Mittel, um die einmal eingetretene Hämolyse aufzuhalten, besitzen wir noch nicht, trotz mancher Empfehlungen.

MATKO hatte vor längeren Jahren beobachtet, daß eine Chininhämolyse im Reagensglas ausbleibt, wenn die Erythrocyten in phosphatreichem Urin suspendiert sind. Seine Schwarzwasserfieber-Patienten dagegen entleerten einen Urin, der arm an Phosphaten war. Daraufhin empfahl er die intravenöse Einführung von 100 ccm einer 2,5proz. Dinatriumphosphatlösung und physiologischer Kochsalzlösung zu gleichen Teilen zur Hemmung und Sistierung der Hämolyse bei Schwarzwasserfieber. Er selbst hat 2 Fälle so mit Erfolg behandelt, auch von anderer Seite ist über Einzelerfolge berichtet worden. Bei unseren Hunden, die nach Einführung hämolytischer Amboceptoren Hämoglobinämie und Hämoglobinurie mit oder ohne Mitwirkung von Chinin bekamen, hat das Mittel versagt. In den letzten 10 Jahren sind Beobachtungen über die Anwendung dieser MATKOschen Behandlungsmethode nicht veröffentlicht worden.

BOYÉ, RECZNICK, DUPUY und TROUT berichten über gute Erfolge einer intravenösen Behandlung mit Schlangengiftantiserum (Serum antivenimeux). Seitdem TROUT im Kongo Schwarzwasserfieber mit diesem antihämolytischen Serum oder Pferdeserum behandelt, hat er keinen Todesfall mehr gesehen, sogar einzelne Fälle, die moribund eingeliefert wurden, konnten wieder gebessert werden. Sein Material umfaßt immerhin die Zahl von 34 Fällen. Auch von Eigenblut- und Eigenseruminjektionen werden gute Erfolge berichtet. Von Interesse ist auch ein Versuch von E. M. und C. VOIGT, ein antihämolytisches Serum durch Vorbehandlung von Menschen, Pavian und Schwein herzustellen (Ergebnisse damit stehen noch aus). Von englischen Ärzten (LOW, COOKE und MARTIN, MANSON-BAHR) werden auch Bluttransfusionen zum Ersatz der zerstörten roten Blutkörper mit Erfolg angewandt.

Als erster hat wohl GRIMM *Cholesterin* zur Hemmung der Hämolyse bei Schwarzwasserfieber empfohlen; wir allerdings sahen keinen Erfolg davon, weder im Anfall (Klysma) noch bei längerem oralem Gebrauch zur Behebung der chronischen Überempfindlichkeit eines Patienten, die sich immer wieder im Auftreten von Schwarzwasserfieber nach kleinen Chinindosen äußerte. OTT und MATTHIEU hatten bessere Erfolge nach subcutaner und intramuskulärer Einspritzung einer warmen 5proz. Lösung von Cholesterin in Oliven- oder Arachisöl. Stärkere Dosen (1 g Cholesterin pro injectione 2—3mal täglich) schienen besser zu wirken als öfter wiederholte kleinere. OTT erreichte damit eine mehrere Stunden dauernde starke Cholesterinämie und Anreicherung der Erythrocyten mit Cholesterin. In 14 Beobachtungen von MATTHIEU und nach Berichten aus verschiedenen Posten von LAO (Französisch-Indochina), wo man diese Methode versucht hat, hielten diese Cholesterininjektionen den hämolytischen Prozeß sicher und schnell auf. Wenn OTT übrigens meint, daß diese Beobachtung gegen die Annahme von Hämolysinen spreche, die beim Schwarzwasserfieber allein oder im Verein mit Chinin die Hämolyse verursachten, so braucht man unserer Ansicht nach das nicht daraus zu schließen. Denn auch bei unseren mit hämolytischen Amboceptoren behandelten Tieren sahen wir, daß Cholesterinanreicherung des Blutes die Hämolyse hemmt. De Raymond und Castillon wandten statt der schwer resorbierbaren öligen Suspension des Cholesterins Cholin-Chlorhydrat (Biocholine) an, das sie in Dosen von 2 cg subcutan täglich gaben.

Angesichts der unmittelbaren Lebensgefahr, die bei jedem ernsteren Fall von Schwarzwasserfieber besteht, und da wir andere Mittel zur Hemmung einmal begonnener Hämolyse nicht besitzen, ist diese Cholesterinbehandlung wie auch ein Versuch mit Schlangengiftantiserum, ebenso wie evtl. eine Bluttransfusion durchaus anzuraten. Im übrigen ist aber ein Erfolg dieser wie jeder anderen zur Hemmung einer Hämolyse angewandten Methode nur dann bewiesen, wenn eine Anzahl von Fällen, und darunter besonders schwerere, darauf schnell und eindeutig reagierten. Bei sehr vielen Schwarzwasserfieber-Anfällen hört die Hämoglobinurie von selbst wieder nach einigen Stunden auf, und man darf deshalb aus Einzelfällen keine therapeutischen Schlüsse ziehen.

Nachdem einer *Funktionsstörung der Leber* auch eine Rolle für das Zustandekommen des Schwarzwasserfiebers zugeschrieben wurde, ist eine Leberstützungstherapie empfohlen worden. So wurden angewandt vor allem Traubenzucker per os, als Einlauf oder intravenös (Pelletier und Quemener, Ujlaki, Naumann). Die zwei Letztgenannten geben daneben Insulin (5—10 Einheiten täglich). Ujlaki legt auch Wert darauf, die ersten 3—4 Tage nur Kohlehydrate in Form von Bananen und alkalischen Fruchtmarmeladen zu verabfolgen. Naumann empfahl vor allem auch *Lebertherapie* mit *Campolon*injektionen, Otto gab es daraufhin erfolgreich in großen Dosen (je 5 Ampullen an 2 aufeinanderfolgenden Tagen).

Ernsteste Aufmerksamkeit verdient unter allen Umständen die *Urinentleerung*. Jede Verminderung ist prognostisch ungünstig. Anurie ist tödlich. Man hat daher von jeher die Diurese durch Verabreichung indifferenter Getränke aufrechtzuerhalten und zu steigern geraten. Zufuhr von Alkali in Form von Natriumbicarbonat empfahlen Manson-Bahr und Sayers, das sie mit Kaliumzitrat so lange geben, bis der Urin alkalisch wird, da die Erfahrung zeigte, daß bei alkalischer Reaktion des Harns eine Harnverhaltung weniger zu fürchten sei. Es wird vielfach so verfahren, auch intravenös wurde es mit Erfolg gegeben (Burke, Hanschell u. a.); letzterer empfiehlt 8 g in 500 ccm Aqua dest. In schweren Fällen aber versagen diese einfachen Mittel. In einigen verzweifelten Fällen von Anurie hat man sich zu operativen Eingriffen behufs Anregung der Nierenfunktion entschlossen

(Nephrotomie, Dekapsulation einer Niere), bisher ohne Erfolg. Die so operierten Kranken sind alle gestorben. In einigen Fällen sind günstige Ergebnisse von großen Dosen von Novasurol berichtet worden. Man soll sich nicht scheuen, in verzweifelten Fällen diese oder andere Diuretica in heroischen Dosen anzuwenden, auch auf die Gefahr hin, daß sie schädigend auf die Nieren wirken können. Diese Schädigung wäre eine Cura posterior, zunächst gilt es, das Leben zu retten; die anurischen Schwarzwasserfieber-Kranken sind aber sicher verloren, wenn die Urinausscheidung nicht in Gang gebracht werden kann.

Die weiteren Folgen des akuten Zerfalls größter Mengen von Erythrocyten sind leichter zu bekämpfen. Sie bestehen hauptsächlich in zunehmender *Anämie* und *Herzschwäche*, gegen die man, falls es nötig erscheint, durch Eingriffe, wie *Kochsalzinfusion*, *Tropfeinläufe*, *Bluttransfusionen*, und die Schar der schnell wirkenden Herzmittel vorgehen muß. Ältere Leute mit geschwächten Herzen bedürfen in dieser Hinsicht besonderer Aufmerksamkeit und schneller Hilfe. Bei jugendlichen Patienten mit noch einigermaßen intakten Blutbildungsorganen und Herzen setzt 6—7 Tage nach dem Schwarzwasserfieber-Anfall oft eine ganz akute Blutneubildung ein (Blutkrisen V. SCHILLINGS): Zunahme der Erythrocyten mit Erscheinen kernhaltiger, basophil gekörnter und polychromatophiler roter Blutkörperchen, was ein gutes Zeichen ist. Die Blutneubildung kann durch Eisen und Arsenikalien, gute Ernährung und Bettruhe erheblich gefördert werden.

2. **Die Behandlung der Malaria beim Schwarzwasserfieber.** Die Fälle von Schwarzwasserfieber, in denen man nur ganz spärliche oder gar keine Parasiten im Blut findet, bedürfen während des hämoglobinurischen Anfalls keiner spezifischen Malariabehandlung. Erst wenn der Anfall vorüber ist und die Kranken sich einigermaßen davon erholt haben, braucht man sich der Malariabehandlung zu widmen, denn die Kranken bleiben meist auch mindestens so lange von neuen Malariaanfällen verschont. Ihre Malariaparasiten sind ja zum größten Teil im Schwarzwasserfieber-Anfall zugrunde gegangen, und es bedarf einiger Zeit, bis sich die noch übriggebliebenen Parasiten wieder so weit vermehrt haben, daß sie einen Fieberanfall verursachen.

Es gibt aber auch Anfälle von Schwarzwasserfieber, während deren man mehr oder weniger reichliche Mengen von Malariaparasiten im Blute findet und den deutlichen Eindruck erhält, daß die akute Hämolyse der Kranken mit einem Malariaanfall kombiniert verläuft. Hierher gehören namentlich die Fälle, in denen Malariapatienten im Beginn eines Fieberanfalls Chinin genommen haben und nun zu ihrem Schrecken erfahren, daß das Mittel nichts mehr hilft, sondern daß ein neuer heftiger Schüttelfrost und Fieber, verbunden mit Entleerung blutfarbenen Urins, die Folge ist. Hieraus erklärt sich auch die Scheu mancher Europäer in den Tropen vor dem Einnehmen von Chinin *während* eines Malariafieberanfalls, „dabei bekomme man leicht Schwarzwasserfieber". Es mag Kranke geben, bei denen die hämolytische Disposition nur während eines Malariafiebers besteht und durch Chinin bis zum Auftreten von Hämoglobinurie verstärkt wird. Bei der Mehrzahl der von uns genauer und längere Zeit beobachteten Fälle konnten wir aber eine längere Dauer dieser hämolytischen Disposition, und zwar auch in den fieberfreien Intervallen, feststellen. Es kommt bei der Gefahr des Schwarzwasserfiebers durch Chinin nicht so sehr darauf an, wann man das Mittel nimmt, sondern auf die Größe der Dosis (s. unten).

Solange wir im Chinin das einzige zuverlässige Mittel besaßen, um Malariafieber und Malariaparasiten zu bekämpfen, war die Behandlung eines Schwarzwasserfieber-Patienten, der während oder im Gefolge eines Malariafiebers nach Einnehmen von Chinin Hämoglobinurie bekommen hatte, eine schwierige und undankbare Aufgabe. Man mußte vorsichtig mit kleinen Chinindosen vorgehen, die gegen den Malariaprozeß nicht viel helfen, die Hämolyse aber evtl. befördern konnten. *Jetzt kann man in solchen Fällen vom Chinin ganz absehen.* Man wird *Atebrin* in den üblichen Dosen *anwenden*, da es, wie wir und andere in mehreren Fällen von hämolytischer Chinin-Intoleranz gesehen haben, auch von solchen Patienten gut und ohne irgendwelche Andeutungen von Schwarzwasserfieber vertragen wird. Plasmochin wirkt bei Tropica nicht genügend, kommt daher *nicht* in Frage. Gewarnt sei aber vor Chinoplasmin, Plasmochin comp. und Quiniostovarsol wegen ihrer Chininkomponente. Auch während des Anfalls kann bei Notwendigkeit Atebrin ohne Schaden genommen werden.

Schon Mühlens und Fischer sahen die Unschädlichkeit bei Schwarzwasserbereitschaft, dann konnten Cordes und de la Torré 9 schwere Fälle damit heilen, Bruce, Phelps und Jantzen folgten mit 5, Goldblatt behandelte 13, Tallianides 7; Detscheff, Alain u. a. machten gleich gute Erfahrungen, Nägelsbach konnte sogar bei einem Schwarzwasseranfall einer Gebärenden mit Atebrin den Anfall heilen und normale Geburt erzielen. So kommt auch Manson-Bahr zum Schluß, daß Atebrin allen Anforderungen entspricht, die ein Malariamittel bei Schwarzwasserfieber erfüllen muß.

Die Atebrinbehandlung ist die gewöhnliche. Sie ist natürlich auch bei den Patienten, bei denen eine Malariabehandlung *während* des Schwarzwasserfieber-Anfalls noch nicht nötig erscheint, später in der üblichen Weise durchzuführen.

Bis vor kurzer Zeit war noch eine dritte therapeutische Aufgabe von größter Wichtigkeit. Es galt, die Malariakranken, die nach Chinin Schwarzwasserfieber bekommen hatten, wieder an die üblichen therapeutischen Dosen dieses zu gewöhnen. Zwar kann man nicht selten beobachten, daß die Patienten kurz nach ihrem Schwarzwasserfieber-Anfall therapeutische Gaben von Chinin wieder ganz gut vertragen, und BASTIANELLI berichtete einmal in der Malariakommission des Völkerbundes, daß er in seiner Klinik jedem Schwarzwasserfieber-Patienten kurz nach dem hämoglobinurischen Anfall 1 g Chinin verabreichen ließe und niemals neues Schwarzwasserfieber oder Andeutungen davon gesehen habe. Das mag vielleicht für viele Schwarzwasserfieber-Kandidaten, die ihre Malaria in Italien erworben haben, zutreffen, wir haben aber unter unseren Patienten, die aus allen möglichen Malariagegenden kommen, eine beträchtliche Anzahl gesehen, bei denen die hämolytische Disposition nach dem ersten Anfall längere Zeit, oft viele Monate lang, bestehen blieb und bei denen immer wieder auch kleine Chinindosen zu Schwarzwasserfieber führten. Es scheint uns durchaus geboten, bei jedem Patienten, der Schwarzwasserfieber gehabt hat, in den ersten Monaten danach und mindestens solange er noch Anzeichen noch bestehender Malaria aufweist, wenn man überhaupt Chinin geben will, dasselbe nur mit größter Vorsicht anzuwenden und mit kleinen Dosen tastend zu beginnen. Deshalb erscheint uns auch eine Nachbehandlung mit größeren Chinindosen (BASTIANELLI, STEUDEL) sehr gewagt und, wenn Atebrin zur Verfügung steht, überflüssig.

Jeder Kranke, der nach Chinin Schwarzwasserfieber bekommt, hat seine Schwellendosis, bei deren Überschreitung der Anfall ausgelöst wird. Geringere Chinindosen werden entweder ohne alle Erscheinungen gut vertragen oder verursachen nur unvollständige Reaktionen ohne Hämoglobinurie, z. B. Temperaturanstieg, Albuminurie, starke Urobilinausscheidung, Ikterus, kolikartige Leibschmerzen, Erbrechen u. dgl. Es gilt nun, durch Gewöhnung des Patienten an steigende Dosen von Chinin die Schwellendosis zu überschreiten, ohne daß hämolytische Reaktionen eintreten. Da man aus der Anamnese häufig die ungefähre Höhe der Schwellendosis annähernd ermitteln kann, so beginnt man bei der Chiningewöhnungskur mit kleinen, weit darunter liegenden Dosen, beobachtet die Reaktion, Temperatur, Urin usw. und steigert, ähnlich wie bei einer Tuberkulinkur, langsam, möglichst unter Vermeidung jeder Reaktion, bis der Patient die gewöhnlichen therapeutischen Dosen wieder vertragen kann. Solche Gewöhnungskuren waren früher häufig notwendig. Heutzutage kann man sie umgehen, zumal sie unter Umständen lange Zeit und viele Aufmerksamkeit erfordern. Die durch Malaria erworbene hämolytische Intoleranz gegen Chinin schwindet in der Regel mit der Malariainfektion, und diese kann man jetzt leicht durch eine gründliche Atebrinkur heilen. Mit sehr wenigen Ausnahmen werden die so von ihrer Malaria befreiten Leute später auch wieder Chinin vertragen.

Prophylaxe. Die Vorbeugung gegen das Entstehen einer hämolytischen Disposition bei Malaria besteht darin, daß man die Infektion und die ersten Fieberanfälle von vornherein gründlich und lange behandelt. Mit wenigen Ausnahmen ist die Disposition nicht von vornherein vorhanden; sie bildet sich erst aus bei vernachlässigtem längerem Bestehen der Malaria. So beobachtet man auch in den sog. „Schwarzwasserfieber-Häusern", in denen sämtliche Bewohner mehr oder weniger an Malaria infiziert sind, das Entstehen der hämolytischen Disposition in der Regel nur bei den Hausgenossen, die *unregelmäßig und ungenügend Chinin* oder gar nichts davon nehmen, während diejenigen Familienangehörigen und Mitbewohner des Hauses, die zwar auch oft an „Fieber" erkranken, aber dann jedesmal auch gründlich Chinin nehmen, frei von Schwarzwasserfieber bleiben. Das ist auch der Grund, weshalb das Schwarzwasserfieber überall zurückgeht, wo die Malariakranken gründlich überwacht und gründlich von Anfang an behandelt werden. Man kann wohl niemals einen „Chininmißbrauch", etwa in Form häufiger mittlerer oder großer Dosen betrieben, bei Schwarzwasserfieber-Patienten feststellen, eher das Gegenteil: eine ungenügende, unregelmäßige, verzettelte Chininbehandlung oder ebensolche Prophylaxe[1]. Vorausgegangene Chininbehandlung kann dann auch ganz fehlen, wenn nur die Malariainfektion schon längere Zeit bestanden hat. Das zeigte ein Fall in Hamburg, der — weil seine Infektion (Quartana) nicht bald erkannt wurde — ca. $^1/_2$ Jahr in Privat-

[1] Bischof GUILLEME berichtete 1934 nach THOMSON, daß unter den „weißen Vätern" in Zentral-Afrika von 1878—1905 mehr als 200 an Schwarzwasserfieber starben. Man nahm damals stets nur während eines Fieberanfalls kurz Chinin. Seitdem machen die Missionare regelmäßig Chininprophylaxe mit 0,3 g täglich, und es kam unter den rund 600 Personen kein einziger Schwarzwasserfieber-Fall mehr vor.

behandlung blieb und niemals Chinin während dieser Zeit erhielt. Nach Stellung der Diagnose bekam er schon bei der ersten Chiningabe Hämoglobinurie. Natürlich spielt dabei die persönliche Disposition eine ausschlaggebende Rolle, da ja nicht alle Patienten mit vernachlässigter Malaria nach Chinin an Schwarzwasserfieber erkranken. Man sollte aber bei allen Patienten mit vernachlässigter Malaria, die man in Behandlung bekommt, namentlich bei Europäern, an die Möglichkeit und Gefahr eines Schwarzwasserfieber-Ausbruchs nach Chinin denken und nicht gleich mit klotzigen Dosen vorgehen. Diese Überlegung war mit ein Grund zur Einführung unserer Chininbehandlung mit kleinen, über den Tag verteilten, wiederholten Chinindosen an Stelle der sonst üblichen größeren einmaligen. Man wird dabei nicht leicht von schweren Schwarzwasserfieber-Anfällen überrascht.

Durch die immer allgemeiner werdende Anwendung der neuen synthetischen Malariamittel, namentlich des Atebrins, und die gründlichere Erfassung und Behandlung aller Malariakranken wird die Schwarzwasserfieber-Gefahr mit der Zeit mehr und mehr eingeschränkt werden können.

Über induzierte Malaria[1].

(Impfmalaria und Stichmalaria der Paralytiker.)

Nachdem schon lange der günstige Einfluß fieberhafter Erkrankungen, auch der Malaria, auf bestimmte Geisteserkrankungen erkannt war, hat WAGNER VON JAUREGG 1887 erneut auf die Bedeutung der Malaria für diesen Zweck hingewiesen, konnte aber erst 1917 systematische Versuche beginnen. Seitdem ist die Fiebertherapie der progressiven Paralyse Allgemeingut der Ärzte geworden.

Auf manche Erkenntnisse, die wir für die gesamte Malariologie den Erfahrungen bei der „induzierten Malaria" verdanken, ist in anderen Abschnitten bereits hingewiesen. Daß man nicht alle Beobachtungen bei dieser „künstlichen Malaria" verallgemeinern darf, ist schon oft betont worden, denn sie verläuft wohl in großen Zügen ähnlich der „natürlichen Malaria", jedoch ergeben sich bei der meist, statt der Übertragung durch Stechmücken, geübten Überimpfung von Malariablut wichtige Abweichungen.

---

[1] Wir übernehmen diese Bezeichnung, da sie eine Unterscheidung der *Impfmalaria* und *Stichmalaria* der Paralytiker erlaubt. Bezüglich aller Einzelheiten der Paralytikermalaria müssen wir auf die Spezialliteratur verweisen.

Wir müssen bei der Übertragung von Malaria auf Paralytiker zwei Methoden unterscheiden:

1. *die direkte Verimpfung von Malariablut = Impfmalaria,*
2. *die Infektion durch Sporozoiten,* sei es durch Ansetzen infizierter Stechmücken (oder Einimpfung der aus solchen isolierten Sporozoiten) = *Stichmalaria.*

Die Stichmalaria für Paralysebehandlung wurde von JAMES u. Mitarbeitern sowie W. YORKE in England in großem Maßstabe und in Holland von KORTEWEG u. DE BUCK eingeführt. Durch diese Übertragungsweise sollen vor allem Mischinfektionen, insbesondere von Lues, vermieden werden. Sie erfordert besondere Einrichtungen für Mückenzucht usw. durch erfahrene Malariologen. Die sonst fast ausschließlich verwendete Methode ist die Blutüberimpfung.

Auswahl des Malariablutes und Technik. Zu Verwendung sollte ausschließlich Malaria tertiana kommen. Wenn die Möglichkeit besteht, erprobte reine Passagestämme zur Einimpfung zu erhalten, ist dies unbedingt vorzuziehen, denn nicht alle Stämme sind gleich geeignet; während manche nur ganz milde Reaktionen auslösen, gibt es andere, die zu einer heftigeren Reaktion mit stärkeren klinischen Erscheinungen führen. Bei Gewinnung neuer Stämme von natürlich infizierten Personen besteht, selbst wenn im Blute nur Tertianaparasiten gefunden werden, stets die Gefahr einer Mischinfektion mit Tropica. Hierdurch sind bereits eine ganze Reihe tödlich verlaufender Fälle von Impfmalaria entstanden. Plasmodium malariae und ovale sind auch mit Erfolg verwendet, bieten aber keine Vorteile gegenüber Tertiana (ebensowenig die gleichfalls verwandte Affenmalaria [Pl. knowlesi]).

Eine erstmalige Überimpfung einer natürlichen Malaria tertiana darf daher nur vorgenommen werden, wenn ein in mikroskopischer Malariadiagnose erfahrener Arzt die tägliche Blut- und klinische Kontrolle ausübt; auch bei den ersten Passagen ist stets noch auf mögliches Auftreten einer Tropica zu achten. Auch der Verlauf jeder Impfmalaria bedarf dauernder Überwachung im Krankenhause.

Bei *Entnahme von Malariablut* zur Überimpfung spielt wegen der geringen Menge die *Blutgruppe* von Spender und Empfänger keine Gefahrenrolle; sie übt auch keinen nennenswerten Einfluß auf den Verlauf aus, höchstens kann sie bei ungünstigen Blutgruppenverhältnissen die Inkubationszeit um einige Tage verlängern.

Die verwendete *Menge* des zu überimpfenden Blutes schwankt zwischen $^1/_2$—5 ccm. Die Einimpfung kann intravenös und subcutan erfolgen. Bei intravenöser Injektion genügen $^1/_2$—2 ccm, zur subcutanen werden 2—4 ccm verwendet. Erstere sollte nur angewandt werden, wenn unmittelbare Überimpfung möglich ist; im allgemeinen wird die subcutane Impfung bevorzugt. Das Spenderblut kann auch versandt werden, es wird zu diesem Zwecke defibriniert oder mit etwas Natrium citricum-Lösung versetzt. Es ist dann meistens noch mindestens 48 Stunden lang infektiös. (In warmen Ländern ist es dabei natürlich möglichst kühl zu halten.)

Die *Inkubationszeit* ist bei intravenöser Injektion kürzer als bei subcutaner, sie ist nur zum Teil von der Menge der einverleibten Parasiten abhängig. Früheres Überstehen von Malaria (z. B. in Endemiegebieten) kann zu beträchtlicher Verlängerung der Inkubationszeit führen. Maßgebend ist auch das Stadium der Entnahme; Rezidivblut ist oft weniger virulent als solches der ersten Anfälle.

Die Inkubationszeit schwankt im Mittel bei Impfmalaria zwischen 3 und 10 Tagen, bei subcutaner Injektion beträgt sie meist 8—10 Tage, jedoch ist Verzögerung bis zu 50 Tagen beobachtet. Die Verschiedenheit einzelner Stämme, die sich bei Stichmalaria durch Auftreten einer primären Latenzzeit oder in Verschiedenheiten der Inkubationsdauer zeigt, fällt bei Impfmalaria fort. (Korteweg bei Vergleich des holländischen und Madagaskar-Stammes.)

Das *induzierte Fieber* unterscheidet sich im wesentlichen — entgegen früheren Ansichten — nicht von dem natürlicher Malaria. Besonders nach den sorgfältigen Beobachtungen Kortewegs (ausführlich zum Teil veröffentlicht durch van Assendelft) „beherrscht bei Impfmalaria das Plasmodienbild des Spenders den Fiebertypus des Empfängers. Danach neigt jeder Malariker zum Quotidianatypus, in vielen Fällen verläuft auch die Impfmalaria als typische Tertiana". Ein „Anfangsfieber" (Korteweg s. S. 7) tritt vor Ausbildung richtiger Anfälle in der Regel auf, es kann bei Zweitimpfungen fehlen (Mühlens und Kirschbaum), ebenso bei immuner Bevölkerung (Pijper und Russel). Man läßt gewöhnlich 8—12, bei Quotidiana bis zu 20, Anfälle — unter dauernder Kontrolle — vorübergehen, bis man sie durch Behandlung kupiert.

Eine *spontane Entfieberung* tritt bei Erstimpfung nur selten und dann erst nach zahlreichen Anfällen auf. Nachimpfungen nach Abheilung sind möglich, gelingen *mit dem Ausgangsstamm* aber meist erst nach Wochen, jedoch regelmäßig mit Stämmen anderer Herkunft. Es entwickelt sich also eine gewisse *Immu-*

nität, die aber hauptsächlich auf den Ausgangsstamm beschränkt ist. Die Immunität zeigt sich in leichterem Verlauf bei Wiederimpfungen und oft eintretender spontaner Entfieberung bei solchen. Sehr selten ist Versagen der Erstimpfung, dann gelingt aber oft noch eine Nachimpfung; JAMES und SHUTE beobachteten, daß bei Versagen einer Blutimpfung noch die Infektion durch Stechmücken möglich sein kann.

Die *klinischen Erscheinungen* sind in der Regel milde, jedoch ist die Ansicht, daß die künstliche Tertiana harmloser sei als die natürliche, falsch. Der zuerst von JAMES, dann viel von anderen benutzte sog. „Madagaskar-Stamm", der sehr virulent ist und dauernder Überwachung bedarf, hat bei fehlender Sorgfalt in Kliniken eine Mortalität von 10—14% gezeigt (Bericht der Malariakommission des Völkerbundes 1933). MÜHLENS und KIRSCHBAUM raten dringend, bei starker Anämie, Ikterus und sehr hoher Parasitenzahl die Anfälle baldigst zu kupieren. Ein *Milztumor* wird bei Erstimpfung meist vermißt; daß dies aber nicht seltener ist als bei natürlichem Erstlingsfieber, beweisen die holländischen Untersuchungen; bei Zweitimpfungen sahen MÜHLENS und KIRSCHBAUM manchmal Milzschwellungen.

Parasitologisch bietet die Impfmalaria keine Besonderheiten, wie manche annahmen. Vor allem entstehen auch bei ihr übertragungsfähige Gameten — entgegen der irrtümlichen Annahme der Wiener Schule —, wenn auch vielleicht etwas spärlicher; aber selbst nach langen Passagen durch Blutüberimpfung sind solche noch nachweisbar. YORKE und WRIGHT zeigten, daß nach 54 Impfungen im Verlauf von $3^1/_2$ Jahren die Infektiosität für Stechmücken noch voll erhalten war.

Der *einzige bestimmte Unterschied* zwischen der Impfmalaria und der natürlichen ist das *Ausbleiben von Rezidiven* bei der Impfmalaria, das alle Beobachter angeben. Allein diese Tatsache genügt aber, um zu weitgehende Schlußfolgerungen aus der Impfmalaria für Therapie, Prophylaxe, Immunität usw. natürlicher Malaria zu verbieten. Dagegen gleicht die Stichmalaria, wie man annehmen durfte, viel mehr der natürlichen in ihrem Verlauf; bei ihr kommen daher auch Rezidive vor (JAMES, KORTEWEG).

Die *Therapie der Impfmalaria* ist durch das Ausbleiben von Rezidiven vereinfacht. Meist genügen etwa 5 Dosen von 0,6 bis 1,0 g Chinin oder einige Atebrintage, um die Anfälle zu kupieren und die Parasiten zu vernichten. Manche Stämme reagieren schlechter auf Chinin und bedürfen intensiverer Chininbehandlung, so der Madagaskar-Stamm, der im Gegensatz dazu besser auf Atebrin und Neosalvarsan reagiert. Neosalvarsan genügt sonst meist nicht, in Südafrika zeigte es sich für die dortigen Stämme aber auch wirksam (PIJPER und RUSSEL).

Bei *induzierter Malaria* ist wiederholt *Auftreten von Schwarzwasserfieber* nach Chinin — auch bei Tertiana und Quartana — beobachtet (s. S. 65).

Kurz sei noch erörtert, wie man sich die Wirkung der Malaria und anderer Fieber auf die Paralyse erklären könnte. Die einfachste Erklärung wäre, daß jegliche erhebliche Temperaturerhöhung von längerer Dauer abtötend auf die Spirochäten wirkt (vgl. die Wirkung einfacher temperaturerhöhender Mittel, wie Pyrifer, Sulfosin usw.). Außer der Annahme, daß es sich lediglich um die Abwehrkräfte des Organismus auslösende, aktivierende Einwirkung handle, liegen Untersuchungen von BRÜTSCH und BAHR vor, die *anatomische* Unterlagen gaben. Sie fanden, daß während der Anfälle Veränderungen im Gehirn auftreten, die in proliferativen Erscheinungen an den Capillarendothelien bestehen und als Teilreaktion des Reticuloendothelialapparates angesehen werden müssen. Perivasculäre Infiltrationen treten besonders in den Lobi temporales und dem Striatum auf. Nach Rückbildung dieser werden wieder normale Verhältnisse in den perivasculären Lymphräumen gefunden, die zu einer teilweisen Regeneration des ektodermalen Gewebes (Ganglion- und Gliazellen) führen.

Eine *nicht beabsichtigte Übertragung induzierter Malaria durch Stechmücken auf Gesunde* ist wiederholt erfolgt (Schweden, Deutschland); MARTINI hat auf diese Gefahr besonders hingewiesen. Während es sich bisher um Einzelfälle handelte, beobachteten MONTAÑES und CARDERERA in Huesca, Spanien, eine kleine Malariaepidemie, die das dortige Paralytikerasyl zum Ausgang hatte. Dicht dabei fanden sie zwei Sümpfe mit zahlreichen Anopheleslarven. Es ist daher auf diese Gefahr — insbesondere in warmen Ländern — zu achten und es ist bei Unterbringung von Paralytikern zur Malariabehandlung gegebenfalls für ausreichenden Moskitoschutz (Drahtgitter, Moskitonetze usw.) sowie Maßnahmen zur direkten Stechmückenbekämpfung in Haus (Ausräuchern von Kellern) und Umgebung zu sorgen.

Wichtige physiologisch-chemische Untersuchungsmethoden bei Malaria.

1. **Untersuchung des Harnes auf Urobilin.** Der Nachweis geschieht mit dem SCHLESINGERschen Reagens:

Es werden 10 g Zinkacetat mit 100 g Alkohol aufgeschüttelt. Von dieser Aufschwemmung wird ein Teil mit der gleichen Menge Urin vermischt und durch ein doppeltes Faltenfilter filtriert. Es tritt bei Anwesenheit von viel Urobilin eine deutlich grüne Fluorescenz auf. Bei sehr großem Urobilingehalt ist es durch Fluorescenz auch schon durch Zusatz von einigen Tropfen Chlorzink und Ammoniak zum Urin nachzuweisen.

2. Untersuchung des Harnes auf Urobilinogen. Die Untersuchung hat im frischen Urin zu erfolgen, da sich beim Stehen das Urobilinogen in Urobilin umwandelt. Der Nachweis erfolgt mit der EHRLICHschen Benzaldehydprobe:

Es werden 2 g Dimethylparaaminobenzaldehyd in 100 ccm 5proz. Salzsäure gelöst. 10—15 Tropfen dieses Reagens zu 10 ccm normalem Harn zugesetzt, geben bei Erwärmen eine Rotfärbung verschiedener Intensität, da jeder Harn Spuren von Urobilinogen enthält.

Zur Prüfung auf vermehrten Urobilinogengehalt wird außer einer warmen Probe, bei der die Färbung dann sofort eintritt, noch eine *kalte* angestellt, bei der die Verfärbung nach einigen Minuten eintreten muß. Bei nicht vermehrtem Gehalt bleibt die Reaktion innerhalb dieser Zeit aus.

3. Untersuchung des Harnes auf Blut. Sie muß neben Eiweißproben bei Verdacht auf Schwarzwasserfieber vorgenommen werden.

a) Am einfachsten ist die *spektroskopische* Untersuchung, die — evtl. nach Verdünnung — charakteristische Absorptionsstreifen für Oxyhämoglobin in Gelb und Grün zwischen den FRAUNHOFERschen Linien D und E ergibt; sie ist jedoch nur bei stärkerem Blutgehalt positiv.

b) BOAS*sche Probe.* Herstellung des BOASschen Reagens: 1 g Phenolphthalein wird mit 25 g Kal. hydr. fus. versetzt und in 100 g Wasser gelöst, dann werden 10 g Zinkstaub hinzugegeben und so lange gekocht, bis die anfangs rote Flüssigkeit vollkommen entfärbt ist, dann wird die noch heiße Flüssigkeit klar filtriert. In das Filtrat schüttet man noch etwas Zinkstaub, damit das Reagens nicht wieder oxydiert.

Zur Untersuchung mischt man 15 Tropfen BOASsches Reagens mit 20 Tropfen 96proz. Alkohol und 5 Tropfen Wasserstoffsuperoxyd. Hiermit überschichtet man den Urin im Reagensglas. Bei Anwesenheit von Blut tritt ein roter Ring an der Berührungsstelle auf.

c) *Guajacprobe.* Man löst einige Körnchen Guajac-Harz in 1 ccm Alkohol, gießt dazu 5 ccm Urin und gibt einige Tropfen Wasserstoffsuperoxyd zu. Ist Blut vorhanden, so entsteht beim Stehen in der Kälte eine blaue Färbung. Die Probe wird jedoch auch bei Anwesenheit von Eiter positiv.

d) *Benzidinprobe.* 0,1 g Benzidin werden in 10 ccm 50proz. Essigsäure gelöst, davon bringt man ca. 2 ccm in ein trockenes Reagensglas, fügt einige Tropfen Urin zu und schüttelt um. Bei Anwesenheit von Blut tritt dunkelgrüne oder blaue Färbung der Flüssigkeit ein.

4. Untersuchung des Blutserums auf Hämoglobin und Methämoglobin. Der Nachweis geschieht spektroskopisch.

Oxyhämoglobin zeigt 2 Streifen in Gelb und Grün zwischen den FRAUNHOFERschen Linien D und E; reduziertes Hämoglobin gibt einen unscharfen Streifen zwischen D und E. *Methämoglobin* gibt mehrere Absorptionsstreifen, von denen einer im Rot zwischen C und D am charakteristischsten ist.

5. Qualitativer Nachweis des Chinins im Harn. Das Chinin wird zum Teil im Urin ausgeschieden, in dem es klinisch sehr einfach durch die allgemeine Alkaloidreaktion nachgewiesen werden kann, die hierfür nach GIEMSA folgendermaßen angewandt wird:

Man macht eine Lösung von 10 g käuflichem Kaliumquecksilberjodid in 100 g Wasser und setzt 5 g Eisessig zu. Nötigenfalls stellt man sich das Reagens in folgender Weise selbst dar:

Lösung I: Sublimat 27,0 g, Aqua dest. (heiß) 1500,0 g.
Lösung II: Kal. jodat. 100,0 g, Aqua dest. (kalt) 500,0 g.

Man gießt Lösung I zu Lösung II, fügt noch 25 g Eisessig hinzu und erhält so das *haltbare* Reagens (TANRETS Reagens, MAYERS Reagens), das mit kaltem Harn schon bei Chinin 1 : 200000 eine Trübung gibt. In der Hitze löst sich der Niederschlag wieder. Da das Reagens auch Eiweiß fällt, verfahre man, um nicht irregeführt zu werden, folgendermaßen: Bleibt der vorher zu filtrierende kalte Harn beim Zusatz des Reagens klar, so ist weder Chinin noch Eiweiß vorhanden. Tritt eine Trübung ein, die beim Erhitzen über der Flamme verschwindet, so ist sie durch Chinin verursacht. Bleibt die Trübung beim Erhitzen aber bestehen, so ist Eiweiß vorhanden. Wird nach Abfiltrieren des letzteren die Lösung beim Erkalten wieder trübe, so ist außer Eiweiß auch Chinin im Urin.

Andere Alkaloide als Chinin kommen in den zu Heilzwecken gegebenen Mengen störend kaum in Betracht; auch Plasmochin kann eine positive Reaktion geben.

Es sei ausdrücklich betont, daß die Stärke der Reaktion von der Harnmenge, spezifischem Gewicht und Kochsalzkonzentration abhängt und daß die Methode zu quantitativen Untersuchungen ungenügend ist und Schlüsse von ihrem Ausfall allein — selbst unter gewissen Kautelen — bezüglich Chininretention usw. nicht gezogen werden dürfen, wie dies mehrfach geschehen ist.

Zur Kontrolle der Prophylaxe oder Nachkur kann die Methode sehr empfohlen werden, um solche Leute zu entlarven, die das Chinin nicht genommen haben.

Zum *quantitativen Nachweis* des Chinins im Harn ist nach GIEMSA und SCHAUMANN (Arch. Schiffs- u. Tropenhyg. **11**, 1907 Beih. 3) Ausschütteln mit Äthyläther die zuverlässigste Methode.

6. **Qualitativer Nachweis des Atebrins.** Nach PETER läßt sich Atebrin aus dem alkalisch gemachten Urin mit Äther extrahieren.

Löst man den nach dem Verdampfen des Äthers hinterbliebenen Rückstand in konzentrierter Schwefelsäure, so tritt Gelbfärbung mit starker Fluorescenz auf. Durch colorimetrischen Vergleich bestimmter Konzentrationen in schwefelsaurer Lösung erhielten TROPP und WEISE [Naunyn-Schmiedebergs Arch. **170**, 339 (1933)] eine Methode des *quantitativen* Nachweises.

Nach einer durch FIELD und NIVEN etwas modifizierten Methode von WATS und GHOSH ist folgende Methode einfacher:

10 ccm Urin werden in einem Reagensglas mit einigen Tropfen Natronlauge alkalisiert. 0,25 ccm Amylalkohol werden zugesetzt und gut durchgeschüttelt. Alles Atebrin findet sich dann in der vom Amylalkohol gebildeten oberen Schicht. Stärkere Mengen sind durch Gelbfärbung bereits mit bloßem Auge (in durchfallendem Licht gegen dunkeln Hintergrund) erkennbar; in ultraviolettem Licht erkennt man aber durch die typische Fluorescenz Spuren bis zu 1:2500000. Kontrollen mit normalem Urin vornehmen, da auch andere Farbstoffe in Amylalkohol übergehen!

WATS und GHOSH verwandten die Methode auch zum *quantitativen Nachweis* durch colorimetrischen Vergleich mit Standardlösungen. (Records of the Malaria Survey of India IV. H. 4. 1934.).

Pathologische Anatomie der Malaria.

Bei Verdacht auf Malariatod müssen wir in erster Linie das Leichenblut auf Malariaparasiten untersuchen. Es ist daher wichtig, zu wissen, daß die Malariaparasiten in diesem anders aussehen als im frischen Blut. Sie erscheinen morphologisch und färberisch verändert. Morphologisch erscheinen die Parasiten abgerundet als Scheibchen mit zentral gelagertem Chromatinkorn in den Blutkörperchen, die Färbung erscheint dunkler, die des Protoplasmas undeutlich verwaschen.

Der Tod an akuter Malaria selbst erfolgt fast ausschließlich bei Malaria tropica; die anderen Formen führen nur in sehr seltenen Fällen zum Tode. Die pathologisch-anatomischen Erscheinungen gleichen dann im wesentlichen den Hauptbefunden bei ersterer.

Makroskopisch erscheint beim akuten Malariatod am auffallendsten eine dunkle, ins Schiefergraue bzw. Schwarze gehende *Verfärbung der Organe*, die besonders deutlich in Gehirn, Milz, Leber und Fettgewebe ist.

Die Verfärbung wird verursacht durch das *Malariapigment*. Dies beim Verdauen des Hämoglobins in den Parasiten entstehende Produkt findet sich außer in diesen nur in Phagocyten des Blutes, der Gefäßwände und der blutbildenden Organe. Es ist dem *Hämatin* nahe verwandt. SINTON und GOSH glauben, daß dies von SAMBON „*Haemozoin*" benannte Pigment sogar wahrscheinlich mit Hämatin identisch ist, dagegen steht es nach WARASIS Untersuchungen vielleicht dem eisenhaltigen Melanin näher als dem Hämatin. Es gibt — im Gegensatz zu Hämosiderin — keine positive Berlinerblau-Reaktion mit Ferrocyankalium, da es Eisen nur in organisch gebundener Form enthält. Es ist leicht löslich in Alkalien, aber in Äther, Chloroform, Säuren und zunächst auch in Alkohol unlöslich. Bei Eiterungsprozessen wird es nicht zerstört.

Das *Hämosiderin*, das bekanntlich bei jeder Zerstörung von Blut entsteht, kommt in meist geringerer, aber wechselnder Menge neben Malariapigment auch bei Malaria vor, erscheint mikroskopisch heller als das meist dunkle Malariapigment und gibt im Gegensatz zu diesem positive Berlinerblau-Reaktion. Man findet es in körniger Anordnung besonders in Leberzellen, KUPFFERschen Sternzellen, Capillarendothelien, Gefäßwandungen, Milz, Knochenmark, Pia mater, Nieren, Pankreas, selten auch in Leukocyten. — Ihm steht das eisenfreie, auch aus Blutzerfall hervorgehende Hämatoidin nahe.

Auch bei *Formalinfixierung*, die daher bei Malaria ohne andere gleichzeitige Organkonservierungen (Sublimat) nicht angewendet werden sollte, entstehen leicht mit Hämoglobin Niederschläge. Diese bilden sich besonders in Phagocyten und Gefäßendothelien, was die Verwechslung mit Malariapigment begünstigt.

Die *verschiedenen Formen des Todes an akuter Malaria* hat SEYFARTH[1] auf Grund eigener zahlreicher Sektionen (während des Krieges auf dem Balkan) und der Literatur zusammengestellt; er unterscheidet 7 Formen:

1. *Septicämische Form* (ca. 30% aller Todesfälle), verursacht durch gleichmäßige, ungeheure Überschwemmung des Blutes und der Organe mit Parasiten. Koma und Herzschwäche sind die Folge durch toxämische Erscheinungen.

Die nächsten Formen bekommen ihr eigentümliches Gepräge (auch klinisch vor dem Tode) durch örtlich lokalisierte, besonders starke Parasitenanhäufungen, die zu toxischen Schädigungen der betreffenden Organe führen.

2. *Cerebrale Form* (55% aller Todesfälle). Zu Lebzeiten bei schwerstem Koma oft relativ wenig Parasiten im Blut. Bei Obduktion Überschwemmung der Gehirncapillaren mit Parasiten und Pigment. Anatomisch im Gehirn: punktförmige Blutungen, Malariagranulome, Embolien.

3. *Kardiale Form* (etwa 14%). Klinisch algide, kardiale Form, oft rasch tödlich endend. Anatomisch Parasitenembolien der Coronargefäße oder toxische Schädigung, Myokarditis, Herzmuskelnekrosen und -verfettungen. (Es ist zu bedenken, daß dieser relativ hohe Prozentsatz von Herztod bei körperlich geschwächten Soldaten beobachtet ist.)

4. *Renale Form* (1%). Klinisch als tubulär-glomeruläre Nierenschrumpfung mit entsprechenden Veränderungen nach dem Tode.

5. *Suprarenale Form*, sehr selten durch Lokalisation der Parasiten in Nebennieren.

6. *Pankreasform*, sehr selten beobachtet und zu akuter hämorrhagischer Pankreatitis führend.

7. *Milzruptur.* Spontan oder durch Trauma — evtl. bei allen Formen — beobachtet mit tödlicher Verblutung in die Bauchhöhle.

Die wichtigsten anatomischen Veränderungen sind im einzelnen folgende:

Das *Gehirn* ist das zur Feststellung des Malariatodes wichtigste Organ. Durch Zerquetschen eines Stückchen Rindenpartie

[1] Wir folgen in folgender Aufzählung dem Autor, der eine vorzügliche Darstellung der pathologischen Anatomie der Malaria in Henke-Lubarschs Handb. d. path. Anatomie I. 1 (1926) gibt.

zwischen Deckglas und Objektträger findet man schon im frischen Präparat die gut zu verfolgenden Capillaren mit pigmentierten Parasiten angefüllt, die meist Tropicateilungsformen entsprechen. (s. Tafel I, Abb. 38). Schon bei schwacher Vergrößerung ist das leicht zu erkennen. Streicht man aus, fixiert und färbt nach GIEMSA, so kann man die Einzelheiten der Parasiten sehr gut sehen (Tafel I, Abb. 39). Die pralle Ausfüllung der Capillaren mit reifen Teilungsformen, die wohl durch eine gewisse Klebrigkeit zu erklären ist, führt zu Verlangsamung und Stockung des Kreislaufes in ihnen und daher zu den tödlich endenden Erscheinungen des Malariakomas. In den größeren Gefäßen findet man schon weniger Blutkörper mit Parasiten, und zwar hier diejenigen mit Teilungsformen, im Gegensatz zu denen mit Ringen oder den parasitenfreien, stets randständig gelagert.

Von Veränderungen im Gewebe des *Zentralnervensystems* finden sich — außer den Pigmentanhäufungen — neben allgemeiner Hyperämie sehr häufig zahlreiche *kleine Hämorrhagien*, und zwar vorwiegend in der Marksubstanz. Bald sind sie gleichmäßig in dieser zerstreut, bald gruppenförmig gehäuft. Diese „*Flohstich-Encephalitis*“, die sich ja auch bei anderen Erkrankungen findet, ist wohl durch Toxinwirkung bedingt.

Daneben hat DÜRCK als erster auf bestimmte entzündliche Erscheinungen hingewiesen, die für Malaria charakteristisch sind. Er fand — insbesondere bei schon länger bestehender Malaria — das Auftreten herdförmig verstreuter, multipler, umschriebener *Gliazellwucherungen* und Entzündungsherde, die bei Erhaltung der Achsenzylinder die Markscheide fast völlig unterbrechen können. Diese *Malariagranulome* sitzen mit Vorliebe in der weißen Substanz unmittelbar unter der tiefsten Rindenschicht. Sie können den Anlaß für spätere nervöse Erkrankungen geben (Geistesstörungen, multiple Sklerose).

Die *Milz* ist in frischen Fällen weich und nur mäßig vergrößert. Die Pulpa ist schwarz; Sinus und Pulpastränge sind stark mit Blut überfüllt. In diesem Stadium kommen die obenerwähnten, oft tödlichen *Milzrupturen* vor. Bei chronischer Malaria nimmt Konsistenz und Vergrößerung mit dem Alter der Infektionen zu, und zwar durch Hyperplasie der Gewebselemente; die Milz erscheint dabei dunkelrot bis schokoladebraun. Mikroskopisch findet man parasitierte Blutkörperchen und zahlreiche große und kleine Phagocyten in den Sinus und der Milzpulpa.

Die *Leber* scheint je nach dem Pigmentgehalt schokoladebraun bis dunkelgrau; sie ist meist mäßig vergrößert und bei älterer

Malaria verhärtet und unter Umständen dann sehr groß. Mikroskopisch findet man außer parasitierten Erythrocyten Makrophagen mit Parasiten und Pigment in den Blutcapillaren, sie entstammen wohl in der Hauptsache phagocytierenden Endothelzellen (KUPFFERschen Sternzellen). Innerhalb der Leberzellen findet man niemals Malariapigment, sondern nur Hämosiderin, Lipofuscin und evtl. Gallepigment. Sekundäre Veränderungen in Form trüber Schwellungen, Verfettung und degenerative Prozesse können vorkommen. Echte Lebercirrhose — die noch vielfach mit Malaria in Zusammenhang gebracht wird — ist als direkte Malariafolge nicht anzusehen und, wenn vorhanden, vielleicht höchstens sekundär von der Malaria beeinflußt.

Das *Knochenmark* ist bei frischer Malaria dunkelrot, bei chronischer kann das gelbe Fettmark der großen Knochen gelbbraun bis schokoladebraun verfärbt sein. Mikroskopisch finden sich oft im Knochenmark besonders viele Parasiten.

*Nebennieren*veränderungen als Todesursache bei 3 Fällen perniziöser Malaria, und zwar Degenerationen und Nekrosen, Hämorrhagien und Thrombosen der Kapselarterien beschrieben PAISSEAU und LEMAIRE; FRAGA bestätigte den Befund in 2 Fällen. Neuerdings konnte auch NATALI bei einem im Koma Verstorbenen an den Nebennieren eine hämorrhagische, nekrotisierende Entzündung beobachten, die er auf Malariatoxine zurückführt; Parasiten und Pigment fanden sich nur ganz spärlich darin. Auch am *Pankreas* sind durch Parasitenanhäufungen und toxische Schädigungen hämorrhagische Entzündungen und später auch fibröse Pankreatitiden beschrieben, die angeblich auch zu Diabetes führen können. Dieser Zusammenhang ist durchaus noch nicht geklärt. Bei einem tödlich verlaufenen Fall FLUs von Tropica mit BALZERscher Nekrose des gesamten Körperfettes hatte schon vorher eine Pancreatitis fibrosa bestanden.

Die übrigen Organe bieten nichts Besonderes, nur finden sich bei Tod nach akuter Malaria Hyperämien und kleine Hämorrhagien und manchmal lokale Störungen durch Parasitenembolien (Herz, Darm, Lunge).

In Frühfällen von Quartana-Nephritis bei chronischer, nicht behandelter Quartana fand GIGLIOLI die *Nieren* vergrößert, die Rinde verdickt und vorwiegend degenerative Veränderungen. In alten Fällen sah er typische sekundäre Schrumpfnieren mit vorwiegend entzündlichen und proliferativen Läsionen. Die Quartana-Nephritis hat nach GIGLIOLI fast den gleichen Charakter wie die Nephritis durch pyogene Infektionen.

Pathologische Anatomie des Schwarzwasserfiebers.

Wenn der Tod durch schwere Malaria mit beginnendem Schwarzwasserfieber verursacht ist, so überwiegt natürlich noch das pathologisch-anatomische Bild der Malaria. Gewöhnlich ist dies nicht der Fall, sondern es verschwinden während eines Schwarzwasserfieber-Anfalles in der Regel die Parasiten, die im Blut vernichtet werden.

Der Hauptkrankheitsprozeß spielt sich in den *Nieren* ab, in denen man charakteristische Veränderungen findet. Sie erscheinen groß, blutgefüllt mit mäßiger Rindenschwellung; die Streifung der Pyramiden tritt dunkelrot hervor. Mikroskopisch wird das Bild durch die *Verstopfung der Harnkanälchen mit Hämoglobin- und Eiweißmassen* beherrscht. Die Körnung dieser Massen wird allmählich gröber, so daß sie in den BOWMANschen Kapseln und den gewundenen Kanälchen erster Ordnung feinkörnig erscheinen, in den Schleifen grobkörnig sind, in den Schaltstücken schollig und in den geraden Kanälchen und Sammelröhren grobschollige Massen darstellen. Dort tritt dies auch makroskopisch in Form der dunkelroten Streifung der Pyramiden zutage. Diese Hämoglobinmassen sehen im ungefärbten Schnitt bräunlich aus und färben sich im Gegensatz zu nichthämoglobinhaltigen bei der BENDAschen Markscheidenfärbung olivblau. Die feinkörnigen Massen der oberen Partien geben auch die mikrochemische Eisenreaktion. — Die Epithelien der gewundenen Harnkanälchen zeigen nach PLEHN, RAPAPORT, HOEPPLI u. a. Degeneration von geringen Anfängen bis zu hochgradiger Entartung. Die abgestoßenen Epithelien bilden einen Teil der die Schleifen und Sammelröhren ausfüllenden Zylinder. Malariaparasiten und Pigment fehlen in ausgesprochenen Schwarzwasserfällen meist in den Nieren.

Im übrigen beherrscht den Organbefund ein *allgemeiner Ikterus*. So erscheint die Leber vergrößert und ikterisch, die Milz, die der meist vorliegenden chronischen Malaria entsprechend vergrößert ist, erscheint dunkelbraun oder dunkelrot.

Kommt der Tod nach dem Abklingen des eigentlichen Schwarzwasserfieber-Anfalls infolge von andauernder Anämie mit mangelnder Blutneubildung zustande, so können alle obengenannten Erscheinungen verschwunden und nur rein anämische festzustellen sein.

Medikamentöse persönliche Prophylaxe.

Schon vor der Entdeckung der Malariaerreger hatte man erkannt, daß es möglich sei, durch vorbeugende Gaben von Chinarinde den Ausbruch der Malaria zu verhindern. Englische Schiffs-

und Kolonialärzte führten die Methode bereits Ende des 18. Jahrhunderts ein. Alle möglichen Formen wurden später versucht, bis namentlich durch die Angaben ZIEMANNS, PLEHNS, KOCHS, CELLIS u. a. eine Systematik in die Chininprophylaxe hineingebracht wurde.

Bald wurde erkannt, daß es sich hier um keine Prophylaxe im engeren Sinn handelt, sondern daß damit nur erreicht wird, die in den Körper eingedrungenen Malariaparasiten immer wieder abzutöten, so daß sie sich nicht wesentlich vermehren können und schließlich ganz absterben. Da man über die Art der Wirkung des Chinins nicht im klaren war, mußten die Erfahrungen aus der Praxis dazu dienen, die zweckmäßigste Methode der Chininprophylaxe herauszufinden. Erst in den letzten Jahren war es möglich, durch Versuche an der Impfmalaria der Paralytiker und an Freiwilligen, sowie an Vogelmalaria, sich über den Wert der verschiedenen Methoden der Prophylaxe — auch durch die neuen Mittel — ein Urteil zu bilden (MÜHLENS und KIRSCHBAUM, MACFIE und YORKE, KIKUTH und GIOVANNOLA, JAMES, NICOL und SHUTE, SWELLENGREBEL und DE BUCK u. a.). Das Ergebnis dieser Versuche war, daß *wir bisher noch kein Mittel besitzen, das uns Gewähr bietet, die in den Körper eingedrungenen Sporozoiten*, bevor sie ihren ungeschlechtlichen Entwicklungskreis beginnen — also schon während der Inkubation —, im Körper *zu vernichten*, was naturgemäß das Ideal einer „*kausalen Prophylaxe*“ wäre. Mit allen bisher zur Verfügung stehenden Mitteln (Chinin, Plasmochin und Atebrin) gelingt nur eine Art „prophylaktischer Therapie“, die man auch als „klinische Prophylaxe“ bezeichnen kann.

Im folgenden sollen im einzelnen die bisher gebräuchlichen Methoden der Prophylaxe betrachtet werden.

a) **Chininprophylaxe.** Für die Chininprophylaxe haben sich zwei Methoden in der Praxis ergeben, je nachdem das Chinin in größerer Menge in regelmäßiger Wiederkehr nur an bestimmten Tagen mit chininfreien Pausen oder in täglichen kleineren Gaben genommen wird. Bei der ersteren Art hoffte man, die an den vorausgegangenen chininfreien Tagen etwa in den Körper eingedrungenen Parasiten womöglich auf einmal abzutöten, bei der zweiten Form erwartete man, daß die Parasiten durch die Dauerwirkung der kleinen Dosen in ihrer Entwicklung gehemmt würden und schließlich absterben.

1. *Die unterbrochene Methode der Chininprophylaxe.* Für sie hatte R. KOCH wegen der gewöhnlichen Inkubationsdauer von 10 Tagen für jeden 10. Tag eine große Dosis Chinin empfohlen.

Später verkürzte man die Pausen, da bei der ursprünglichen Methode häufig Fieber auftrat, und gab es, um etwaige Resorptionsausfälle auszuschalten, statt an einem an zwei aufeinanderfolgenden Wochentagen. So bildete sich die Regel heraus, *jeden 6. und 7. Tag*, also stets an 2 gleichen Wochentagen, *je 1 g Chinin* zu geben. Um auftretende Chininbeschwerden, besonders am 2. Tag, bei längerem Gebrauch zu mildern, führte sich auch hierfür die NOCHTsche Methode der fraktionierten Dosierung der Tagesgaben in 5mal 0,2 g oder 4mal 0,25 g ein. Man kann auch die Hälfte der Tagesgabe verteilt nehmen und die andere auf einmal abends, wobei man die intensivste Chininwirkung verschläft. Eine andere Form der Pausenbehandlung ist die ZIEMANNsche Methode, bei der an jedem 4. Tage 1 g Chinin gegeben wird.

Beide Methoden haben sich in manchen Gegenden sehr bewährt, namentlich ist die 6- und 7-Tage-Prophylaxe viele Jahre lang in Ostafrika mit ausgezeichnetem Erfolg von Weißen ausgeführt worden.

2. *Die Prophylaxe mit täglichen kleinen Chininmengen.* Sie ist zuerst in großem Maßstabe von CELLI in Italien angewandt und je nach der Schwere der Malaria in verschiedenen Weltteilen modifiziert worden. CELLI gab täglich 0,4 g Chinin. sulf., und zwar morgens und abends je 0,2 g. In Westafrika und anderen Gebieten gab man lange Zeit 0,3 g täglich, neuerdings gibt man dort auch vielfach abwechselnd 0,2 bzw. 0,4 g einen über den anderen Tag; die Malariakommission des Völkerbundes empfiehlt wieder die tägliche 0,4-g-Dose.

Für Kinder von 4—12 Jahren werden 0,2 g täglich, für kleinere Kinder 0,05 g pro Lebensjahr empfohlen.

Für die tägliche Prophylaxe mit kleineren Dosen wird als Vorzug angeführt, daß sie fast gar keine Beschwerden macht und deshalb vor allem für eine Prophylaxe in großem Maßstabe bei Truppen, Arbeitern, Kolonisten der unterbrochenen Prophylaxe vorzuziehen sei. Zahlreiche Menschen haben jahrelang diese Prophylaxe ohne Schaden durchgeführt. Die Möglichkeit, daß durch sie eine gewisse Abstumpfung der Chininwirkung eintreten könne, ist vielfach (auch von uns in der 1. Aufl.) erörtert worden, namentlich auf Grund der Erfahrungen während des Krieges. Damals versagte auch oft eine Erhöhung der täglichen Dosis bis zu 0,5 g. FÜLLEBORN sah sich daher veranlaßt, an jedem 4. Tag statt der täglichen 0,3-g-Dosis 0,9—1,0 g zu geben. *Auch sonst kann man bei erhöhter Infektions- oder Rückfallgefahr*, z. B. bei Strapazen, Gefechten, Durchnässungen, Geburten usw., also Gelegenheiten, *die Anfälle auslösen können, den Chininschutz durch Einschaltung von einigen 1-g-Tagen verstärken.*

So zeigte sich, daß beide Methoden ihre Vorzüge haben, aber beide versagen können, wenn es sich um schwer verseuchte Gebiete handelt. Man muß daher von vornherein darauf hinweisen, daß die Chininprophylaxe einen absoluten Schutz *nicht* gewährt, ja, daß auch während einer Prophylaxe Malaria auftreten kann. Diese muß dann wie jede Malaria gründlich behandelt und dann wieder zur Prophylaxe übergegangen werden.

Treten bei einer der gewählten Methoden, insbesondere nach Einnahme größerer Dosen, Chininnebenwirkungen ein, so kann man versuchen die Methode zu wechseln; neuerdings wird man am besten Chinin ganz absetzen und eine Atebrinprophylaxe vornehmen. Die Behauptung, daß durch eine der üblichen Chininprophylaxen Schwerhörigkeit entstanden sei, stimmt in den meisten Fällen nicht, auch Herzbeschwerden als Dauerfolgen kann sie unmöglich verursachen. Vielfach ist auch noch der Aberglaube verbreitet, daß der längere Gebrauch von Chinin impotent macht. Das trifft nicht zu, die Ursache ist dann in der Regel eine trotz der Prophylaxe entstandene latente Malaria.

Ohne Prophylaxe (das gilt auch für Chinoplasmin- und Atebrinprophylaxe) in Endemiegebieten malariafrei zu bleiben, indem man sich streng vor Mückenstichen schützt, ist nur selten möglich. Namentlich für die Durchführung größerer Unternehmungen, an denen viele Menschen mitwirken müssen, ist eine Prophylaxe in Malariagebieten ganz unentbehrlich, insbesondere dort, wo die Malaria in gewissen Jahreszeiten stark um sich greift. Für fechtende Armeen, für große Unternehmungen wie Kanal-, Eisenbahn-, Hafenbauten, Ausgrabungen, Anlage von Siedlungen ist es von der größten Wichtigkeit, zu verhüten, daß nicht zur Hauptmalariazeit die ganze Truppe oder Arbeiterschaft innerhalb weniger Wochen fast gleichzeitig an Malaria erkrankt. (Oft ist sie bei solchen Gelegenheiten im ersten Jahr gar nicht oder nur milde vorhanden, tritt aber bei der nächsten Saison durch Gametenträger, Latenz und Saisonrezidive von Tertiana plötzlich erschreckend auf.) Selbst eine nicht durchweg schützende Prophylaxe verteilt doch die Erkrankungen auf eine breitere Zeitspanne, so daß die ersten Fälle schon wieder arbeitsfähig geworden sind, wenn die späteren erkranken. Aber die Prophylaxe setzt zweifellos auch die Zahl der Erkrankungen beträchtlich herab.

Welche Form der Chininprophylaxe gewählt wird, hängt von örtlichen Erfahrungen und der Art der Betätigung der einzelnen Personen ab.

Mit der Prophylaxe braucht man erst zu *beginnen*, wenn erstmalig Gelegenheit zur Infektion eintritt (z. B. wenn das Schiff den ersten malariaverdächtigen Hafen angelaufen hat). Dann muß sie aber auch *ununterbrochen* streng durchgeführt werden, nötigenfalls unter Überwachung der einzelnen Personen (überraschende Stichproben durch Urinuntersuchungen auf Chinin). In einzelnen Gegenden braucht man nicht das ganze Jahr Prophylaxe zu treiben, sondern nur von Beginn der dort meist bebekannten Malariagefahrzeiten. Die *Beendigung der Prophylaxe* darf *erst 6—8 Wochen*, nachdem die Malariagefahrzeit vorüber ist oder nachdem man die betreffende Gegend verlassen hat, erfolgen. Die Malariakommission des Völkerbundes schlug sogar vor, die Prophylaxe noch mehrere Monate fortzusetzen; wir halten dies nicht für nötig, da trotzdem später noch Anfälle auftreten können.

Die einmal begonnene Prophylaxe muß von *allen* Teilnehmern auch streng regelmäßig durchgeführt werden. Für den einzelnen ist eine unregelmäßige Prophylaxe schlechter als gar keine, da er dadurch in einen Zustand chronischer Malaria mit all ihren Nachteilen gelangen kann. Auch steht fest, daß hierdurch eine Schwarzwasserfieber-Bereitschaft entstehen kann, so daß der Kranke zu seinem Schrecken, wenn er wieder einmal Chinin nimmt, plötzlich an Schwarzwasserfieber erkrankt. Durch unregelmäßige Prophylaxe werden aber auch neue Gametenträger geschaffen und damit die Ansteckungsgelegenheit für die noch Gesunden erhöht.

b) **Plasmochin- und Chinoplasminprophylaxe.** Versuche von James, Nicol und Shute an Paralytikern hatten zunächst ergeben, daß Plasmochin, am Tage vor den Mückenstichen und noch 5 Tage nachher verabfolgt, eine Infektion mit Tertiana zu verhüten schien; später aber zeigte sich, daß die Hälfte der Personen noch nach 7—9 Monaten erkrankte. Auch Swellengrebel und de Buck fanden, daß es auch kein „kausales Prophylaxemittel“ gegen Stechmückeninfektion bilde.

Aus der Praxis wurden einige günstige Erfolge mit reiner Plasmochinprophylaxe berichtet (Fischer, Wehrle), während andere damit völlige Mißerfolge hatten, was ja überall da zu erwarten war, wo es sich um Tropica handelte, deren ungeschlechtliche Entwicklungsstadien von Plasmochin kaum beeinflußt werden.

Zur Prophylaxe des einzelnen kommt daher reines Plasmochin in stärkeren Dosen schon wegen der toxischen Wirkung nicht in Frage, sondern nur zur „Assanierungsprophylaxe“, d. h. Massenbehandlung ganzer Bevölkerungsgruppen mit kleinsten Dosen zwecks Verhütung der Infektion von Stechmücken.

Im **Chinoplasmin** dagegen besitzen wir ein Kombinationspräparat, bei dem sich die Wirkungen beider Präparate summieren. Es zur klinischen Prophylaxe mitheranzuziehen, lag daher nahe. Es wurde bereits hierfür mit Erfolg verwendet mit täglicher Verabfolgung von 1 Tablette (BEHRINSON, LODATO u.a.). RUSSEL und HOLT sahen allerdings auf den Philippinen, daß solche Dosen das Auftreten von Parasiten im Blut zwar auf die Hälfte gegenüber Kontrollen herabsetzten, aber nicht ganz verhinderten. Das Plasmochin in dieser kleinen Menge führte aber scheinbar nirgends zu Beschwerden. Wo also eine tägliche Prophylaxe mit 0,3 g Chinin beabsichtigt ist, dürfte es sich empfehlen, statt dessen 1 Tablette Chinoplasmin zu verwenden, das zweifellos die Wirkung der klinischen Vorbeugung verstärkt (denn wir haben ja fast überall außer mit Tropica auch mit der viel hartnäckigeren Tertiana zu rechnen) und zudem gleichzeitig als Assanierungsprophylaxe durch Abtöten der Gameten wirkt.

c) **Atebrinprophylaxe.** Ähnliche Versuche wie mit Plasmochin machten JAMES und seine Mitarbeiter auch mit Atebrin und erhielten damit ein Verzögern des Malariaausbruchs bis zu 33—37 Wochen nach den Mückenstichen. SOESILO, GILBERT und BAGINDO hatten mit ähnlichen Versuchen bei 15 von 21 durch Mückenstich Infizierten einen vollen Erfolg, 6 dagegen erkrankten. KIKUTH und GIOVANNOLA fanden, daß Atebrin, im Gegensatz zu Chinin und Plasmochin, bei Vogelmalaria prophylaktisch gegen Infektion durch Sporozoiten angewandt, die Inkubationszeit um die Hälfte verlängerte und die Krankheit dann sehr milde verlief. Sie glauben, daß die langsame Ausscheidung des Atebrins dafür die Ursache sei. Wenn somit auch für Atebrin gefunden wurde, daß es nicht das gesuchte kausale Prophylaktikum ist, so sprachen doch diese Versuche für seine Eignung als klinisches Prophylaktikum. Auch die Malariakommission des Völkerbundes gab an, daß es in täglichen Gaben zu 0,1 g solchen von Chinin zu 0,3 g überlegen sei.

Von einer Reihe günstiger Erfahrungen aus der Praxis seien einige hier angeführt:

So erhielten JUNGE, SLIWENSKY, LABUSCHAGNE gute Erfolge. Letzterer fand in Südafrika, daß wöchentliche Dosen von 0,4 g zur Gesunderhaltung ausreichten; bei 0,2 g traten bei 10% wieder Parasiten auf (gegen 35% bei Kontrollen); er gibt jetzt (nach REHDE) 2mal wöchentlich 0,25 g. Beweisend scheinen Versuche SOESILOS. Er wählte für diese auf Java ein Gebiet, in dem sich Immunität bei der Bevölkerung auszubilden pflegt, und gab Kindern 3mal wöchentlich Atebrin. Bei Kindern unter 3 Jahren mit einem Parasitenindex von 81,2% sank dieser in 4 Wochen auf 25%, nach 9 Wochen auf 10% und nach 12 Wochen auf 0%. Bei Kindern von 3—6 Jahren war er bereits in der 2. Woche auf 7,2 gesunken. Bei den unbehandelten Kontrollen blieb er unverändert hoch, stieg sogar bei den Kindern unter

3 Jahren von 93 auf 100%. Auch VAN NITSEN sowie FARINAUD hatten ähnliche gute Ergebnisse, besonders mit der einer Anfangsbehandlung folgenden Prophylaxe. BONNE und STOCKER fanden, daß 2mal 0,1 g Atebrin wöchentlich nicht völlig genügt. DECOURT hatte mit 1mal 0,4 g gute Resultate. Vor allem zeigten die Überlegenheit des Atebrins SOESILO und GILBERT in neueren vergleichenden Versuchen (1935) in schwer verseuchtem Gebiet nach 8tägiger Anbehandlung mit Chinin + Plasmochin und 3mal wöchentlicher Nachbehandlung mit: 1. Atebrin, 2. Chinin, 3. Chinin + Plasmochin, 4. Vitamintabletten als Kontrolle für 15 Wochen. Die Atebringruppe blieb als einzige während dieser Behandlungszeit ganz parasitenfrei, und bei Weiterbeobachtung nach Aussetzen der Behandlung zeigte sie noch nach 1 Woche einen Parasitenindex von 0, nach 2 Wochen von 6,9% gegen 18,4 bzw. 36,8 der Chiningruppe und 35,2 bzw. 36,8 der Plasmochin + Chinin-Gruppe und 35,2 bzw. 35,2 der Kontrollgruppe. Die Atebrindosis war bei Kindern bis zu 2 Jahren 0,05 g, von 2—5 Jahren 0,075 g und von 5 Jahren und mehr 0,1 g und wurde montags, mittwochs und freitags verabfolgt. Sie schlossen daraus die Überlegenheit des Atebrins als klinisches Prophylaktikum. Treffliche Erfolge erzielte auch KRÖBER in Ostafrika mit Atebrinprophylaxe, er gab an 4 Wochentagen je 0,1 g.

Das Ergebnis der vorliegenden Versuche einer klinischen Atebrinprophylaxe ist, daß es nicht nur gelingt, mit Dosen von 0,4—0,6 g wöchentlich mindestens gleich gute, wenn nicht bedeutend bessere Erfolge als mit Chinin und Chinoplasmin zu erzielen, sondern daß bei diesen Mengen auch keinerlei Beschwerden, auch nicht etwa auffallende Gelbfärbung, beobachtet wurden.

Eine tägliche Prophylaxe mit Atebrin, für welche Dosen von 0,05 g ($^1/_2$ Tablette) ausreichen würden, erscheint wegen seiner langsamen Ausscheidung nicht nötig. *Die erforderliche Wochenmenge für Erwachsene ist 0,4 g;* diese gibt man entweder auf einmal oder besser *an 2 auseinanderliegenden Wochentagen* (etwa mittwochs und sonnabends) mit je 0,2 g. *Für Kinder* kämen etwa (je nach Körperzustand) Dosen, wie sie SOESILO verwendete, in Betracht: bis zu 2 Jahren 0,05 g ($^1/_2$ Tablette); von 2—5 Jahren 0,075 g ($^3/_4$ Tablette); 5—8 Jahren 0,1 g; über 8 Jahre 0,2 g; jeweils an 2 auseinanderliegenden Wochentagen. In schwer verseuchten Gebieten könnte man — ähnlich wie SOESILO und GILBERT — etwa montags, mittwochs und freitags je 0,2 g geben. Es ist aber auch nach Schluß der Malariagefahrzeit bzw. Verlassen der Malariagegend bei Atebrin noch eine nachträgliche Prophylaxe zu machen, die etwa auf 4 Wochen zu beschränken wäre, wenn man nicht eine richtige 5—7tägige Atebrinbehandlungskur zum Abschluß machen will. Welches Schema der Atebrinprophylaxe sich als das beste erweisen wird, muß die Praxis ergeben. Daß bei Chininscheu, Idiosynkrasie und Schwarzwasserfieber-Gefahr Atebrin das Chinin als Prophylaktikum voll ersetzen kann, steht bereits fest.

Eine persönliche Prophylaxe ist also — wenn wir auch noch keine ideale individuelle Prophylaxemethode besitzen — in allen Malariagebieten mit großer Infektionsgefahr, vor allem aber auch bei vorübergehendem Aufenthalte anzuwenden, wobei es darauf ankommt, nicht durch eine Malaria und ihre Folgen längere Zeit arbeitsunfähig zu werden, wie bereits S. 93 auseinandergesetzt wurde. Im übrigen ist zu überlegen — am besten nach Beratung mit ortskundigen Ärzten oder ortsansässigen Laien —, ob man die Prophylaxe dauernd oder zeitlich beschränkt durchführen oder das Risiko einer gelegentlichen Erkrankung tragen will.

Assanierung durch medikamentöse Maßnahmen.

Viel wichtiger noch als der Schutz des einzelnen ist im Kampf gegen die Malaria der Versuch, sie in ihrer Verbreitung in den endemischen Gebieten unter der *ansässigen* Bevölkerung mehr und mehr einzudämmen mit dem Endziel einer völligen Ausrottung. Dieses ideale Ziel mit den verschiedensten Methoden zu erreichen, ist schon seit Jahrzehnten versucht worden. Die drei hierfür zu erstrebenden Ziele sind in ihrer Grundlage:

1. *Heilung und Sterilerhaltung des Menschen von der Malariainfektion.*
2. *Verhinderung der Infektion der übertragenden Stechmücken mit Malariaparasiten.*
3. *Ausrottung der übertragenden Stechmücken.*

Es ist klar, daß der Erfolg der Maßnahmen u. a. sehr davon abhängt, ob die Bevölkerung seßhaft ist oder stark fluktuiert. Aber selbst Teilerfolge jedes dieser 3 Faktoren zusammen müssen mindestens eine Verminderung der Malaria hervorbringen.

Während wir bis vor einigen Jahren der Möglichkeit, eine Weiterübertragung der Infektion vom Mensch auf die Mücke sicher zu verhindern, machtlos gegenüberstanden, ist durch die Entdeckung der gametenvernichtenden Wirkung des Plasmochins durch MÜHLENS und RÖHL eine mächtige neue Waffe in diesem Kampf entstanden. Hierdurch ist es gelungen, die medikamentösen Assanierungsversuche auf eine neue Basis zu stellen.

Die *ideale* Bekämpfungsmethode zur Assanierung einer Malariagegend hat danach folgendes zu berücksichtigen:

1. Wir müssen versuchen, zunächst einen *möglichst großen Teil der ansässigen Bevölkerung von seiner Malaria zu befreien.* Dieser Versuch hat in den meisten Gegenden schon bei kleinsten Kindern zu beginnen, die ja nicht nur am häufigsten erkranken, sondern auch die stärksten Parasitenträger sind. Wenn es irgend möglich

ist, sollten alle Bewohner mikroskopisch auf Malariaparasiten untersucht werden; sind es zu viele, nur die kleinsten Kinder, nötigenfalls durch Stichproben. Auch die Feststellung des Milzindex (s. S. 107) kommt in Betracht; natürlich gegebenenfalls auch Temperaturmessungen.

Alle krank Befundenen, und bei sehr hohem Parasitenindex möglichst alle Bewohner (zumindest die Kinder), sind dann sofort zu behandeln. Hierfür haben sich die kurzfristigen Behandlungsmethoden mit Atebrin vielfach als besonders geeignet gezeigt. Es können aber auch, wenn ökonomische Gründe es verlangen, 7—10tägige Behandlungen mit Chinin (auch mit den billigeren Totaquinapräparaten) oder Chinoplasmin verwendet werden.

Man bezeichnet dies in Sanierungsgebieten als „*Anfangsbehandlung*", „blanket treatment"

Über das weitere Verhalten gehen die Ansichten der Malariologen weit auseinander. In sehr stark verseuchten Gebieten hat sich gezeigt, daß eine einmalige kurze Behandlung nicht ausreicht, sondern daß sie nach einiger Zeit wiederholt werden muß. Hiermit glaubt man in manchen Gebieten auszukommen, da die allmählich sich ausbildende Immunität schließlich vor weiterer Erkrankung schütze. Dies gilt aber nicht für alle Gebiete, und es ist daher an die Anfangsbehandlung für die ganze Gefahrzeit und die nächsten Wochen meist eine Prophylaxe anzuschließen. Welche Methode man dafür wählt, hängt wieder von manchen ökonomischen Gesichtspunkten ab.

Nicht immer ist mit diesen Methoden ein voller Erfolg erzielt worden. Zuzug neuer Infizierter, besondere meteorologische Schwankungen, Seuchen, Hungersnot u. a. Umstände können die Ergebnisse beeinflussen und zu Änderung der angewandten Methoden Anlaß geben.

Von Interesse ist vielleicht, daß sich bei Durch-Chininisierung ganzer Bevölkerungsgruppen wiederholt in Südeuropa gezeigt hat, daß wohl die Mortalität infolge von Malaria dadurch auf Null sinkt, die Morbidität aber unverändert hoch bleibt. Dabei ändert sich der Charakter der Malaria, indem statt der vorher reichlich vorhandenen Tropica nun die Tertiana überwiegt.

2. Zu dieser klinischen Therapie und klinischen Prophylaxe gesellt sich die „*Gametenvernichtung durch Plasmochin*" (*Assanierungsprophylaxe*). Über die hierfür notwendigen Mengen von Plasmochin gewann man durch eine Reihe exakter Beobachtungen Aufschluß.

Bereits 1929 konnten Barber, Komp und Newman zeigen, daß schon 0,005 g Plasmochin bei Gametenträgern genügten, um die Entwicklung von Halbmonden zu Ookineten in den Stechmücken zu verhindern. Amies konnte durch 2 Dosen von 0,02 g, mit 16 Stunden Zwischenraum verabfolgt, alle Tropicagameten für mindestens 3 Tage vernichten, auch PINTO machte ähnliche Beobachtungen. BARBER konnte mit RICE und BROWN dann in Westafrika bei einem Parasitenindex von 80% durch 2malige wöchentliche Gaben von 0,01 g Plasmochin eine solche Herabsetzung des Sporozoitenindex der Mücken erreichen, daß bei 1478 danach untersuchten Anophelen keine mehr infiziert war; wurde das Plasmochin ausgesetzt, so fanden sich nach 14 Tagen wieder reichlich Oocysten. Ähnliche günstige Ergebnisse hatten SUR, SARKA und BANERJI in Indien. JERACE und GIOVANNOLA bewiesen dann, daß eine einmalige Dosis von 0,02 g Plasmochin ausreicht, um für 7 Tage den Gameten die Möglichkeit der Entwicklungsfähigkeit in der Mücke zu nehmen; sie arbeiteten mit 32 Malariakranken und 7832 Anophelen. Ihre Schlußfolgerung, daß eine 1—2malige wöchentliche Verabfolgung von je 0,02 g Plasmochin während der Malariasaison genüge, um die Stechmücken als Infektionsquelle auszuschalten, hat sich namentlich in mehrjährigen Versuchen von MISSIROLI mit MARINO und MOSNA auf Sardinien bestätigt. Sie fanden, daß in diesem schwer verseuchten Gebiet die 2malige wöchentliche Verabfolgung von 0,02 g nötig war, während MANSON in Assam mit 1mal 0,02 g auskam. — Eine Fülle anderer Arbeiten aus der ganzen Welt hat inzwischen in der Praxis diesen Wert der Plasmochinprophylaxe bewiesen.

Danach verspricht eine medikamentöse Sanierung in der Tat nur dann Erfolg, wenn außer der klinischen Behandlung und Prophylaxe gleichzeitig durch entsprechende Kombination mit Plasmochin eine Vernichtung der Gameten durchgeführt wird.

In welcher Weise die Durchführung dieser Maßnahmen erfolgen soll, kann nur der ortskundige Malariologe entscheiden. Vom allgemein praktischen Gesichtspunkte aus dürfte es sich empfehlen, an jede Anfangsbehandlung in Endemiegebieten, wenn sie nicht mit Chinoplasmin vorgenommen wird, unmittelbar eine 3—5tägige Plasmochinkur anzuschließen und dann je nach der Höhe des Infektionstiters während der ganzen Gefahrzeit und noch mindestens 2 Wochen nachher wöchentlich 0,02—0,04 g Plasmochin für Erwachsene (Kindern entsprechend weniger) zu verabfolgen. Ob bei einer klinischen Atebrinprophylaxe solche geringe Mengen Plasmochin ohne Beschwerden gleichzeitig mit Atebrin, etwa in einer Kombinationstablette, gegeben werden können — was die Prophylaxe sehr vereinfachen würde —, müssen Erfahrungen zeigen (s. S. 55 Anm.).

Wir möchten hier ausdrücklich erklären, daß wir selbst nicht kompetent sind, um für die medikamentöse Assanierungsprophylaxe der verschiedenen Gebiete Normen aufzustellen.

Dies Buch soll wesentlich dem Nichtspezialisten allgemeine Richtlinien geben. Ein Arzt, der in Endemiegebieten die Malariabekämpfung zu leiten hat, muß nach gründlicher Spezialausbildung und auf Grund der Erfahrungen seiner Vorgänger selbst entscheiden, welche lokale Standardmethode er anwenden soll.

Es sei aber betont, daß bei Zuwanderungen und Bevölkerungsverschiebungen, ebenso wie in besonderen Malariajahren (Epidemien) keine Kosten gescheut werden sollten, möglichst vielen die möglichst beste Behandlung zuteil werden zu lassen. Die augenblicklich scheinbar hohen Kosten machen sich durch die allgemeine Gesundung und Erhaltung der Arbeitskraft bald bezahlt.

3. Die zur Assanierung wichtige *Bekämpfung der Stechmücken* ist S. 159 behandelt. Wenn irgend möglich, muß sie mit einer medikamentösen Sanierung vereinigt werden.

Immunität bei Malaria.

Schon im Abschnitt Klinik (s. S. 18) ist erwähnt, daß im Verlaufe der Malaria ein gewisser Toleranzzustand sich entwickeln kann, der die akuten Erscheinungen allmählich zum Verschwinden bringt, eine „Latenz" entstehen läßt und schließlich bei einem großen Prozentsatz der Befallenen zur Ausheilung führt.

In schwer infizierten Malariaendemiegebieten hat nun zuerst R. Koch 1900 in Neuguinea gezeigt, daß vor allem die Kinder erkranken und dabei entweder frühzeitig sterben oder durch die immer wieder erfolgenden Infektionen allmählich einen gewissen Grad von Immunität erwerben, der sie in der Regel vor späterer Erkrankung schützt. So kommt es, daß in solchen Gebieten meist nur die jüngsten Jahrgänge der einheimischen Bevölkerung stärker infiziert sind und durch Prüfung des Parasiten- und Milzindex den Grad der Infektion des Gebietes ergeben. Im Laufe der Jahre wird die Immunität immer stärker, und man findet dann ältere als 15-, höchstens 20jährige häufig klinisch ganz malariafrei, auch der Milztumor ist dann bei den meisten geschwunden. Nur solche, die aus irgendwelchem Grunde die Immunität nicht erwerben, zeigen dann auch im vorgeschrittenen Alter Zeichen chronischer Malaria oder von Malariakachexie.

Die Befunde von Koch sind für zahlreiche Endemiegebiete durch sorgfältige Untersuchungen von vielen Forschern bestätigt worden[1]; namentlich stark und deutlich zeigen sich diese Verhältnisse bei *Negerbevölkerung* und Südseeinsulanern. Bei anderen Rassen, insbesondere bei Weißen, ist es weniger ausgeprägt (s. a. S. 102).

Das so wechselvolle Verhalten der verschiedenen Völker gegenüber der Malaria hat eine Fülle von Arbeiten über die „Malariaimmunität" hervorgerufen, ohne daß man dies Problem bisher

[1] Auf Namen und Einzelarbeiten kann hier nicht eingegangen werden.

ganz lösen konnte. Als Grundlage ist aber zu betrachten, daß die Immunitätsverhältnisse bei Malaria wie bei anderen Protozoenerkrankungen (z. B. Piroplasmosen) sich von der Immunität bei bakteriellen Seuchen unterscheiden, indem nach Überstehen der Erkrankung in der Regel kein völliges Verschwinden der Erreger zustande kommt, sondern diese im Körper bleiben, wobei ein gewisser Gleichgewichtszustand im Spiel der Abwehrkräfte des Organismus und der Vermehrungstendenz der Parasiten eintritt. Die Bezeichnungen „labile Infektion" (C. SCHILLING), „stumme Infektion" (REITER), Premunition (ED. SERGENT, PARROT und DONATIEN) kennzeichnen diese Unvollkommenheit der Immunität, die meist nur eine Latenz bedeutet. Das Reticuloendothel spielt bei dieser Immunisierung eine bedeutende Rolle. (TALIAFERRO u. Mitarb. Näheres s. S. 144.) ZIEMANN hat bei Malaria eine Gift- und Parasitenimmunität unterschieden: bei der Giftimmunität wird der Körper gegen die von den Parasiten ausgehende Giftwirkung tolerant, so daß eine Infektion ohne wesentliche krankhafte Erscheinungen weiterbestehen kann; bei der Parasitenimmunität verschwinden die Parasiten allmählich ganz aus dem Körper, und eine Neuinfektion oder Ansiedlung im Körper wird von vornherein unmöglich.

Vergleichende Untersuchungen von Kindern und Erwachsenen bezüglich des Parasitenbefundes, Milzindex, Auftreten von Neuerkrankungen und Rückfällen in den verschiedenen Lebensaltern zeigen das wechselvolle Verhalten gegenüber der Malariainfektion.

Ein gutes Beispiel hierfür in verschiedenen hyperendemischen Malariagebieten geben die Untersuchungen von SCHÜFFNER in Sumatra und von SCHÜFFNER, SWELLENGREBEL, ANNECKE und DE MEILLON in Südafrika.

Bei den Malaien sah SCHÜFFNER Entstehen einer „Parasitenimmunität" im Sinne ZIEMANNS durch hohe Morbidität der Kinder. Bei solchen fanden sich 37—38%, im Spielalter bis 50% Parasitenträger; der Index sank dann rasch und betrug bei Erwachsenen nur 8—11%. Milzschwellung zeigten durchschnittlich 92% der Untersuchten. Der Grad der Immunität ist in diesem Falle umgekehrt proportional der Zahl der erwachsenen Parasitenträger. — Bei den Bantus Südafrikas erreichte der Parasitenindex 100% bei Kindern und sank auch bei Erwachsenen nicht unter 40%, wobei letztere einen Milzindex von 50% gegen 100% bei Kindern zeigen. Das Verhalten der Bantus wird mit einer „Prémunition" im Sinne ED. SERGENTS erklärt, die nur von einer Menschenrasse erworben werden kann, die eine angeborene Toleranz für Malaria besitzt; deren Grad ist proportional dem Prozentsatz erwachsener Parasitenträger mit wenigen Parasiten. In Ostafrika (Tanga) schreibt WILSON dagegen bei Bantus der angeborenen Toleranz keine große Bedeutung für die Erwerbung der Immunität zu, da dort Säuglinge ebenso schwer erkrankten wie nichtimmune Europäerkinder.

Da in den meisten Gebieten alle drei klassischen Parasitenformen vorkommen, wird die Immunität gegen alle drei erreicht. Der Parasitenindex ergibt dabei, daß ohne Behandlung bei den Kindern am frühesten die Tertianaparasiten verschwinden, dann die Quartana-, während die Tropicaparasiten relativ am längsten zu finden sind (über Verhalten bei medikamentöser Sanierung s. dort). Dabei handelt es sich bald um ungeschlechtliche Formen, bald um Gameten. Häufig findet man gerade Tropicaparasiten, wenn auch spärlich, dann noch bei einem ziemlich hohen Prozentsatz der Erwachsenen; ja, sie können mit zunehmendem Alter noch häufiger werden. Es sind dann besonders Ringe, während Halbmonde sehr spärlich sind oder ganz fehlen. (Neuere derartige Beobachtungen machten DJAPARIDSE in Abchasien, I. G. THOMSON in Nyassaland, SCHWETZ im Kongogebiet u. a.). I. G. THOMSON fand bei Geburten und Fehlgeburten oft massenhaft Tropicaparasiten in der Placenta (früher schon BLACKLOCK u. GORDON u. a.), die nach seiner Ansicht häufig die Ursache für Aborte und Frühgeburten sind. Eine gewisse Widerstandskraft, „*Rassenimmunität*“, gegen Malaria erwerben nach weitverbreiteter Ansicht die Abkömmlinge solcher Rassen, die seit Generationen der Infektion ausgesetzt waren, wie wechselvoll aber das Verhalten sein kann, zeigen die oben angeführten Beispiele. Es gibt übrigens, wenn auch selten, Personen, die eine angeborene Immunität gegen Malaria besitzen und die selbst in schwer verseuchten Gegenden davon verschont bleiben.

Daß bei einzelnen Individuen durch Superinfektion eine gewisse Immunität erreicht werden kann, ist durch Versuche bei der Impfmalaria der Paralytiker bewiesen worden. Dabei zeigte sich aber, daß nach einiger Zeit sowohl Wiederimpfungen mit dem Ausgangsstamm als auch besonders oft schon frühzeitig mit Stämmen der gleichen Parasitenart, aber anderer Herkunft möglich sind (MÜHLENS und KIRSCHBAUM, JAMES und Mitarbeiter, KORTEWEG u. a., s. a. S. 81).

Die Immunität ist also nicht voll artspezifisch, sondern gleichsam nur „*stammspezifisch*“. Diese Erfahrungen erklären aber auch zahlreiche Beobachtungen von plötzlichen schweren, akuten Malariaausbrüchen, die man direkt „*Malariaepidemien*“ nennen kann, in Endemiegebieten. Solche *Malariaepidemien* sind nicht selten. Abgesehen von den Fällen, wo meteorologische Verhältnisse in einzelnen Jahren die Entwicklung der übertragenden Anophelen mehr als gewöhnlich begünstigen und dadurch eine Vermehrung und Ausbreitung der Krankheit hervorrufen oder wo durch Störung des „Gleichgewichts“ die labile Immunität gebrochen wird (wie 1934 in Ceylon), ist es besonders Masseneinwanderung aus malariafreien Gebieten in endemische Malariaherde, die zu schweren lokalen Epidemien führt. Kommen in ein solches „Ruhegebiet" Einwanderer aus mehr oder weniger malariafreien Gegenden, so werden diese im größten Ausmaße schwer von der Krankheit ergriffen, und es entsteht regelmäßig, wenn nicht rechtzeitig umfassende und gründlich vorbeugende Maßnahmen einsetzen, eine schwere Malariaepidemie, von der auch die Ansässigen durch Virulenzsteigerung der Malariastämme — trotz ihrer labilen Immunität — ergriffen werden. Das gilt besonders für wirtschaftliche und industrielle Unternehmungen, die Arbeiter von außerhalb heranziehen müssen: Plantagenbetriebe, Straßen- und Eisenbahnbauten, Hafenbauten (Wilhelmshaven in den sechziger Jahren des vorigen Jahrhunderts, Panamakanal u. a.). Dieselbe Erscheinung zeigte sich auch im Weltkriege auf beiden Seiten des Kampfgebietes in endemischen Malariaherden (Mazedonien, Kleinasien, Gefangenenlagern in Italien). Nach dem Kriege waren es besonders die aus Kleinasien nach Griechenland, insbesondere nach dem griechischen Mazedonien (Saloniki) überführten Griechen, die in primitiven Barackenlagern und unter sehr dürftigen Verhältnissen in den endemischen Malariagebieten Griechenlands schwere Epidemien mit hoher Sterblichkeit zu erleiden hatten. Auch die im Hungerjahr 1920 in Rußland herrschende Malariaepidemie ist wenigstens zum Teil auf Wanderungen der hungernden Bevölkerung zurückzuführen. Auch aus Südafrika liegen ähnliche Beobachtungen aus neuerer Zeit vor. Bei allen Unternehmungen, die mit Zuzüglern aus malariafreien Ländern arbeiten müssen, muß man in endemischen Malariaherden auf solche Ausbrüche gefaßt sein; am schwersten werden dann regelmäßig die als Ingenieure, Baumeister, Pflanzer usw. bei solchen Unternehmungen tätigen Nordeuropäer von der Krankheit ergriffen.

Einiges über die Epidemiologie der Malaria.

Die Tatsache, daß der einzelne die Malaria durch den Stich einer infizierten Anophele erwirbt, erklärt noch nicht das Zustandekommen einer Malariaendemie oder -epidemie. Hierfür genügen die beiden Faktoren: a) infektiöse Mücke, b) empfänglicher Mensch noch lange nicht, sondern hier spielen eine ganze Reihe von komplizierten Faktoren ineinander.

Der Hauptfaktor ist die Gegenwart von *solchen Anophelen*, die *zur Übertragung geeignet* sind. Schon hier gab es manche Rätsel, die in den letzten Jahren durch Arbeiten von Ärzten und Entomologen der verschiedensten Länder zum Teil — aber lange noch nicht völlig — gelöst werden konnten.

Es ergab sich einerseits, daß nicht alle Anophelenarten Malaria übertragen können, manche überhaupt nicht, andere nur in geringem Maße (SCHÜFFNER, SWELLENGREBEL, DE GRAAF u. a.). Oft sind die harmlosen Arten die überwiegenden, während die wichtigen mit besonderen Lebensgewohnheiten, mit versteckten oder gar nicht erwarteten Brutstätten den Untersuchungen entgingen und durch falsch gerichtete Bekämpfung Unsummen umsonst für Sanierungszwecke ausgegeben wurden. Oft wurden die „Sümpfe" saniert, denn Malaria ist ja das „Sumpffieber", aber die Malaria wich nicht, bis man fand, daß die Larven der gefährlichen Art z. B. klare Bergbäche bevölkerten, wo sie sich an Steinen festsetzen konnten, oder anderwärts kleinste Wasserlöcher, Zisternen oder Fischteiche statt der berüchtigten überschwemmten „Reisfelder". So ergab sich durch Zusammenarbeit von Entomologen und Malariologen fast für alle Gebiete in mühevoller Mosaikarbeit eine Kenntnis der für das Gebiet wichtigen Überträger und ihrer Gewohnheiten als Grundlage der sog. „*Spezies-Assanierung*" (SWELLENGREBEL und RODENWALDT). (Es muß hier auf die Fachliteratur, die es fast für alle wichtigen Gebiete gibt, verwiesen werden.)

Aber auch dies reichte noch nicht aus. Zeigte sich doch, daß innerhalb derselben Spezies, z. B. bei Anopheles maculipennis, verschiedene „interspezifische Rassen" oder Abarten vorkommen — zum Teil durch konstante oder inkonstante Merkmale unterschieden —, von denen die einen zur Übertragung geeignet sind, die anderen nicht; daß ein Teil dieser Rassen „misanthrop" und „zoophil" ist und lieber Vieh als Menschen sticht (ROUBAUD, WESENBERG-LUND, FALLERONI, VAN THIEL, DE BUCK, SWELLENGREBEL, SCHOUTE, MARTINI, HACKETT, MISSIROLI u. a.)[1].

Manchmal sind gerade wider Erwarten die besonders trockenen Jahre die gefährlichen, da sich dann bei niederem Wasserstand in fast ausgetrockneten Flußbetten nur Wasserlachen und Tümpel bilden, die den gefährlichsten Überträgern Brutgelegenheit geben (z. B. 1934/35 in Ceylon Anopheles culicifacies).

Andererseits aber können sich auch die Gewohnheiten der Anophelen ändern. Wird eine Art zurückgedrängt, so kann sich eine andere der Übertragung anpassen. Epidemien können auch

[1] Diese Tatsache war auch in Deutschland schon lange beobachtet [MÜHLENS (1909), FÜLLEBORN]. — Gute Übersicht bei MARTINI: Arch. Schiffs- u. Tropenhyg. **35**, 707 (1931). — HACKETT u. MISSIROLI: Riv. Malariol. **14**, 545 (1935). — Der Nachweis geschieht durch Bestimmung der aufgenommenen Blutnahrung vermittels der serologischen Präcipitationsmethode.

dadurch entstehen, daß zur Infektion geeignete Mücken in ein bisher freies Gebiet verschleppt werden (Wind, Schiffe, Eisenbahn, Flugzeug). Allgemein sind die Anophelen keine großen Flieger. Man nimmt an, daß sie 1—2 km fliegen können, aber die Flugweite bei Fehlen von geeigneten Brutplätzen zur Vermehrungszeit oder zu Überwinterungsplätzen bis zu mehreren Kilometern sich erstrecken kann.

Natürlich ist zum Zustandekommen der Endemien und Epidemien auch eine *genügende Menge* der geeigneten Anophelen erforderlich. Sie hängt ihrerseits wieder von geeigneten Boden-Wasser-Aufenthaltsverhältnissen ab. So erklärt es sich, daß im Innern größerer Städte Malaria oft spärlich ist, in der ländlichen Umgebung häufiger, mit wenigen Ausnahmen, z. B. in Bombay, wo es sich um in Wasserbehältern der Häuser brütende Anophelen handelt. Bei primitiv lebender Bevölkerung, in dunklen, windgeschützten Hütten mit dichter Bewohnung und daher reichlicher Gelegenheit zu Blutnahrung halten und vermehren sich die Anophelen dabei natürlich am besten. Arbeiten mit Umwälzungen des Bodens (Ausgrabungen, Hafenbauten usw.) schaffen in manchen Jahren neue Brut- und Vermehrungsgelegenheit, auch durch Zuzug neuer empfänglicher Menschen.

Auch die *jahreszeitlichen* und *klimatischen (meteorologischen) Schwankungen* sind für das Gedeihen der Überträger und die Entwicklung der Plasmodien wichtig. Wir wissen ja, daß letztere an bestimmte Temperaturen gebunden ist (s. S. 154). Wir kennen „mückenarme“ und „mückenreiche“ Jahre und von ihnen abhängig solche mit schwacher oder starker Malariakurve. In anderen Fällen trifft die durch große Trockenheit (s. oben) begünstigte Vermehrung der Überträger in einem sonst stets reichlich feuchten Gebiet mit Mißernten, dadurch erfolgter Hungersnot und Schwächung einer Bevölkerung zusammen, die seit vielen Jahren von Malaria verschont, daher nicht mehr relativ immun, sondern besonders empfänglich für die Krankheit ist (Ceylon-Epidemie).

Von den ungünstigen Temperaturverhältnissen hängt es zum Teil auch vielfach ab, daß es einen „*Anophelismus ohne Malaria*“ gibt, ja, daß solche „malariafreie Inseln“ sich manchmal inmitten verseuchter Gebiete befinden. Früher schwer verseuchte Gebiete Nordeuropas sind bis auf kleine Reste malariafrei geworden. Was sind die gesamten Gründe hierfür? Sagen wir offen, wir wissen es noch nicht, wir wissen nur auf Grund der neueren Forschungen, daß neue Rassen von Anophelen entstehen können, die zur Übertragung der Malaria nicht geeignet sind, sei es durch Änderung der Lebensgewohnheiten, sei es vielleicht durch physiologische

Bedingungen. Wir können auch annehmen, daß geeignete Arten — wofür es ja viele Beispiele in der Tierwelt gibt — von anderen im Laufe der Jahre verdrängt worden sind.

Der Faktor *Mensch* spielt auch eine große Rolle. Seine Lebensbedingungen (Kulturzustand, Ernährung usw.) machen ihn für Malaria mehr oder weniger empfänglich. Zivilisiertere Rassen werden im Einzelfall sich bemühen, ihre Malaria auszuheilen, niedrigstehende, wie die Neger z. B., sind dazu meist weniger geneigt und imstande und werden so ihrerseits als „Gametenträger“ zur Infektionsquelle für die Mücke, also zum Bindeglied zwischen den alljährlich auftretenden Ausbrüchen. Von der Menge der Gametenträger zur geeigneten Jahreszeit aber hängt die Infektionsmöglichkeit für neue Mücken ab. In den weniger kultivierten Ländern, besonders den Tropen und Subtropen, ist daher diese Gelegenheit meist geboten. Mit Recht formulieren dies RODENWALDT und SWELLENGREBEL mit den Worten: „Die Epidemiologie der Malaria läßt sich zu guter Letzt doch nicht restlos mit Plasmodien und Anophelen erklären, sondern die ökonomischen und nosographischen Lebensbedingungen einer der Infektion ausgesetzten Bevölkerung spielen in bedeutender, oft sogar durchschlaggebender Weise eine Rolle.“

Jedes Malariagebiet hat, wie aus Obigem zu entnehmen ist, seine Besonderheiten. Will man eine Malariabekämpfung einleiten, so müssen zunächst die entomologischen Feststellungen der vorkommenden Anophelen und ihrer Lebensgewohnheiten, dann die parasitologischen Untersuchungen über ihre Eignung als Überträger (Sporozoitenindex), die ärztlichen über die Bevölkerung und die Ausdehnung und Art ihrer Malaria vorgenommen, verglichen und dann — unter Zusammenarbeit von Arzt, Entomologe und Ingenieur — die örtlich für richtig erkannten Maßnahmen eingeleitet werden.

Malariabekämpfung aber bedeutet Förderung der Zivilisation. Es ist zu hoffen, daß der „Weltkrieg gegen die Malaria“, zu deren Bekämpfung uns die Wissenschaft viele neue Erkenntnisse und scharfe Waffen geliefert hat, in friedlichem Wettstreit der Völker zum Siege führt.

Feststellung des „Malariaindex“ einer Bevölkerung.

Eine wichtige Rolle für die Malariabekämpfung spielt die Feststellung des Malariaindex[1] einer Bevölkerung, um die richtigen

[1] Über Wert und Fehlerquellen s. bei MARTINI: Über Malariaindices. Arch. Schiffs- u. Tropenhyg. **98**, 419 (1924).

Maßnahmen treffen zu können. Dies gilt nicht nur für ganze Bevölkerungsgruppen, sondern auch für größere, nicht seßhafte Menschenansammlungen wie angeworbene Plantagenarbeiter, Truppen, Schiffsbesatzungen usw.

Bei der ansässigen Bevölkerung in einem Endemiegebiet sind vor allem die kleinsten *Kinder* befallen, während durch zunehmende relative Immunität (s. S. 100) in *manchen* Gebieten, so besonders Afrika, die erwachsenen Eingeborenen allmählich von Erscheinungen und Parasiten frei werden. In solchen Fällen sind in erster Linie die Kinder auf Malariaparasiten zu untersuchen. Dem Lebensalter nach kommen besonders Kinder von der Geburt bis etwa zum 10. Lebensjahr in Betracht. Ist es unmöglich, alle Kinder zu erfassen, so untersucht man alle oder möglichst viele Kinder im ersten Lebensjahr — wodurch man einen Index der Neuinfektionen erhält — und größere Gruppen, etwa je einige Schulklassen, verschiedener Jahrgänge. Vor allem aber untersucht man alle klinisch verdächtigen Kinder, d. h. besonders solche mit *großer Milz*, die sie ja im Verlauf der Infektion erwerben. Es ist wichtig, die fortlaufenden Untersuchungen immer in der gleichen Jahreszeit vorzunehmen.

Die *Untersuchung der Milz* geschieht durch *Palpation*. Erwachsene untersucht man in rechter Seitenlage mit gekrümmten Beinen, indem man unterhalb des linken Rippenbogens abtastet, ob man den Milzrand fühlt, gegebenenfalls unter Vorschieben der Finger unter den Rippenbogen bei tiefster Exspiration. Geübte können auch in Rückenlage untersuchen; der zu Untersuchende zieht die Beine an, atmet bei geöffnetem Mund tief und ruhig, und bei jeder Exspiration kann man mit den Fingerspitzen beider in Richtung zum Rippenbogen flach auf den Bauch aufgelegter Hände dann in die Tiefe palpieren. Zur Untersuchung von Kindern setzt man sich selbst auf einen Stuhl und stellt das Kind mit dem Rücken zum linken Bein dicht vor sich, dann kann man die Milz bei leicht vorgebeugtem Körper des zu Untersuchenden gut abtasten. Säuglinge kann man sich auf den Schoß setzen und dabei abfühlen.

Zur Beurteilung des **Milzindex** hat man vielfach eine Einteilung der *Größe der Milzschwellung* nach verschiedenen Graden vorgenommen. Eine absolut genaue Klassifizierung läßt sich dabei nicht erreichen.

R. Ross unterschied nicht vergrößerte Milz, mäßigen, mittleren und großen Milztumor (Klasse 1—4). Er berechnete dann einen Mittelwert aus den 3 Stufen der Vergrößerung. Dabei nahm er an, daß eine mäßig vergrößerte Milz etwa das 3fache, eine mittlere das 6fache und eine stark vergrößerte das 9fache Volumen einer nicht vergrößerten Milz habe. Er multipliziert hiernach die gefundenen Werte der 4 Klassen mit 1, 3, 6, 9, addiert die Produkte, dividiert durch die Zahl der Untersuchten und erhält so den sog. „Ross*schen Index*", nämlich die mittlere Vergrößerung des Milzvolumens der betreffenden Bevölkerung.

Wir begnügen uns gewöhnlich mit vier Graden, ähnlich wie ZIEMANN: p = gerade palpabel, + einige Querfinger unterhalb des Rippenbogens reichend (nach ZIEMANN bis zur Mitte zwischen Rippenbogen und Nabel reichend), ++ bis zur Nabellinie gehend und +++ für noch größere Formen. Eine etwas exaktere Einteilung von SCHÜFFNER hat sich vielfach eingebürgert:

SCHÜFFNER zieht eine Linie entlang dem Rippenbogen und eine Parallele dazu vom Nabel aus. Von ersterer zu letzterer legt er durch den tiefsten Punkt des fühlbaren Milzrandes eine Senkrechte, nötigenfalls vom Nabel aus eine zweite. Jede dieser Linien wird durch 3 Querstriche in 4 gleiche Teile geteilt und hiernach eine Milz 1—8 unterschieden (s. Abb. 12).

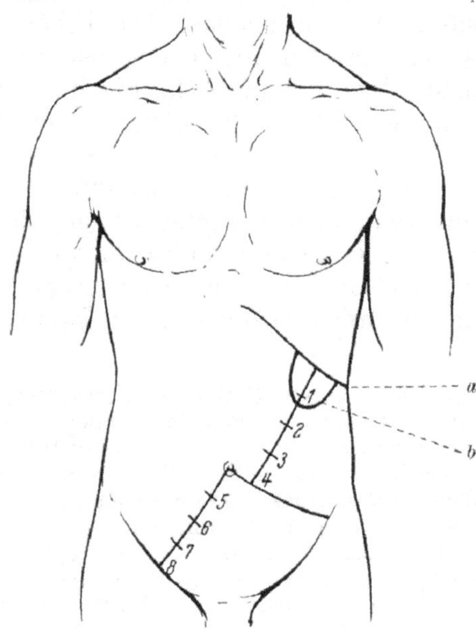

Abb. 12. Milzmessung nach SCHÜFFNER. *a* Rippenbogen; *b* Milzrand.

Ein großer Prozentsatz vergrößerter Milzen, namentlich bei Jugendlichen, ergibt nun als „*erhöhter Milzindex*“ schon gewisse Anhaltspunkte. Ergänzt wird diese Untersuchung aber durch Feststellung des **„Parasitenindex“** der obengenannten Altersklassen. Es werden hierfür vor allem Dicke - Tropfen - Präparate angefertigt; zur Feststellung der besonderen Malariaart auch dünne Ausstriche. (Um Objektträger zu sparen, kann man auf einem solchen je einen Ausstrich und Tropfen vereinigen, muß dann aber die Ausstrichhälfte — durch Auflegen auf schräg gestellte Färbebänke oder Eintauchen in entsprechend hoch mit Alkohol gefüllte Gefäße — vor der Färbung fixieren.)

Handelt es sich um Gegenden mit Malariasaison, so sind die Untersuchungen zu den Hauptblütezeiten der Malaria natürlich am wertvollsten (s. S. 127).

Als drittes Glied der Untersuchungsreihe kommt der **„Sporozoitenindex“** in den Speicheldrüsen der Anophelen dazu. Um ihn festzustellen ist jedoch eine Spezialausbildung in der Technik und größere Übung erforderlich. Es müssen die Speicheldrüsen von dem losgelösten Kopf herausgepreßt, in Kochsalzlösung zerquetscht und im Frischpräparat auf Sporozoiten untersucht werden. Diese sind für Geübte leicht kenntlich; ein Zusatz von 0,5% Brillantkresylblau zur Kochsalzlösung erleichtert nach GIOVANNOLA ihr Erkennen[1].

Vielleicht wird auch in absehbarer Zeit die „*Henrysche Reaktion*" (s. S. 122), die sich immer mehr einbürgert, für solche Untersuchungen herangezogen werden können (WERNER).

Technik der Blutuntersuchung.

Die Blutentnahme für Malariauntersuchungen erfolgt am besten am *Ohrläppchen.* Man wählt die tiefste Stelle, wischt mit Alkohol oder Äther ab und sticht mit flacher Nadel oder Skalpellspitze parallel zur Fläche des Ohrläppchens ein. Dann klafft der Schnitt beim Zusammenpressen mit Daumen und Zeigefinger. Am geeignetsten zum Stechen sind die Heintze & Blanckertzschen Impffedern Nr. 646. Vor den sog. Blutschneppern (FRANCKEsche Nadel) möchten wir warnen, sie stechen leicht zu tief, auch sticht man leicht durch in den eigenen Finger, wobei direkte Malariaübertragungen vorkommen können.

Die *Fingerkuppe* ist zur Blutentnahme weniger geeignet (dicke Lederhaut, Schmerzhaftigkeit und Infektionsgefahr); will man den Finger benutzen, so wählt man als Einstichstelle die Dorsalseite eines Endgliedes unterhalb des Nagelbettes.

Das austretende Blut kann zur Hämoglobinbestimmung, zur Frischuntersuchung und zur Anfertigung von Dauerpräparaten verwandt werden.

Die Hämoglobinbestimmung erfolgt nach den üblichen Methoden; zur ungefähren Bestimmung genügt die TALLQUISTsche Hämoglobinskala, besonders für die Sprechstunde.

Eine *Zählung* der *Leukocyten* kann bei unklarer Diagnose, eine solche der *roten Blutkörperchen* bei Anämie notwendig werden.

Zur Frischuntersuchung, die oft in wenigen Minuten die Diagnose ermöglicht, wird ein kleiner Tropfen Blut mit einem Deckgläschen entnommen und zwischen diesem und einem Objektträger leicht angepreßt. Sollen darin Parasiten (Geißelung usw.) länger verfolgt werden, so ist Umrandung mit Vaseline nötig. Für *Dunkelfeldbeobachtung* müssen die entsprechenden Maßnahmen für gute Präparate getroffen werden.

Zur Herstellung der Dauerpräparate kommen zunächst *dünne* **Ausstrichpräparate** in Betracht. Hierzu sind nötig gut gereinigte Objektträger, die auf *feste* Unterlage gelegt werden, und ein an einer

[1] In Niederländisch-Indien wurde vielfach der Oocysten-Index, d. h. Prozentsatz der Mücken mit infiziertem Magen, als Maßstab genommen.

der Kurzseiten geschliffener Objektträger, bei dem an der betreffenden Kurzseite eine Ecke mit dem Diamant abgeschnitten ist, damit

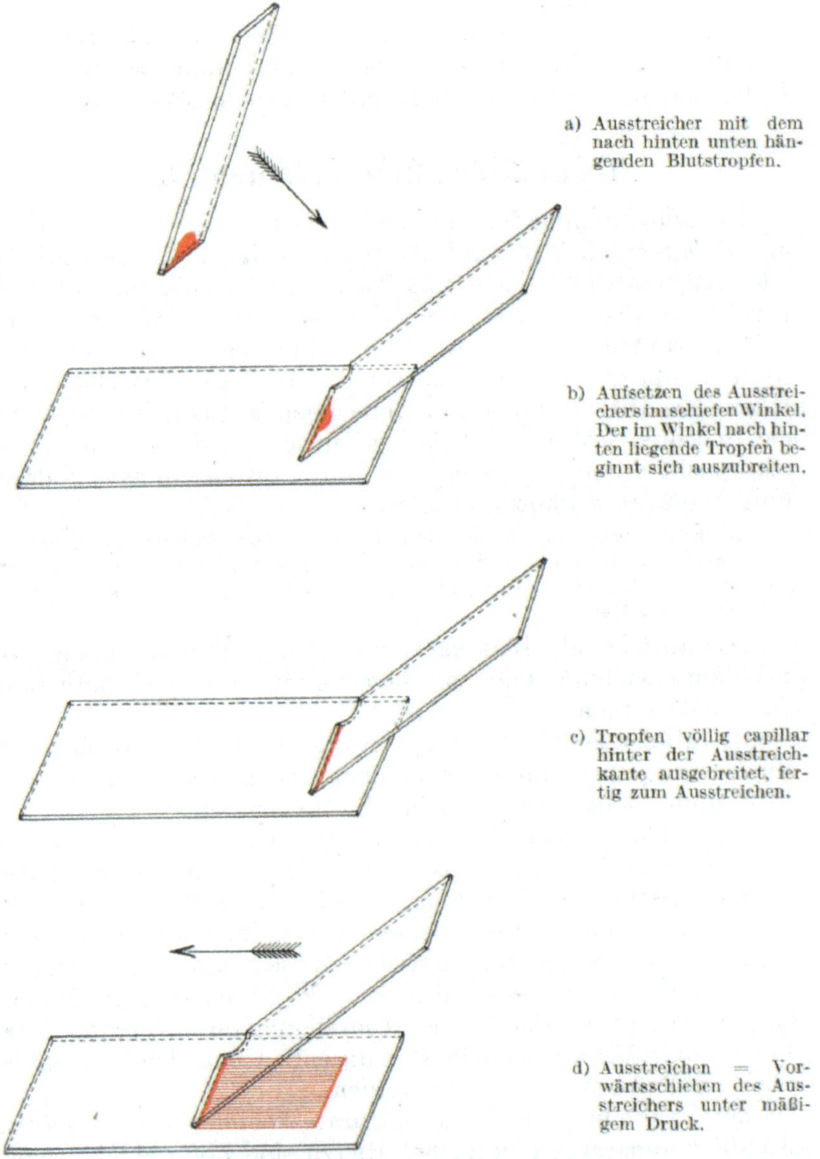

Abb. 13. Technik des Ausstreichens. (Orig.)

diese Kante schmäler ist als die Breite eines Objektträgers. (Im Notfall ungeschliffene Objektträger an Sandstein selbst abschleifen.)

Diese Kante wird nun direkt am Ohr mit einem *kleinen* Tröpfchen Blut beschickt und mit diesem nach hinten unten der Ausstreicher schräg in einem Winkel von ungefähr 45° nahe dem Ende eines aufliegenden Objektträgers aufgesetzt, so daß also der Tropfen nach hinten innerhalb des Winkels von Ausstreicher

a) *Guter* Ausstrich: Schmäler als der Objektträger, Ende völlig verstrichen, fein auslaufend.

b) *Schlechter* Ausstrich: Ausstreicher vorzeitig abgesetzt, so daß Ende nicht völlig ausgestrichen.

c) *Schlechter* Ausstrich: Ausstrich genau so breit wie Objektträger, daher Randteile unbrauchbar; ferner Ende nicht ausgestrichen (Tropfen war zu groß).

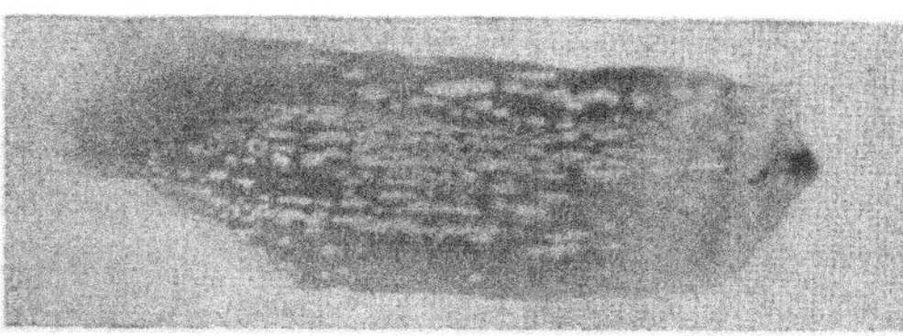

d) *Schlechter* Ausstrich: Objektträger oder Ausstreicher war fett, daher Lücken im Ausstrich.

Abb. 14. Beispiele für gute und fehlerhafte Blutausstriche. (Orig.-Phot.) Rechts Anfang, links Ende der Ausstriche.

und Objektträger steht. Man kann auch ein Tröpfchen mit dem zu beschickenden Objektträger auffangen und dann den Ausstreicher wie oben an ihn heranbringen. Vor Beginn des Ausstreichens muß der Tropfen sich als schmaler Saum hinter der Ausstreicherkante capillar ausgebreitet haben. Dann streicht man langsam mit leichtem, gleichmäßigem Drucke den Objektträger entlang, bis der Tropfen ganz verstrichen ist (s. Abb. 13).

Wichtig ist, daß der Tropfen nicht zu groß ist, damit völlig ausgestrichen wird und das Ende noch auf den Objektträger kommt. Die Ränder des Ausstriches liegen auch, da wir den Ausstreicher abgeschnitten haben, beide auf dem Objektträger etwas von den Rändern entfernt; dies ist deshalb wichtig, weil die Parasiten mit Vorliebe an den Rändern und dem Ende des Ausstriches liegen (Klebrigkeit?). Ist der Objektträger oder Ausstreicher fett, so entstehen Lücken im Ausstrich (s. Abb. 14).

Zur *Reticulocytendarstellung* (als Kontrolle der Blutregeneration) behandeln wir die Objektträger vorher mit einer gesättigten alkoholischen Lösung von Brillantkresylblau. Von dieser wird ein Tropfen auf dem Objektträger in gleicher Weise wie ein Blutstropfen ganz dünn ausgestrichen. Man bringt den Tropfen mit einem Glasstab dicht an das rechte Ende des fest aufgelegten Objektträgers und streicht ihn mit der nicht abgeschnittenen Kurzseite des geschliffenen Ausstreichers (also in ganzer Objektträgerbreite) ganz dünn aus. Die so beschickten Objektträger sind einige Wochen haltbar (man bezeichne die Farbseite mit einem Kreuz mit dem Schreibdiamant). Zur Benutzung wird auf sie, wie gewöhnlich, ein dünner Blutausstrich gemacht, der jedoch *langsam* — zur Aufsaugung des Vitalfarbstoffes — trocknen soll und daher sofort nach dem Ausstreichen noch feucht für einige Minuten in eine feuchte Kammer, d. h. eine Petrischale (kleine Glasdoppelschale), gelegt wird, deren Boden mit feuchtem Fließpapier bedeckt ist. Im Notfall genügt auch mehrfaches Anhauchen während etwa einer Minute. Dann läßt man trocknen, *fixiert* und färbt wie sonst nach GIEMSA.

Fixierung. Die *dünnen* Ausstrichpräparate müssen fixiert werden. Dies geschieht in absolutem oder 96proz. Äthylalkohol, Alkohol-Äther-Gemisch oder reinem Methylalkohol[1]. In ersteren beiden bleiben die Präparate 10—15 Minuten, in letzterem 2 bis längstens 3 Minuten. Man stellt die Präparate dazu entweder aufrecht in Färbewännchen oder legt sie auf Färbebänkchen, bestehend aus 2 parallelen, durch Korken oder Holzstücke verbundenen Glasstäben, die eben auf einer Schale liegen, oder benützt die hierzu hergestellten Färbetröge (s. Abb. 15).

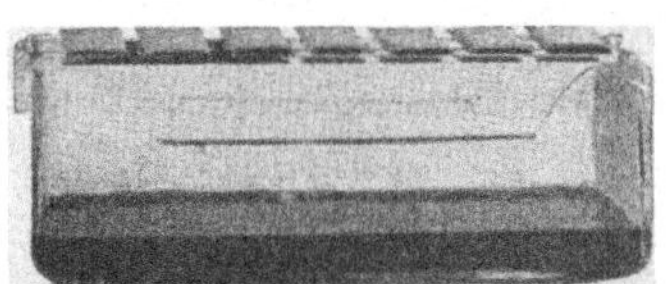

Abb. 15. Färbetrog zur GIEMSA-Färbung nach M. MAYER ($^1/_6$ natürl. Größe). Die Glasstäbe liegen lose in Kerben und können jederzeit erneuert werden.

Nach dem Fixieren läßt man die Flüssigkeit abfließen, läßt durch Schrägstellen trocknen oder trocknet zwischen einigen Lagen Fließpapier ab (es muß mit den Fingern Papier und

[1] Weißlicher Bodensatz in Methylalkohol gibt bei Färbung blaugraue, faltige, rundliche Niederschläge (Filtrieren!).

Objektträger dabei fixiert werden, um die Schicht nicht zu verwischen).

„Dicke-Tropfen-Präparate“ fertigen wir zu diagnostischen Zwecken in jedem Falle gleichzeitig an. Man läßt entweder 2 mittelgroße Blutstropfen oder 3 kleinere auf einen Objektträger fallen oder entnimmt sie direkt dem Ohr und verteilt sie mit der Stechfeder etwas, so daß sie in mäßig dicker feuchter Schicht ausgebreitet sind (s. Abb. 16). Sie dürfen nicht zu dick sein, da

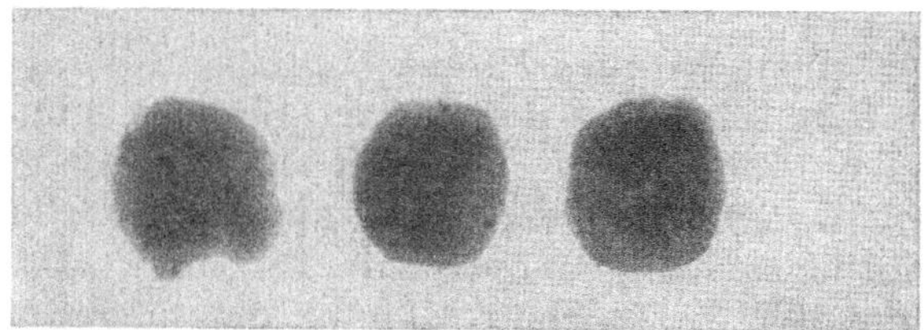

Abb. 16. Muster von „Dicke-Tropfen-Präparat“. (Orig.-Phot.)

sie sonst nach dem Trocknen leicht abblättern. Alle Präparate müssen staubsicher in einer Schieblade oder Präparatenmappe vollkommen trocknen, bis sie weiterverarbeitet werden, sonst werden sie leicht von Fliegen oder Schaben verunreinigt oder weggefressen (erkennbar durch die „Fraßstellen“). Frühestens nach $^1/_2$ Stunde sind sie brauchbar, mehrtägiges Aufbewahren schadet nichts, längeres Aufbewahren macht sie zu trocken und spröde.

Dicke-Tropfen-Präparate werden nicht fixiert.

Wenn eine Blutsenkungsreaktion vorgenommen wird, so kann man in dicken Tropfen, die aus dem untersten Sediment der Capillaren nach vollendeter Senkung angefertigt werden, nach Landeiro noch positive Befunde bekommen, wenn der gewöhnliche dicke Tropfen versagt.

Färbung. Zur Darstellung der Malariaparasiten bedienen wir uns des von Romanowsky 1891 beschriebenen Färbeeffekts. Das wirksame Prinzip dieses hat zuerst Nocht als „Rot aus Methylenblau“ isoliert, und dann hat es L. Michaelis als das *Methylenazur* erkannt, das zuerst Bernthsen rein dargestellt hatte. Nach Verbesserungen der Methode durch Ziemann, Leishman u. a. fand Giemsa eine einfache Darstellungsweise des Methylenazurs; während man anfangs noch dieses mit Eosin unmittelbar vor der Färbung in bestimmten Verhältnissen mischen mußte, gelang es ihm später, ein fertiges, haltbares Gemisch aus Methylenazur, Methylenblau und Eosin in Glycerin und Methylalkohol darzustellen, das zur Färbung nur verdünnt werden muß. (GIEMSA-Lösung zur ROMANOWSKY-Färbung. Originalfarbstoff bei Dr. K. Hollborn & Söhne, Leipzig.)

Bei dieser Färbung erscheinen die roten Blutkörper dunkelorange, ziegelrot bis grau (letzteres bei Alkalizusatz und in altem Material), die Kerne der weißen Blutkörper dunkelviolett (als Kennzeichen genügender Färbung zu verwenden), Blutplättchen hellviolettrot, evtl. mit blauem Protoplasma, die Kerne der Parasiten, d. h. ihr Kernchromatin, leuchtend rot und ihr Protoplasma blau oder rosa.

Diese Färbung (GIEMSA-*Färbung*) *genügt* in praxi *vollkommen* auch zur Unterscheidung der weißen Blutelemente. Will man diese genauer studieren, so empfiehlt sich die von PAPPENHEIM eingeführte Kombination der MAY-GRÜNWALD-Färbung mit der GIEMSA-Färbung (sog. „panoptische" Färbung). Dabei werden die nichtfixierten Ausstriche 3 Minuten mit unverdünnter MAY-GRÜNWALD-Lösung begossen, dann wird für 5 Minuten die gleiche Menge destilliertes Wasser zugefügt, dann abgegossen und — ohne vorheriges Abspülen — 20—30 Minuten nach GIEMSA nachgefärbt. MAY-GRÜNWALD allein färbt die Parasiten ganz ungenügend und ist der MANSON-Färbung (s. unten) unterlegen.

Zur *Ausführung der* GIEMSA-*Färbung* wird je 1 Tropfen fertiges Farbgemisch nach GIEMSA mit 1 ccm destilliertem Wasser gemischt; für 1 bis 3 Präparate genügen 10 ccm. Man tropft dazu aus sonst stets gut verschlossener Tropfflasche (sonst verdunstet der Alhokol und der Farbstoff fällt aus) in einen *weiten* Meßzylinder (Durchmesser 2,5 cm) die Farbe in destilliertes Wasser, schwenkt zart um (nicht stark schütteln!) und gießt die Farblösung sofort auf die auf einem Färbebänkchen ganz waagerecht liegenden Präparate (s. Abb. 15). Färbedauer im Mittel 30—40 Minuten; dann mit Leitungswasser von einer Kurzseite her leicht abspülen, abgießen, Abspritzen des *dünnen* Ausstrichs unter starkem Wasserstrahl, abtrocknen zwischen Löschpapier oder schräg stellen zum Trocknen. (Die Färbezylinder und Tropfflaschen niemals mit Säure reinigen!)

Will man Einzelheiten des Kernbaues usw. stärker hervorheben, so kann man geringe Alkalimengen zusetzen, z. B. 1 Tropfen 1proz. Na_2CO_3-Lösung auf 10 ccm. Längeres Färben mit verdünnter Lösung oder Erneuern der Lösung geben für besondere Studien schöne Bilder.

Ein Hauptpunkt bei der Färbung ist, daß das benutzte *destillierte Wasser nicht sauer* ist; dies ist meist die Fehlerquelle für mißlingende Färbungen. Man prüft es von Zeit zu Zeit nach GIEMSA mit Hilfe einer *frisch* zubereiteten Lösung von einigen Körnchen Hämatoxylin in etwas absolutem Alkohol. 10 ccm des zu prüfenden Wassers mit einigen Tropfen dieser Lösung vermischt, sollen sich innerhalb 5 Minuten, nicht aber vor Ablauf einer Minute, schwach, aber deutlich violett färben; bleibt es farblos, so ist zum Vorratsgefäß voll Wasser so lange tropfenweise 1proz. Natriumbicarbonatlösung zuzusetzen, bis in einer neuen Probe von 10 ccm die Reaktion eintritt. GIEMSA rät auch noch zu Aufkochen der voraussichtlichen Tagesmenge zur Entfernung der Kohlensäure. Neuerdings werden auch von verschiedenen Autoren *gepufferte Wasser* empfohlen, die man sich mit entsprechenden Salzgemischen selbst herstellen kann. WEISE erhielt die als geeignet befundene p_H von 7,2 durch Zusatz von Phosphatgemischen nach SOERENSEN (als Puffersalzgemisch bei K. Hollborn, Leipzig, im Handel).

Für alte Präparate, die sich meist stark blau überfärben, empfiehlt GIEMSA das von AGULHON und CHAVANNES zuerst empfohlene primäre Natriumphosphat (NaH_2PO_4) zur nachträglichen Differenzierung. Er benutzt eine 1 promill. Lösung von primärem Natriumphosphat, der er auf 10 ccm 2—3 Tropfen einer 1 promill. Eosinlösung zufügt, und differenziert — unter Kontrolle des Übergangs von Blau in Rötlichbraun — 1—4 Minuten.

Die **Dicke-Tropfen-Präparate** werden genau so gefärbt, nur im einzelnen etwas anders behandelt. Die „Dicke-Tropfen-Methode“ ist 1903 von RONALD ROSS zum raschen Auffinden von Parasiten im Blut angegeben worden; er zog aus dickerer Schicht zunächst durch 15 Minuten langes Färben mit wässeriger Eosinlösung das Hämoglobin aus und färbte mit Methylenblau nach. RUGE benutzte zum Ausziehen Formalinessigsäure. Die deutsche Schlafkrankheitskommission unter R. KOCH fand, daß das Wasser der verdünnten GIEMSA-Lösung völlig genügt, um das Hämoglobin während der Färbung gleichzeitig auszuziehen.

Wir färben daher die *nichtfixierten,* gut trockenen Dicke-Tropfen-Präparate genau wie oben angegeben nach GIEMSA $^1/_2$ Stunde, dann gießen wir die Farbe ab, dürfen aber *nicht* abspritzen wie bei dünnen fixierten Ausstrichen, damit die Schicht nicht abblättert, und ebenso nachher nicht ablöschen, sondern wir schwenken das Präparat einigemal in einem Glas voll Leitungswasser hin und her und stellen es dann schräg bis zum Trocknen auf. (Leichtes Erwärmen oder Ventilator beschleunigt dies etwas.) Besonders klare „Dicke Tropfen“ erhält man nach dem Vorschlag von V. SCHILLING, wenn man nach 5—10 Minuten die Farbe erneuert. V. ASSENDELFT empfiehlt zur besseren Erhaltung der Leukocyten zwecks Differentialzählung im dicken Tropfen statt destilliertem Wasser eine 1 promill. Magnesiumsulfatlösung zu verwenden, er enthämoglobinisiert auch vorher mit dieser.

Eine *Schnellfärbemethode* in Anlehnung an ein von LEISHMAN angegebenes Verfahren, das ausgezeichnete Resultate gibt, hat GIEMSA mit seinem Farbgemisch angegeben. Es ist folgende:

a) Herstellung des Gemisches: Man verdünnt die käufliche GIEMSA-Lösung in einem Tropffläschchen mit dem gleichen Volumen (nach NERI besser mit 4 Teilen) reinstem Methylalkohol. Die Mischung ist gut verschlossen einige Zeit (1 Woche ca.) haltbar.

b) Fixierung und Färbung: Aufgießen von 10—15 Tropfen des Farbgemisches für $^1/_2$—1 Minute, dann Zusatz von ca. 5—10 ccm destilliertem

Wasser, bis das Präparat ganz bedeckt ist (wie bei MAY-GRÜNWALD-Färbung). Nach 10 Minuten ist eine für diagnostische Zwecke genügende Färbung meist erreicht; für andere Zwecke ist entsprechend länger zu färben. Die Methode ist nur für Ausstrichpräparate verwendbar.

Einfachere Färbemethoden, die zu diagnostischen Zwecken anwendbar sind und in der Hand des Geübten schnelle Diagnose ermöglichen, sind die MANSON-Färbung und die Färbung mit *Karbolthionin.* Für beide Methoden müssen die Ausstriche vorher fixiert sein.

1. MANSON-*Färbung.* Diese Färbung ist für rein diagnostische Zwecke bei einiger Übung sehr empfehlenswert, um so mehr, als auch bestimmte Veränderungen der roten Blutkörperchen bei ihr gut hervortreten.

Die konzentrierte, vorrätig gehaltene Lösung besteht aus: Methylenblau medicinale purum (Höchst) 2 g, Borax 5 g, destilliertem Wasser 100 g. Von dieser Lösung kommen einige Tropfen in ein Reagensglas, in das dann so viel destilliertes Wasser gegossen wird, daß die Mischung, gegen das Licht gehalten, eben durchsichtig ist. Die Farbe wird nur für wenige Sekunden (5—10 genügen meist) aufgegossen und sofort abgespült. (Der Anfänger hat stets die Neigung, zu stark zu färben.)

Das fertige Präparat muß einen grünlichblauen (*nicht* tiefblauen) Schimmer haben. Die Erythrocyten erscheinen grünlichblau, die Leukocytenkerne blauviolett. Die Kerne der Malariaparasiten färben sich gewöhnlich nur bei Ringen und erscheinen dann dunkelbläulich mit einem Stich ins Rot, bei älteren Formen und Gameten erscheinen sie als Vakuolen (s. Tafel I, Abb. 68—72). Das Pigment ist stets besonders gut sichtbar. Die basophile Punktierung der Erythrocyten und die Polychromasie derselben erscheinen bei dieser Färbung besonders deutlich.

2. Die Färbung mit *Karbolthionin* erfolgt wie die Bakterienfärbung mit diesem.

Aufbewahrung und Versand der Präparate. *Ungefärbte* Präparate müssen trocken aufbewahrt werden, am besten über gekörntem Chlorcalcium in Glasgefäßen mit eingeschliffenem Deckel.

Der Versand von Präparaten erfolgt, in Filtrierpapier eingewickelt, in Blechkästchen mit Überfalldeckel, verschlossen durch Leukoplast; alles muß vorher gut getrocknet sein.

Gefärbte Präparate halten sich wegen Nachsäuern des Canadabalsams und Cedernöls schlecht unter diesen Einschlußmitteln. Man entfernt deshalb das Cedernöl und bewahrt sie ohne Deckglas unter Staubschutz trocken auf. Kleine Kuverts aus gefettetem Papier sind hierzu sehr zweckmäßig. Einschließen in flüssigem Paraffin, wobei das Deckglas zu umranden ist, hat sich sehr gut bewährt (GIEMSA); man kann die gefärbten Objektträger auch in Schmelzparaffin eintauchen, das vor der Untersuchung durch Eintauchen in Xylol wieder entfernt wird.

Das **Bezeichnen der Präparate** geschieht entweder mit Schreibdiamant, Fettstift oder — im Notfalle — mit Bleistift auf der Blutschicht selbst. Zur *Markierung* bestimmter Stellen empfiehlt sich ein Markierapparat nach ZEISS-WINCKEL.

Hämatologische Bemerkungen.

Bei der Untersuchung auf Malariaparasiten interessieren uns hämatologisch zunächst **die roten Blutkörper.**

Die Form der roten Blutkörper ist eine pessar- oder glockenförmige, wodurch die Mitte im Querschnitt dünner ist als die Randteile. Daher erscheint im ungefärbten sowie im mäßig stark gefärbten Präparat die Mitte heller, oft ganz durchscheinend. Beim anämischen Blut ist dies noch deutlicher. Der — im einzelnen noch strittige — Bau der roten Blutkörper läßt sich gerade bei Malaria durch das Auftreten von Degenerations- und Zerfallsformen gut studieren. Die normalen, erwachsenen roten Blutkörper färben sich nach GIEMSA orangefarben, ziegelrot bis grau (oft also mit hellerer Mitte). Bei dem besonders bei Malaria tropica und chronischer Malaria starken Blutkörperverlust und der entsprechend einsetzenden Regeneration kann das Bild einer *sekundären Anämie* in allen Graden auftreten. Es sind in schweren Fällen dann auch kernhaltige rote Blutkörper (und zwar Normoblasten, Megaloblasten und Mikroblasten) im peripheren Blut gefunden worden. Ihr Kern erscheint bei GIEMSA-Färbung dunkelviolett, oft in strahliger Schattierung (Radspeichenkerne); nur die Färbung des Protoplasmas läßt sie manchmal von Lymphocyten unterscheiden. Hierher gehören ferner Erythrocyten mit *Kernkugeln* (Jollykörpern), die als dunkelviolette bis schwärzliche runde, scharf umschriebene Scheibchen oder Punkte meist in Einzahl auf Erythrocyten auftreten.

Häufige Formen *jugendlicher* Erythrocyten bai Malaria sind *polychromatische* Erythrocyten; sie erscheinen bei GIEMSA-Färbung dunkler mit einem Stich ins Blaugraue, bei MANSON-Färbung — wobei sie besonders gut erkennbar — blaugrau gegenüber den normal gefärbten. Bei vitaler Vorfärbung mit Brillantkresylblau (s. S. 112) zeigen sie blaugraue Netze (Reticulocyten) innerhalb der Blutkörper und lassen sich daher auch leicht auszählen. Gerade die polychromatischen Erythrocyten (*Reticulocyten*) nehmen mit eintretender Regeneration bei Malaria oft rasch zu; MACHWILADSE und KURPANOVA fanden, daß sie insbesondere unter Chininbehandlung am 4. bis 5. Tage hohe Werte erreichen, Fairley und Bromfield fanden Höchstwerte zwischen dem 6. bis 10. Tage.

Megalocyten finden sich relativ selten bei Manariaanämie. Dagegen ergaben genaue Messungen bei Tropica- und Tertianafällen von Denecke und Malamos eine *Makrocytose* (mittlerer Durchmesser 8,03—8,81 μ) bei hypochromem Blutbild.

Sehr charakteristisch für chronische Malaria sind ferner *basophil* gekörnte Erythrocyten; sie werden jetzt meist auch als Regenerationsstadien, aber mit degenerativen Veränderungen aufgefaßt. Diese ja auch bei anderen Anämien häufig gefundenen Formen (z. B. Bleivergiftung) zeichnen sich bei Malaria meist durch eine große Feinheit der basophilen Körnung aus, die als ganz feine, regelmäßige, bei Giemsa- und Manson-Färbung blaugrauschwärzliche Punktierung auftritt. Erythrocyten mit basophiler Körnung sind oft auch polychromatisch; ebenso können kernhaltige (Normoblasten und Erythrocyten mit Kernkugeln) polychromatisch und basophil gekörnt sein. In zu stark gefärbten Präparaten, insbesondere auch bei der kombinierten Pappenheim-Methode, ist die Basophilie oft nicht zu erkennen.

Zerfallsformen der roten Blutkörper sieht man in Malariapräparaten häufig; sie sind zum Teil sicher im zirkulierenden Blut vorhanden, zum Teil kommen sie durch große Brüchigkeit der Erythrocyten beim Ausstreichen (evtl. bei mangelhafter Fixierung) zustande. Hierher gehören die sog. *Pessarformen.* Sie sind pessar-, ring- oder schleifenförmige dunkelrote Gebilde, deren Entstehung aus abgeblaßten, unregelmäßig konturierten roten Blutkörpern sich leicht verfolgen läßt; sie stellen nicht etwa Randreifen dar, sondern man kann im Gegenteil sehen, wie sie — ähnlich einer zusammenschrumpfenden Gummimembran — im Innern der Blutkörper sich bilden.

Häufiger sieht man die wegen ihrer blassen Färbung oft übersehenen und daher vielfach in der hämatologischen Literatur nicht angeführten „*Riesenformen*“ und „*Halbmondkörper*“, die zuerst von den Gebr. Sergent bei Malaria beschrieben wurden. Sie können aus nichtparasitierten und aus parasitierten Erythrocyten (besonders bei Tertiana) entstehen. Im ersteren Falle sieht man um vielfach vergrößerte abgeblaßte, eine Vakuole enthaltende Erythrocyten, deren Struktur faserig membranös erscheint, die schließlich — meist erst beim Ausstreichen — platzen und halbmondförmige zarte rosa Schatten bilden. Genau dieselben Gebilde können aus parasitierten Erythrocyten entstehen, wobei oft zunächst noch eine mehr oder weniger regelmäßige Tüpfelung (ähnlich der SCHÜFFNER-Tüpfelung) im Rand und der Vakuole zu erkennen ist (s. a. Tafel I, Abb. 11 u. 12). Der eine von uns (M. MAYER) hat solche Formen im frischen Blut bei Affenmalaria als große Blasen mit Parasiten und dann auch gefärbt zuerst beschrieben, V. SCHILLING gefärbt dann auch bei menschlicher Malaria[1].

Physikalisches Verhalten der Erythrocyten. *Erhöhte Resistenz der Erythrocyten* gegen Kochsalzlösungen bei Malariainfizierten fand NOCHT bereits 1907; im Malariaanfall, ausgesprochener bei Tropica als bei Tertiana, beschrieb sie NETTER; große Chinindosen, im Fieberanfall gegeben, erhöhten sie noch. LEGA fand dasselbe bei akuter und chronischer Malaria, PUSELLI insbesondere bei chronischen Fällen mit Milz- und Leberschwellung und führt es auf Verschwinden der schwach resistenten Blutkörper aus dem Kreislauf und Überwiegen neugebildeter Formen zurück.

Eine *Autoagglomeration* der roten Blutkörper tritt bei schwerer Anämie, z. B. schwerer Malaria tropica, häufig ein. Man erkennt sie durch unregelmäßiges Zusammenballen der Erythrocyten schon beim Anfertigen der dicken Tropfen oder zwischen Deckglas und Objektträger. Die *Hämoglobin*werte sind dem Grade der Anämie entsprechend — durch Zerstörung roter Blutkörper und geringen Hämoglobingehalt der Zellen — herabgesetzt.

Die *Senkungsgeschwindigkeit* der roten Blutkörper ist nach STUHLMANN, PATERNI und LANDEIRO bei Malaria erhöht, sie wird im Laufe der Behandlung wieder normal. Eine Prüfung der *negativen elektrischen Ladung* der Erythrocyten hat stattgefunden, CHOPRA und CHAUDHURY fanden sie wechselnd bald höher, bald niedriger als normal.

Die *Blutungs*zeit bei Malaria fand ARULLANI unverändert oder verkürzt, die *Gerinnbarkeit* ist erhalten oder verstärkt, LEGER fand sie besonders erhöht bei schwerer Tropica.

Die **Blutplättchen** erscheinen bei GIEMSA-Färbung rötlichviolett, oft mit dunkler feiner Körnelung und manchmal mit lichtblauem Protoplasma. Sie liegen entweder einzeln oder zu Haufen frei, manchmal auch auf oder in Ausbuchtungen von Blutkörpern. Bald sind sie rund, bald oval, zuweilen halbmondförmig, manchmal fein zugespitzt wie Flagellaten. Man muß ihre Mannigfaltigkeit kennen, um sie nicht für irgendwelche Parasiten zu halten. Im Malariaanfall sind sie vermindert, später im Stadium der Leukopenie oft vermehrt. GOSIO beschrieb neuerdings, daß sie bei Malaria weniger leicht agglomerieren und auch morphologisch verändert sind.

[1] Was man im Ausstrich sieht, sind also meist Kunstprodukte durch Zerreißung vorher geschädigter (oder überalterter) Erythrocyten.

Die **weißen Blutkörper** zeigen bei Malaria oft eine — auch bei anderen Protozoenkrankheiten — vorkommende Verschiebung des Blutbildes. Es seien deshalb kurz die Hauptformen, ihr Aussehen bei GIEMSA-Färbung und ihre Verhältniszahl (auf 100 weiße Blutkörper) besprochen.

Wir unterscheiden zunächst *Granulocyten*, deren Bildung im Knochenmark vor sich geht. Die wichtigsten sind die *segmentkernigen* (*polynucleären*) *Neutrophilen;* sie sind etwa $1^1/_2$—2mal so groß als die roten Blutkörper; in ihrem jüngsten Stadium ist der Kern wurstförmig (sog. stabkernige), später kommt es zu Einschnürungen, so daß er aus 2—5 durch feine Fäden zusammenhängenden Teilstücken zu bestehen scheint; er färbt sich nach GIEMSA dunkelviolett. Im Protoplasma liegen zahlreiche feine, dunkelviolette Granula regelmäßig verteilt. Die Zahl der Neutrophilen beträgt 62—70% aller weißen Blutkörper. Treten mehr jugendliche stabkernige auf als normalerweise, so spricht man von einer Verschiebung des neutrophilen Blutbildes nach links.

Eosinophile Leukocyten ähneln sehr den neutrophilen in der Kerngestalt, sie haben aber gröbere, scheibchen-, richtiger kugelförmige orangerot oder schmutzig grau färbbare Granula, die, ganz dicht gelagert und die Zelle prall füllend, oft ineinander verfließen. Die Zahl der Eosinophilen beträgt normalerweise nur 2—4%, sie sind aber u. a. bei Wurmkrankheiten, insbesondere bei Nematodeninfektion (Trichinen, Filarien), oft enorm vermehrt; wo daher eine solche Vermehrung der Eosinophilen zu sehen ist, muß man an Wurmkrankheiten denken (Malariker aus Tropengegenden!), eine ganz geringe Vermehrung kann in der Rekonvaleszenz bei Malaria vorkommen.

Lymphocyten. Die kleinen Lymphocyten erscheinen bei GIEMSA-Färbung ungefähr so groß wie die roten Blutkörper; ihr Protoplasma ist hellblau, der dunkelviolette rundliche Kern füllt fast die ganze Zelle aus. Die großen sind ebenfalls rund, ihr Kern ist dunkel gefärbt; der blaue Protoplasmasaum ist breiter; manchmal enthalten sie auch vereinzelte leuchtend rote Granula. Die Zahl der Lymphocyten beträgt normalerweise 21—25%.

Eine wichtige Rolle bei der Malaria spielen die sog. *Monocyten* (*großen Mononucleären und Übergangsformen*). Sie sind manchmal nicht leicht von den großen Lymphocyten zu unterscheiden. Ihr Protoplasma ist schmutzig hellblau oder graublau, häufiger rötlich bis blaßviolett. Im Protoplasma können auch zerstreute feine neutrophile Granula enthalten sein. Der Kern ist heller als bei Lymphocyten, unregelmäßiger, oft eckig, der Protoplasmasaum breit, die Zelle oval unregelmäßig. Sie spielen bei allen

Protozoenkrankheiten eine Rolle, indem sie bei solchen relativ vermehrt sind. Ihre Zahl beträgt normalerweise 4—8%. Eine Einteilung der Monocytenformen bei Malaria in 6 Klassen versuchten TORRIOLI und DE MURO.

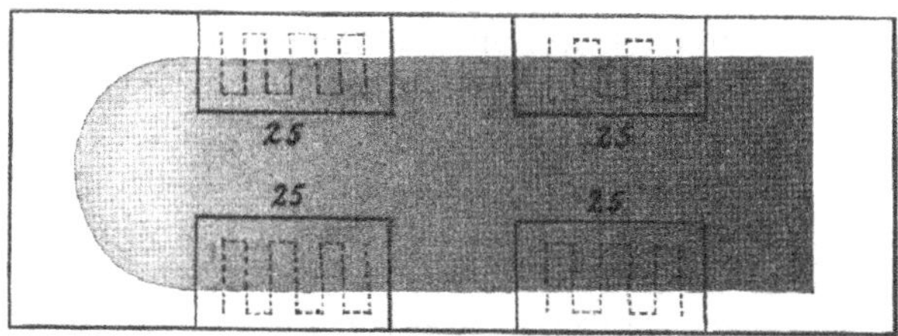

Abb. 17. Richtiger Ausstrich mit Zählfeldern für je 25 Leukocyten; Untersuchung in Mäanderlinie. (Nach V. SCHILLING.)

Will man das *leukocytäre Blutbild* genauer studieren, so muß man die weißen Blutkörper auszählen, dies geschieht in der Regel in einem gefärbten Ausstrich; man zählt 100—200 weiße Blutkörper durch, indem man nahe den Seiten mäanderartig das Präparat durchmustert und die Zahlen in Listen einträgt. Auch im „Dicken Tropfen" kann der Geübte sehr gut eine Übersicht über das leukocytäre Blutbild erhalten (V. SCHILLING); v. ASSENDELFT empfiehlt, dazu etwas dünnere Dicke Tropfen („Flachtropfen") anzufertigen, und benutzt 1 promill. Magnesiumsulfatlösung statt Aqua dest. (s. S. 115).

Normale Verhältniszahlen der Leukocyten im peripherischen Blute.

Neutrophile Leukocyten:		
a) segmentkernige	63 %	(58—66)
b) stabkernige	4 %	(3—5)
c) Myelocyten	0 %	(1)
d) Metamyelocyten	0 %	
Eosinophile Leukocyten	3,5%	(2—4)
Basophile Leukocyten	0,5%	(0—1)
Lymphocyten	23 %	(21—35)
Monocyten (gr. Mononucleäre, Übergangsformen)	6 %	(4—8)

Die Erscheinungen des leukocytären Blutbildes bei Malaria faßt V. SCHILLING[1] folgendermaßen zusammen:

„Die Leukocytose der Malaria ist ein interessantes und bei sehr geringen Parasitenzahlen auch wichtiges Spiegelbild des Infektionsverlaufes (KELSCH, VINCENT, TÜRK, PÖSCH u. a.). Allgemein entsteht sehr bald eine Neigung zur Verminderung der

[1] KRAUS-BRUGSCH: Spez. Pathologie u. Therapie, Kap.: Die Tropenkrankheiten, S. 801.

Neutrophilen mit Erhöhung der Lymphocyten und gr. Mononucleären bei subnormalen Zahlen. Der jedesmalige Anfall (Teilungsprozeß) bewirkt jedoch eine bald vorübergehende Zunahme der Neutrophilen mit ausgeprägter Verjüngung ihres Kernbildes (ARNETHS Verschiebung nach links) durch Auftreten von jugendlichen Neutrophilen oder Metamyelocyten; Myelocyten sind selten. Kurz nach dem Anfall sinken die Neutrophilen stark unter normal: die Verschiebung durch ‚Stabkernige' bleibt jedoch während des Intervalls bestehen (GOTHEIN, V. SCHILLING, SCHEERSCHMIDT). Durch die frei werdenden Pigmente, zugrunde gehende Erythrocyten usw. entsteht jetzt die ausgeprägte, allen Protozoenkrankheiten gemeinsame makrophagocytäre gr. Mononucleose (DOLEGA, STEPHENS und CHRISTOPHERS u. a.), die besonders bei frisch behandelten Fällen sehr hohe Grade (bis über 30%) erreichen kann. Die herrschende Zellart im Intervall und in der Heilung sind dann die Lymphocyten. Die Eosinophilen verhalten sich wie während der meisten fieberhaften Infektionen: sie sinken im Anfall oder verschwinden und steigen im Intervall bis zur leichten Eosinophilie in der Rekonvaleszenz."

Eine **Phagocytose** durch weiße Blutkörper ist bei Malaria häufig. Phagocytiert werden am häufigsten Pigmentteile, und zwar hauptsächlich durch Monocyten, aber auch durch Segmentkernige. Seltener, und meist nur bei schweren Fällen, insbesondere von Malaria tropica, finden sich ganze Parasiten phagocytiert. In letzterem Falle sind auch wieder meist die Monocyten betroffen, seltener segmentkernige Leukocyten; HUNG beschrieb auch einen Lymphocyten mit phagocytierten Parasiten.

Für Malariauntersuchungen wichtige mikroskopisch erkennbare Blutveränderungen sind demnach:

1. rote Blutkörper: Polychromasie; basophile Körnung;
2. weiße Blutkörper: Vermehrung der Monocyten.

Diese Veränderungen dienen hauptsächlich zur Hilfe bei der Diagnose bei Malarikern *ohne* Anfall; bei chronischen Formen; bei Leuten, die schon durch einige Dosen Chinin das Fieber unterdrückt haben. Im Anfall — besonders bei Erstlingsfiebern — können sie fehlen und insbesondere die Monocyten vorübergehend durch eine Vermehrung der Neutrophilen verdeckt sein.

Serologische Reaktionen bei Malaria.

HENRY-Reaktionen *des Blutserums.* HENRY ging von der Annahme aus, daß durch die Malariapigmente Antigene im Blut entständen. Außer einer Ferroflokkulation mit Eisenalbuminat

(Ferrum albuminatum 113, Merck, Darmstadt) empfiehlt er besonders seine *Melanoflokkulation.* Das aus Ochsenaugen gewonnene Melanin wird nach Austitrierung in bestimmten Verdünnungen — mit Kontrollröhrchen — mit je 0,2 ccm Serum versetzt. Die eingetretene Flockung wird mikroskopisch oder auch photometrisch abgelesen. Nach den meisten Untersuchern beruht sie auf einer Zunahme des durch destilliertes Wasser fällbaren Euglobulin-Koeffizienten im Serum. [Einzelheiten der nur im Laboratorium ausführbaren Reaktion s. bei HENRY: Arch. Schiffs- u. Tropenhyg. 38, 93 (1934).] Die Reaktion ist bei akuter Malaria zwischen den Anfällen und vor allem *bei larvierten und chronischen* Fällen in der Regel *positiv* und so diagnostisch bei fehlendem Parasitenbefund verwertbar. Bei Nichtmalarikern sind bei 5 bis 7% irrtümliche positive Reaktionen gefunden worden, bei verbesserter Methodik noch weniger. Negative Reaktionen sind in weniger als 1% falsch befunden worden.

Die **Wassermannsche Reaktion** mit Blutserum ist im akuten Stadium, namentlich bei Tertiana, häufig positiv, jedoch bei Anwendung der verfeinerten Methoden und Kontrolle mit Flockungs- und Trübungsreaktionen in nicht so zahlreichen Fällen, wie früher angenommen wurde (HEINEMANN). Dieser „Malariafehler" der WaR. gibt also zur Nachprüfung der Reaktion — bei Fehlen einer Lues- oder Framboesie-Anamnese — einige Zeit nach Ablauf der akuten Malaria Veranlassung. *Bei chronischer Malaria* beruht eine positive WaR. *stets auf anderer Ursache* (u. a. Framboesie bei Eingeborenen!). Mit Liquor cerebrospinalis fand HEINEMANN die WaR. stets negativ, FLORES fand sie mit solchem einmal bei Tropica positiv. Die zur Kala-Azar-Diagnose wichtige *Formol-Gelprobe* ist bei Malaria negativ.

Physiologisch-chemisches Verhalten des Blutes bei Malaria.

Hämoglobin. Es ist wiederholt behauptet worden, daß durch das Zugrundegehen der roten Blutkörper auch eine Hämoglobinämie zustande käme; FAIRLEY und BROMFIELD vermißten sie bei genauer Nachprüfung.

Hämatin haben HEGLER und SCHUMM bei 6 von 11 Tropicafällen im Serum nachgewiesen.

Bilirubin. Der Gehalt des Serums kann im akuten Stadium leicht vermehrt sein (SCHACHSUVARLY, FAIRLEY und BROMFIELD,

ASIKIN u. a.). Bei Schwarzwasserfieber fand es ASIKIN ebenfalls erhöht.

Cholesterin. Seine Menge ist nach zahlreichen Untersuchungen meist normal oder leicht vermindert.

Blutzucker. Im Anfall wurde er wiederholt erhöht befunden, außerhalb des Anfalls hält er sich nach den meisten Untersuchern in normalen Grenzen; neuerdings fand ihn QUINTANA OTERO auch dann erhöht.

Reststickstoff und *Blutharnstoff* können während des Fiebers erhöht sein.

Die *Alkalireserve* des Blutes soll nach WAKESHIMA in allen Fällen verringert sein und im Anfall nach verschiedenen Autoren eine Acidose eintreten; FAIRLEY und BROMFIELD konnten bei Malaria tropica keine Veränderung finden.

Zoologische Vorbemerkungen.

Zum Verständnis des Entwicklungsganges der Malariaparasiten seien hier für den Mediziner einige rein zoologische Vorbemerkungen gegeben:

Die Malariaparasiten gehören dem niedersten Stamm des Tierreichs an, den *Protozoen.* Bei den einzelnen Protozoen werden innerhalb des Formwertes einer einzigen Zelle die Funktionen, die bei den *Mehr*zelligen, den Metazoen, auf bestimmte Zellgruppen (Gewebe, Organe) verteilt sind, allein verrichtet, ähnlich anderen Protisten (den Bakterien usw.). Diese hauptsächlichsten Funktionen sind Bewegung, Ernährung und Fortpflanzung. Bestimmte Differenzierungen innerhalb der Protozoenzelle, manchmal in Form sog. Organellen, dienen diesen Zwecken. Daher sind Biologie und Physiologie der Protozoen sehr kompliziert; ihre Kenntnis ist aber besonders auch für das Studium der pathogenen Formen und ihrer pathogenen Wirkung von größter Bedeutung[1].

Die Zellsubstanz der Protozoen, das *Protoplasma,* ist meist von zähflüssiger Konsistenz; es kann sekundär Strukturen annehmen, die bald granulärer, bald fibrillärer, meist alveolärer Natur sind (Wabenstruktur BÜTSCHLIS). Bei GIEMSA-Färbung färbt sich das Protoplasma der Protozoen je nach der Dichte mehr oder weniger intensiv blau.

Außer Protoplasma besitzen die Protozoen *Kernsubstanzen,* meist in Form eines oder mehrerer in das Protoplasma eingebetteter Kerne. Der von einer Kernmembran umhüllte Kern besteht aus einem Netzwerk unfärbbarer oder kaum färbbarer Substanz (Liningerüst, Achromatin), dessen Hohlräume der Kernsaft (Kernenchylema) ausfüllt. Auf diesem Linin-

[1] Ausführlich in DOFLEIN-REICHENOW: Lehrb. d. Protozoenkunde. Jena: G. Fischer 1932.

gerüst verteilen sich färbbare Substanzen, besonders dicht liegend an den Knotenpunkten des Netzwerkes; sie sind das *Kernchromatin*, das durch seine Affinität zu bestimmten basischen Farbstoffen die spezifische Kernfärbung gestattet. Bei GIEMSA-Färbung färbt sich der Kern leuchtend rot und je nach der Menge des Chromatins mehr oder weniger intensiv; dabei kommt es infolge großer Avidität zu der betreffenden Farbkomponente in der Regel zu einer Überfärbung des Kernes. Im Zentrum des Kernes findet sich oft ein besonders chromatinreicher Binnenkörper, das Karyosom, an dem selbst oft wieder ein Zentriol festzustellen ist; von ihm geht die Kern- oder Zellteilung aus. Manche Protozoen zeigen ein zweites kernartiges Gebilde, das die Bewegung zu regulieren hat.

Die *Bewegung* der Protozoen ist sehr mannigfach. Während bei manchen besondere Bewegungsorganellen (Geißeln, Wimpern) vorhanden sind, haben andere solche nicht konstant, sondern sie bilden sich in Form von Pseudopodien zeitweise aus; man spricht dann von *amöboider* Bewegung. Die Pseudopodien dienen dann auch gleichzeitig der Nahrungsaufnahme, die bald durch Osmose, bald in fester Form erfolgt. Die Verdauung der Nahrung geschieht oft in sog. Nahrungsvakuolen. Auch die Malariaparasiten führen solche amöboiden Bewegungen aus und ernähren sich durch Osmose; auch bei ihnen werden Nahrungsvakuolen beobachtet.

Die *Vermehrung* der Protozoen ist teils eine ungeschlechtliche (= vegetative Entwicklung), teils eine geschlechtliche (= generative Entwicklung). Neuerdings nennt man die ungeschlechtliche Entwicklung *Agamogonie* und ihre Stadien *Agamonten*, die geschlechtliche *Gamogonie*, ihre Stadien *Gamonten* (im unreifen Stadium auch *Gametocyten*, im reifen *Gameten* genannt).

Die ungeschlechtliche Vermehrung kann eine Zweiteilung oder eine multiple Teilung sein. Bleibt bei letzterer das Muttertier erhalten, während die jungen Formen sich abschnüren, so spricht man von multipler Knospung, ist der Zerfall in junge Formen ein vollständiger, von Zerfallsteilung = *Schizogonie*. Die ungeschlechtlichen Parasiten selbst heißen dann *Schizonten*. Die jungen aus dem Zerfall hervorgehenden Parasiten nennt man auch *Merozoiten*.

Nach einer Periode ungeschlechtlicher Vermehrung setzt bei vielen Protozoen eine Bildung von Geschlechtsformen (Gametocyten oder Gamonten) ein, dies ist bei Malaria auch der Fall; sie können, wenn auch selten, auch schon beim ersten Anfall gefunden werden. Es können also aus einer gewöhnlichen Schizogonie Merozoiten entstehen, die zum Teil Agamonten (Schizonten), zum Teil Gamonten bzw. Gametocyten sind. Die weiblichen, meist etwas größeren Geschlechtsformen heißen *Makrogamonten* bzw. *Makrogametocyten* und nach vollendeter Reife *Makrogameten*, die männlichen *Mikrogamonten* bzw. *Mikrogametocyten* und ihre reifen Stadien *Mikrogameten*[1].

Nach vollendeter Reifung kommt es — oft erst nach Wirtswechsel wie bei Malaria — zur *Befruchtung*. Ist die Befruchtung eine vorübergehende Vereinigung der Gameten, wobei nur ein Austausch von Zellkernsubstanz erfolgt, so spricht man von Konjugation; kommt es zu völliger Verschmelzung eines Makro- und eines Mikrogameten, zur *Kopulation*, so entsteht eine nun männliche und weibliche Kernsubstanzen in inniger Vermischung enthaltende Kopula, die Zygote heißt und entweder direkt zu einer *Oocyste* oder zunächst zu einem beweglichen Stadium = *Ookinet*

---

[1] Im Sprachgebrauch der Mediziner hat es sich eingebürgert, allgemein von Makro- bzw. Mikrogameten und dabei von jungen und erwachsenen zu sprechen.

wird, der sich dann zur Cyste umbildet. In solchen Oocysten kommt es zur *Sporogonie,* d. h. unter Wachstum, Kern- und Protoplasmavermehrung und -teilung über ein *Sporoblasten*stadium, zur Bildung von *Sporozoiten,* die, nachdem sie frei geworden sind, den Cyclus der Schizogonie (gewöhnlich in einem neuen Wirt) von neuem beginnen.

Da nun aber hierbei durch die vorhergegangene völlige Verschmelzung der Geschlechter eine innige Vermischung der Kernsubstanzen eingetreten ist, ist es leicht verständlich, daß auch bei der unter fortgesetzter Kernteilung erfolgenden Sporozoitenbildung jeder dieser jungen Keime sowohl männliche wie weibliche Kernanteile enthält und als Schizont beibehält. Daher ist es jederzeit möglich, daß durch Regulierungsvorgänge und bestimmte Entmischungen plötzlich aus den scheinbar ungeschlechtlichen — in Wirklichkeit doppelgeschlechtlichen — Formen bei einer Schizogonie getrenntgeschlechtliche Geschlechtsformen entstehen.

Die oben geschilderten Begriffe und Bezeichnungen sollen nur dem Mediziner das Verständnis des Entwicklungsganges der Malariaparasiten erleichtern; bezüglich der vielen schwierigen Einzelfragen der Protozoologie muß auf die Sonderliteratur verwiesen werden.

Die Malariaparasiten.

Einteilung.

Die Malariaparasiten (Plasmodiden) reihen sich nach der Nomenklatur Doflein-Reichenows folgendermaßen in das System der Protozoen.

Stamm Protozoa: I. Unterstamm: Plasmodroma. III. Klasse: Sporozoa.

1. Unterklasse: Telosporidia.
   - I. Ordnung: Gregarinida.
   - II. Ordnung: Coccidia.
   - III. Ordnung: Haemosporidia.
     - 1. Familie: Haemoproteidae.
     - 2. Familie: Plasmodidae.

Von der Gattung *Plasmodium* werden heute beim *Menschen* 4 Arten unterschieden, und zwar:

1. *Plasmodium malariae* (Laveran), *Erreger der Malaria quartana.*
2. *Plasmodium vivax* (Grassi und Feletti), *Erreger der Malaria tertiana.*
3. *Plasmodium immaculatum* (Grassi und Feletti) *syn. Plasmodium falciparum* (Welch) *syn. Laverania malariae* (Grassi und Feletti), *Erreger der Malaria tropica.*
4. *Plasmodium ovale* (Stephens). [Von manchen nur als Varietät von Pl. vivax angesehen.]

Während die Entwicklungsstadien dieser Formen im Menschen durch *konstante, morphologische Unterschiede* charakterisiert sind, welche die Aufstellung verschiedener Arten (Spezies) begründen, sind die Stadien der geschlechtlichen Entwicklung in der Mücke bisher noch nicht genau zu unterscheiden; erst in letzter Zeit will man, insbesondere durch Unterschiede im Pigment, hier Artbesonderheiten gefunden haben.

Nun sind manche dieser Arten in einem Gebiet gleichzeitig verbreitet; man beobachtet daher *Mischinfektionen*, man beobachtet aber auch, daß bei Individuen, die vorher nur eine Art im Blute hatten, später Rückfälle mit einer anderen Art auftreten, ebenso, daß an bestimmten Orten im Frühjahr (Mai bis Juni) die eine (Tertiana), im Hochsommer bis Herbst die andere (Tropica) Form vorherrscht[1]. Diese epidemiologischen und klinischen Beobachtungen hatten einzelne Forscher zu der Annahme veranlaßt (LAVERAN, PLEHN), daß es sich nur um *eine* Gattung handele, bei der Umwandlungen der Formen nach Klima und Jahreszeit einträten. Für diese Unitätstheorie waren vor einigen Jahren wieder GRASSI und SELLA sowie VIALATTE eingetreten. BASTIANELLI und BIGNAMI hatten bereits 1899 die Konstanz der Arten bei Übertragungen durch Anopheles gezeigt, was inzwischen oft wiederholt wurde. Ferner haben MÜHLENS und KIRSCHBAUM bei direkter Blutüberimpfung mit allen 3 Malariaarten die Konstanz zu den verschiedensten Jahreszeiten erwiesen; die Berechtigung der Aufstellung der neuen Art Pl. ovale ist ebenfalls durch ihre Konstanz bei Paralytikerimpfungen anerkannt worden. Die Unitätstheorie hat heute nur noch historisches Interesse.

Eine *Aufstellung neuer Arten* ist mehrfach versucht worden; wir halten diese Formen bis auf weiteres nur für Varietäten der bisher gesicherten Arten. Zu letzteren ist *wahrscheinlich* nunmehr nur das Plasmodium ovale (STEPHENS) zu stellen. Für das *Plasmodium tenue* und andere neu aufgestellte Arten kann eine Selbständigkeit bisher nicht anerkannt werden.

Morphologie der Malariaparasiten.

Im folgenden seien zunächst die Formen im einzelnen im Blut (und zwar im wesentlichen bei GIEMSA-Färbung) geschildert, während die Entwicklung im Überträger am Schlusse für alle Arten gemeinsam abgehandelt wird.

---

[1] Auf der südlichen Halbkugel zu entsprechenden Jahreszeiten.

1. Plasmodium vivax.

Erreger der Malaria tertiana („benigne" Tertiana der Engländer)

(Tafel I, Abb. 1—24).

Der Erreger der Malaria tertiana kommt in allen Weltteilen vor, er ist in Beziehung auf Temperatur zur Entwicklung im Menschen und Überträger sehr anspruchslos, wohl auch am widerstandsfähigsten gegen chemische und physikalische Einflüsse.

Wenn durch den Stich einer Anopheline, die reife Sporozoiten in der Speicheldrüse hat, solche auf einen Menschen übertragen werden, heften sie sich an einen roten Blutkörper fest an. SCHAUDINN hat im Experiment den Vorgang verfolgt und ein Eindringen in den Erythrocyten beobachtet (s. dazu S. 151). Dort — mögen sie nun im Innern oder zunächst an der Oberfläche des Blutkörpers haften — runden sie sich ab und erscheinen im frischen Präparat als heller, mattglänzender Fleck, der umhertanzt. Der Kern tritt bei Abblendung oft deutlich als stark lichtbrechendes Kügelchen mit scharfer Begrenzung hervor; allmählich wird der Parasit größer, unregelmäßiger, und bald kann man bräunliche Pigmentkörner in Molekularbewegung darin erkennen. Bei weiterem Wachstum kann man sehen, wie der Parasit amöboide Bewegungen ausführt, wobei lange Pseudopodien nach den verschiedensten Richtungen ausgestreckt und wieder eingezogen werden, unter Auftreten von Vakuolen, die wieder verschwinden können. Dieses wechselvolle bewegungsreiche Spiel hat zu dem Artnamen „*vivax*" Veranlassung gegeben.

Die näheren Einzelheiten lassen sich besser am gefärbten Präparat verfolgen. In diesem erscheint bei GIEMSA-Färbung der jüngste Parasit als Ring, der einen blauen Protoplasmasaum darstellt und an irgendeiner Stelle, meist auf dem Saum, seltener innerhalb des Ringes, ein leuchtend rotes Chromatinkorn, den Kern zeigt. Die Größe des jüngsten Ringes beträgt bei Tertiana ungefähr $^1/_4$ des Blutkörperdurchmessers. Die im Innern des Ringes sichtbare Höhle, die oft Hämoglobin durchschimmern läßt, manchmal auch ungefärbt erscheint, stellt nach SCHAUDINN eine Nahrungsvakuole dar. Bei weiterem Wachstum wird zunächst oft noch die Ringform unter Zunahme der Protoplasmabreite und langsamem Wachstum des Kerns beibehalten. Später lassen sich die amöboiden Bewegungen der heranwachsenden Parasiten auch in den gefärbten Präparaten dadurch erkennen, daß sie eine regellose, bizarre Gestalt mit Ausläufern und einer oder mehreren Vakuolen annehmen können und dabei die Größe des normalen Blutkörperchens erreichen oder sogar unter gleichzeitiger Vergrößerung des Blutkörperchens sie noch übertreffen. Dabei kann es schon während dieses lebhaften Bewegungsstadiums zu einer Vermehrung und Teilung des Kerns kommen, so daß wir solche amöboide — gewöhnlich „halb erwachsene" genannte — Formen oft schon mit 2—3 Kernen antreffen[1].

Während man bei den jüngsten Formen das Protoplasma rein blau sieht, treten bei Größerwerden der Ringe, vor allem bei weiterem Wachstum, auf ihnen zahlreiche feinkörnige, bräunliche bis schwärzliche, unregelmäßige Körnchen auf, das *Malariapigment*, das aus dem verdauten Hämoglobin gebildet wird und ein dem Hämatin nahestehendes besonderes Abbauprodukt des Hämoglobins darstellt.

Bei weiterer Reifung werden die Bewegungen des Parasiten langsamer, er stellt sie schließlich ganz ein, die Vakuolen verschwinden, und er rundet sich ab. Mit diesem Aufhören der vegetativen Tätigkeit beginnen die Vorbereitungen zur Fortpflanzung durch die fortschreitende Aufteilung der Kernsubstanz. Anfangs in unregelmäßigen Brocken leuchtender Chromatinmassen verteilt, werden diese allmählich kleiner und zahlreicher und erreichen eine Zahl von 12—24[2] kleiner, runder neuer Kerne, die bei Tertiana unregelmäßig, maulbeerenförmig angeordnet sind. Mit der Abrundung und beginnenden Teilung *sammelt sich* allmählich *das* vorher fein verteilte *Pigment zu größeren Schollen* und wird zu ein oder zwei Klumpen in der Mitte oder seitlich der reifen Teilungsformen gelagert. Inzwischen hat sich um jedes neue Chromatinteilchen, das also einem jungen Kern entspricht, ein Protoplasmahäufchen angesammelt, das nach SCHÜFFNER und MALAMOS von einer dunkelroten Membran umgeben sein kann, ebenso wie die ganzen reiferen Parasiten. Schließlich kommt es zum Platzen des Gebildes, und die jungen Sprößlinge (Merozoiten) werden frei. Dabei bleibt das Pigment als Restkörper zurück und wird hauptsächlich in inneren Organen phagocytiert (meist von Monocyten, aber auch von segmentkernigen Leukocyten). Auch ein Restkörper aus hellblau gefärbtem Protoplasma kann dabei entstehen (SCHÜFFNER, MALAMOS).

Die freien Merozoiten sind bald rundlich, bald oval, bald

[1] DE VINNE BEACH glaubt auf Grund solcher Bilder, daß auch bei Pl. vivax frühzeitige Zweiteilungen (s. a. bei Pl. immaculatum) vorkommen können.

[2] DE BUCK fand bei zwei Stämmen konstante Unterschiede in der Zahl der gebildeten Merozoiten bei Paralytikermalaria. Ein Madagaskar-Stamm bildete nach Übertragung durch Mücken im Mittel 18,1, ein holländischer Stamm 12,9 Merozoiten.

stäbchenförmig, bald amöbenähnlich (s. Tafel I, Abb. 12 u. 13). Ihr Kern liegt bald in der Mitte, bald exzentrisch. SCHAUDINN hat an ihnen amöboide Bewegungen beobachtet und sah ihr aktives neues Eindringen in rote Blutkörper. Neben diesem aktiven Eindringen werden aber die freien Merozoiten zweifellos auch mechanisch an Blutkörperchen herangeschwemmt, kleben an ihnen an und können so eindringen. Sind die aus der Teilung hervorgegangenen Merozoiten ungeschlechtliche Formen (Agamonten, Schizonten), so erscheinen sie wieder im jüngsten Stadium als Ringe und beginnen den Cyclus aufs neue. Die ganze *Dauer der Entwicklung* einer Generation von Teilung zu Teilung *beträgt bei Malaria tertiana 48 Stunden,* so daß jeden 3. Tag ein Anfall auftritt. Sind zwei Generationen im Blute, so entsteht dann das Bild der *Tertiana duplicata, das Quotidianfieber.*

Ein Blutkörperchen kann gleichzeitig von mehreren Parasiten befallen werden, so daß Zwei- und Mehrfachinfektionen ein und desselben Blutkörperchens nicht selten sind, dabei gelangen aber meist nicht alle Parasiten zur völligen Reife, so daß man zwei oder gar mehrere reife Teilungsformen in einem Blutkörper selten zu Gesicht bekommt.

Außer diesen ungeschlechtlichen Formen treten aber auch im Blute die für die Weiterentwicklung im Überträger bestimmten **Geschlechtsformen** in charakteristischer Gestalt in Erscheinung. Diesen Geschlechtsformen sind — und das gilt für alle 3 Plasmodienarten — bestimmte Merkmale eigen, die die weiblichen und männlichen Formen fast aller Protozoen erkennen lassen. Die *weiblichen* Formen (Makrogametocyten, Makrogamonten, Makrogameten), die noch ein langes Leben zu erfüllen haben, besitzen meist ein sehr nährstoffreiches, dichtes Protoplasma, das sich demgemäß bei GIEMSA-Färbung einheitlich stark blau färbt. Ihr Kern ist meist dicht und sehr chromatinreich, färbt sich demnach intensiv rot. Die *männlichen* Formen (Mikrogametocyten, Mikrogamonten) dagegen haben nach ihrer Reifung — bei der sie in Mikrogameten („Samenfäden" ähnlich)[1] zerfallen, welche die Makrogameten befruchten (s. S. 148) — ihr Leben als selbständige Zelle erfüllt, sie zeigen ein weniger reichliches Protoplasma und ein reiches lockeres Kernsystem. Infolgedessen färbt sich ihr Protoplasma sehr blaß, der Kern zeigt eine netzartige Chromatinanordnung, und oft erfüllen Chromatinteilchen große Teile des Protoplasmaleibes, so daß er bei GIEMSA-Färbung im ganzen rötlich getönt erscheint.

Ob schon bei der Übertragung von der Mücke Sporozoiten

[1] Dies kann oft schon in frischem Blut unter dem Deckglas nach einigen Minuten als sog. „Geißelung" der Mikrogameten beobachtet werden.

überimpft werden, die gleich zu Geschlechtsformen werden, ist noch nicht erwiesen. Solche entstehen in der Regel erst nach einigen Teilungen, werden aber manchmal auch schon bei der im ersten Anfall sichtbar werdenden Teilung nachgewiesen. Die *jüngsten Formen beider Geschlechter* sind voneinander oft kaum zu unterscheiden und stellen kleine ovale blaue *Scheibchen* dar (Tafel I, Abb. 14), bei denen in der Mitte oder seitlich ein rotes Chromatinkorn liegt. Dieser Kern kann von einem hellen Hof umgeben sein, niemals aber tritt eine ringähnliche Gestalt mit ausgesprochener Nahrungsvakuole auf. Bei weiterem Wachstum bleiben beide Geschlechter stets rundlich, amöboide Bewegungen sind nicht zu erkennen[1]. *Die weiblichen Formen* erscheinen später als dunkelblaue ovale Gebilde, deren Kern meist seitlich, gewöhnlich schräg an einem der Pole gelagert ist und als intensiv gefärbter länglicher Chromatinkörper erscheint, um den manchmal ein schwach oder ungefärbter Hof „Kernsaftzone" erkennbar ist. Die Gebilde erreichen bei völliger Reife fast die doppelte Größe wie die Erythrocyten. Das blaue Protoplasma ist *sehr reich überlagert von gleichmäßig über den Parasiten verteilten braunschwarzen Pigmentkörnchen.* Diese sind viel zahlreicher als bei ungeschlechtlichen Formen (Tafel I, Abb. 15—17).

Die *männlichen Geschlechtsformen* (Mikrogamonten, Mikrogametocyten), in der Form gleichfalls rundlich oval, färben sich blaßbläulich bis rosa, ihr Kern liegt meist in der Mitte als netzartig aufgelockerte Chromatinmasse, fast die ganze Breite des Parasiten einnehmend. Die männlichen Formen sind gewöhnlich etwas kleiner als die weiblichen; wenn sie völlig reif sind, können sie — wie oben erwähnt — durch die gleichmäßige Verteilung von Kernsubstanz über den Parasiten im ganzen unregelmäßig leuchtend rot erscheinen. Auch sie zeichnen sich durch ein sehr reichliches, aus feinen Körnchen bestehendes Pigment aus (Tafel I, Abb. 18—21).

Dieser *Pigmentreichtum der Geschlechtsformen* läßt diese sowohl im ungefärbten Präparat als im Dunkelfeld als auch im Dicken-Tropfen-Präparat bei einiger Übung sehr leicht von den ungeschlechtlichen Formen unterscheiden; insbesondere sind lebhafte Molekularbewegungen des zahlreichen feinen, zerstreuten Pigments charakteristisch. (Reife ungeschlechtliche Formen haben ja im Gegensatz zu ihnen in groben Schollen verklumptes Pigment.)

Doppelinfektionen von Blutkörpern mit geschlechtlichen und ungeschlechtlichen Formen kommen vor; gelangen letztere zur

[1] Die lebhafte Molekularbewegung des Pigments in Gameten darf nicht damit verwechselt werden.

Teilung, so ist meist eine scharfe Trennungslinie zwischen diesen und dem Gameten sichtbar, oft aber fehlt sie, was eine der Ursachen war, die Schaudinn zu seiner Gameten-Rückbildungstheorie führte (s. S. 143 und Tafel I, Abb. 22—24).

Verhalten der parasitierten Blutkörper bei Malaria tertiana. Gewöhnlich werden von den Parasiten reife Erythrocyten befallen, jedoch dringen sie bisweilen auch, wenn sie dazu Gelegenheit haben, in jugendliche Formen ein. Es können also polychromatische und basophile, ja kernhaltige Blutkörper parasitiert werden.

Im Verlauf der Tertianainfektion erleiden die Blutkörperchen ganz charakteristische Veränderungen, und zwar gleichgültig, ob es sich um Infektion mit ungeschlechtlichen oder geschlechtlichen Formen handelt. Die befallenen Blutkörper werden zunächst *abgeblaßt* und mit dem Größenwachstum der Parasiten — aber auch schon vorher — *vergrößert.* Bei guter Färbung (besonders bei Zusatz von etwas Alkali) sieht man dann schon im Anfangsstadium der Entwicklung in den Blutkörperchen eine feine, ganz gleichmäßige rote Tüpfelung auftreten. Diese heißt nach ihrem Entdecker Schüffner*sche Tüpfelung.* Die Tüpfel sind zunächst ganz feine, fast chromatinrote, gleichmäßig große runde Pünktchen, die in regelmäßiger Anordnung den ganzen Blutkörper bedecken, während die dazwischenliegenden Stellen nur ganz schwach gefärbt erscheinen. Mit dem Wachstum der Parasiten werden die Tüpfelchen intensiver und etwas größer, und schließlich scheint der ganze Blutkörper nur noch aus solchen Tüpfeln zu bestehen. Sie leuchten durch die Vakuolen und das Protoplasma der Parasiten durch und umgeben sie in reiferen Stadien oft nur noch als schmaler getüpfelter Saum. Wenn Parasiten vor vollendeter Teilung (z. B. durch medikamentöse Wirkung) zugrunde gehen, können Reste getüpfelter Blutkörper übrigbleiben. Auch bei dem Zerfall reifer Teilungsformen bleiben oft Reste des Blutkörpers zum Teil mit erhaltener Tüpfelung zurück, ähnlich den Halbmondschatten, wie sie oben beschrieben sind (s. Tafel I, Abb. 6—12 und 16—21).

Diese Schüffner-Tüpfelung, die also *nicht* zum Parasiten selbst gehört, ist für Tertiana und Plasmodium ovale charakteristisch und wird nur ganz selten bei den anderen Formen beobachtet; mit der blauschwarzen basophilen Punktierung hat sie nichts zu tun!

Es sei aber ausdrücklich betont, daß die Tüpfelung bei gewöhnlicher Färbung in manchen Fällen ganz oder bei zahlreichen Blutkörpern fehlen kann, dann sieht man aber die für Tertiana charakteristische Abblassung meist deutlich.

Außer dieser regelmäßigen Tüpfelung hat BRUG 1910 namentlich bei jüngeren Tertianaformen auch das Auftreten gröberer unregelmäßiger roter Flecken beschrieben, wie es sonst nur bei Tropica vorzukommen pflegt; diese *Tertianafleckung*, wie er sie nennt, ist nur bei besonders intensiven Färbungen zu erhalten.

Die Bedeutung der SCHÜFFNERschen Tüpfelung ist noch umstritten. Daß sie direkt durch die amöboide Bewegung der sehr lebhaften Tertianaparasiten verursacht werde, wie heute noch manche Forscher annehmen, ist deshalb sicher falsch, weil sie auch bei den kaum beweglichen Geschlechtsformen stets sehr ausgeprägt ist. SCHAUDINN hat schon vermutet, daß es sich um gewisse Ausfällungen handle, und nahm an, daß zunächst die leicht verdaulichen Protoplasmabestandteile der befallenen Blutkörper resorbiert würden, während die Kernsubstanz, die bei den reifen Blutkörperchen innig mit dem Protoplasma vermischt sei, der Verdauung am längsten Widerstand leiste und so die SCHÜFFNER-Tüpfelung eine Art Ausfällung der chromatischen Kernbestandteile des Blutkörperchens darstelle. Auch wir sind der Ansicht, daß es sich bei der SCHÜFFNER-Tüpfelung wie bei den gröberen Fleckungen (Perniziosafleckung, Tertianafleckung) um kolloidale Entmischungen und Ausfällungen handle.

Praktisch wichtig ist es, *daß bei Tertiana in den Dicken-Tropfen-Präparaten das Stroma und die* SCHÜFFNER-*Tüpfelung der befallenen Blutkörper* im Gegensatz zum Stroma der nichtbefallenen *meist erhalten bleibt* und so die Diagnose erleichtert (s. Tafel II).

2. Plasmodium malariae.

Erreger der Malaria quartana

(Tafel I, Abb. 51—67).

Der Erreger der Malaria quartana ist relativ selten. Er ist nicht auf heiße Länder beschränkt, kommt in allen Weltteilen, aber gewöhnlich nur örtlich begrenzt, vor. Relativ häufig ist er in Ostasien. In Europa sind auch Fälle in Deutschland beschrieben.

Die Quartanaparasiten finden sich oft recht spärlich im peripherischen Blut; man muß insbesondere die Randteile und Enden des Ausstrichs nach ihnen absuchen. Ihre Schizonten sind nicht sehr amöboid beweglich. Die jüngsten *ungeschlechtlichen Formen* stellen etwas kleinere Ringe als die der Tertiana dar, sie nehmen bald unregelmäßige Gestalt an und zeigen vor allem die Neigung, sich beim Ausstreichen quer über den ganzen Blutkörper auszustrecken, so daß sie oft als ganz *schmale Bänder* über ihn hinwegziehen[1]. An

[1] Die „Quartanabänder", vielleicht bedingt durch eine gewisse Klebrigkeit, liegen durchaus nicht immer in der Ausstreichrichtung.

irgendeiner Stelle eines solchen schmalen Bandes liegt dann ein Chromatinkorn. Bei weiterem Wachstum wird das Gebilde breiter, enthält manchmal, aber nicht immer, noch eine Zeitlang eine Vakuole und bildet schließlich ein *breites*, über einen großen Teil des Blutkörpers hinwegziehendes *Band*. Gewöhnlich in der Nähe eines Randes liegt der Kern, der sich oft schon länglich gestreckt hat oder gar schon in zwei Teile geteilt ist. Die ungeschlechtlichen Formen der Quartana zeichnen sich durch ein *sehr feines, oft goldgelbes Pigment* aus, das sich mit Vorliebe in der Nähe der Ränder des bandartigen Parasiten anhäuft, oft an der entgegengesetzten Seite, wie die Kernmasse (Tafel I, Abb. 56 und 57).

Werden die Parasiten reif, so füllen sie den ganzen Blutkörper aus, enthalten im Innern einige Chromatinbrocken, und schließlich sammeln sich um einen oder einige Klumpen von Pigment, oft in regelmäßiger Anordnung, die jungen Kerne in der Peripherie an. Sie betragen bei Quartana meist 8—12, selten auch 16. Wegen der oft *regelmäßigen Anordnung* hat man die *Quartanateilungsform* mit der Form einer Gänseblume verglichen. Schließlich platzen die Teilungsformen, und der Cyclus beginnt genau wie bei Tertiana von neuem. *Die ganze ungeschlechtliche Entwicklung bei Quartana dauert 72 Stunden*, wodurch also der Anfall jeweils am 4. Tage auftritt. Sind mehrere Generationen im Blute, so kann auch, von diesen ausgelöst, an den Zwischentagen Fieber auftreten und so das Bild einer *Quartana duplicata oder triplicata* entstehen.

Die *Geschlechtsformen* der Quartana verhalten sich im Bau ganz genau wie diejenigen von Plasmodium vivax, nur sind sie im reifen Stadium bedeutend kleiner, indem sie die Größe eines Blutkörperchens nicht überschreiten, und zeigen helleres Pigment. Manchmal ist es im Präparat nicht leicht, ein breites Band mit noch ungeteilter Chromatinmasse von einer Geschlechtsform zu unterscheiden.

Die **Blutkörper** werden **bei Quartana** in der Regel nicht vergrößert, nicht abgeblaßt und zunächst nicht sichtbar verändert. In seltenen Fällen, oft nur bei besonders kräftiger Färbung, kann man auch bei Quartana Tüpfelung und Fleckung sehen. Sie ist zuerst von Brug, Nocht-Mayer (s. 1. Aufl. 1918) und Ziemann beschrieben worden, ferner auch noch von Craig, James, Sieburgh, Weise. Die der Schüffner-Tüpfelung ähnelnde Tüpfelung bei Quartana ist nach übereinstimmenden Beobachtungen meist feiner, blasser, die etwas unregelmäßigeren Tüpfel sind nicht so scharf, rund. Auch die der Maurerschen Perniziosafleckung ähnelnden Flecken sind meist nicht so stark ausgebildet wie bei Tropica; Weise fand sie am besten in bei p_{H_2} 7,5 gefärbten Präparaten. Eine differentialdiagnostische Bedeutung kommt dieser nicht regelmäßigen Fleckung nicht zu.

3. Plasmodium ovale (STEPHENS) [*syn. Plasmodium minutum* (EMIN)?].

STEPHENS beschrieb 1922 einen neuen Malariaparasiten aus Ostafrika, der sehr dem Quartanaparasiten glich. Die Parasiten und die befallenen Blutkörper streckten sich etwas in die Länge. Er benannte ihn daher *Plasmodium ovale*. SCHÜFFNER-Tüpfelung war regelmäßig vorhanden. 1927 fand er mit OWEN einen 2. Fall aus Nigeria. Einen weiteren Fall aus Nigeria beschrieben dann YORKE und OWEN; FAIRLEY einen solchen aus Westafrika. Durch das genaue experimentelle Studium des Blutes eines Falles von YORKE vom belgischen Kongo konnte durch JAMES, NICOL und SHUTE bewiesen werden, daß es sich um eine konstante, neue Art handelt. Inzwischen hat auch MÜHLENS in 10 Fällen, meist aus Westafrika, aber auch einem aus Ostafrika und einem von der Westküste Südamerikas, die Art festgestellt; auch RODHAIN, SCHWETZ u. a. beschrieben Fälle von Westafrika. D. B. und M. E. WILSON sahen 39 Fälle bei unbehandelten Eingeborenen in Ostafrika.

Plasmodium ovale zeigt in seinem jüngsten Stadium Ringform, später zeigt es keine so amöboiden Formen wie Pl. vivax, sondern ähnelt in Form und Größe dem Plasmodium malariae, ohne aber ausgesprochene Bänder zu bilden. Das Pigment ist schwärzlich und spärlich vorhanden. Bei reiferen Formen wird durch Streckung der Parasiten der Blutkörper oft oval verzogen. Die Teilungsformen zerfallen wie bei Plasmodium malariae nur in 8—10 Merozoiten. Die befallenen Blutkörper werden *nicht* vergrößert, nicht abgeblaßt; dagegen besteht meist eine ausgesprochene SCHÜFFNER-Tüpfelung (s. Abb. 18a—f). Bei Blutüberimpfung wurde die Konstanz der Formen beibehalten, wie WARRINGTON YORKE und OWEN bewiesen, ebenso bei Übertragung durch künstlich infizierte Stechmücken durch JAMES, NICOL und SHUTE. Dabei beschrieben letztere zunächst bei den Oocysten in der Mücke eine besondere Anordnung des Pigments, die für diese Art charakteristisch sein sollte (s. S. 153). Das durch Plasmodium ovale verursachte Fieber zeigt einen *Tertiana*typus, damit entfällt die Annahme einer atypischen Quartana.

Als *Plasmodium vivax var. minutum* beschrieb EMIN 1914 Malariaparasiten, die er bei Fällen von der Insel Camaran im Roten Meer sah. Sie hatten ungefähr die gleichen Merkmale wie die oben beschriebenen Formen, er sah auch SCHÜFFNER-Tüpfelung, aber nicht konstant. ZIEMANN beschrieb nach Präparaten von EMIN die Form 1915 genauer mit guten Abbildungen. Er sah nur ausnahmsweise Tüpfelung, die aber mehr der Maurerschen Fleckung glich. Craig hatte bereits 1900 eine Abart der Malaria tertiana-Parasiten auf den Philippinen beobachtet, die er 1914 genauer beschrieb und 1926 als identisch mit Emins Parasiten als Subspezies Plasmodium vivax minutum benannte. Er hält sie aber jetzt für identisch mit Plasmodium ovale.

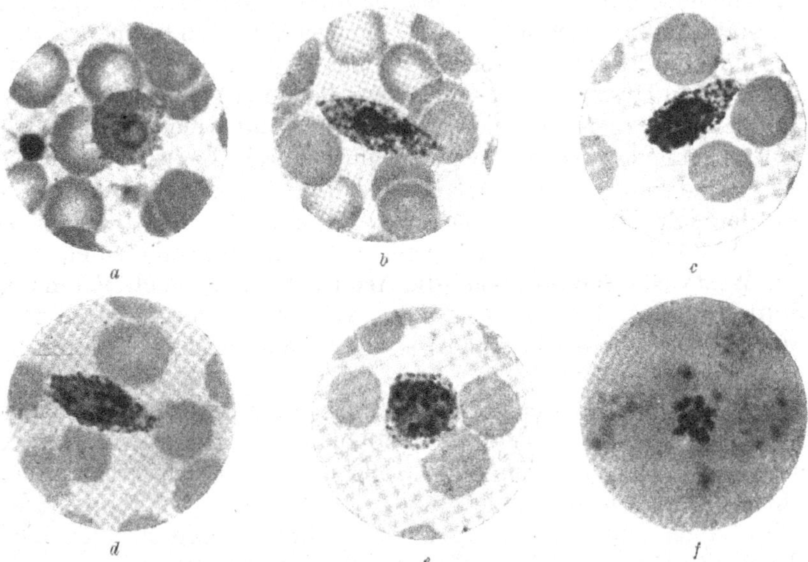

Abb. 18. Plasmodium ovale (nach Mühlens). Vergr. 1:1000.
a Ringform Schüffner-Tüpfelung; *b*—*d* heranwachsende langgestreckte Formen in ovalen Blutkörpern mit Schüffner-Tüpfelung; *e* und *f* Teilungsformen.

Falls Emins Parasiten doch identisch mit Plasmodium ovale sind, müßte nach den Nomenklaturregeln der gültige Name für beide *Plasmodium minutum* (Emin) lauten (Wenyon, Cl. Lane). Giovannola hält Plasmodium ovale nur für eine Varietät von Pl. vivax, die vielleicht durch lange Dauer der Passagen im menschlichen Wirt entstehen könnte.

4. Plasmodium immaculatum

syn. Plasmodium falciparum syn. Laverania malariae.

Erreger der Malaria tropica. „Subtertiana" oder „maligne" Tertiana der Engländer

(Tafel I, Abb. 25—50).

Während manche Zoologen (Schaudinn, Lühe) den Tropicaparasiten nur als besondere Art anerkennen, hielten andere die Aufstellung einer besonderen Gattung *Laverania* wegen der abweichenden Form der Gametocyten für richtig (GRASSI und FELETTI, DOFLEIN-REICHENOW, WENYON).

ZIEMANN teilt die Gattung Laverania noch in 2 Arten (malariae und perniciosa), die aber nicht allgemein anerkannt wurden. Die neue Art *Plasmodium tenue* (STEPHENS) wird ebenfalls nur als ein vielleicht etwas atypischer oder durch die Präparation deformierter Tropicaparasit angesehen. Den Populärnamen Tropicaparasit und Malaria tropica behalten wir bei, da sie ihr Hauptverbreitungsgebiet in den Tropen haben. Die Bezeichnungen Malaria perniciosa und Perniciosaparasit sind irreführend, da auch bei anderen Formen perniziöse Zustände beobachtet sind. Die Benennung der Malaria tropica als „Subtertiana" oder „maligne Tertiana" durch englische Autoren hat schon wiederholt Anlaß zur Verwechslung (mit atypischem, unregelmäßigem Tertianafieber) gegeben. Verbreitet ist der Tropicaparasit außer in den eigentlichen Tropen im Mittelmeergebiet und anderen warmen Gegenden, subtropischem Amerika usw., ist aber auch in unseren Breiten zur heißen Jahreszeit übertragbar.

Die *ungeschlechtlichen Formen* der Tropica sind in ihren jüngsten Stadien viel kleiner und feiner als die der Tertiana. Sie stellen meist winzig *kleine Ringe* mit einem feinen blauen Protoplasmasaum dar. Oft sind die Ringe verzerrt, langgezogen oder liegen als längliche bogenförmige Stäbchen direkt dem Rande an. Manchmal ragen auch Ringe über die Peripherie des Blutkörperchens heraus. Der Kern erscheint zunächst als kreisrundes Korn, das im blauen Saum oder auch in der Vakuole liegt. Sehr frühzeitig sieht man aber oft schon bei den Ringen den Kern länglich gestreckt, hantelförmig und findet dann alle Stadien bis zu doppelkernigen Ringen, wobei die 2 Kerne zunächst nebeneinander liegen, dann aber an 2 entgegengesetzte Pole verlagert werden können (Tafel I, Abb. 28—30). Auch mehrkernige Ringe können so entstehen. Wir sprachen bereits in der I. Aufl. (1918) die Ansicht aus, die auch von anderen Autoren geäußert wurde, daß es sich hierbei um *vorzeitige Zweiteilungen der Tropicaparasiten* handelt. Vielleicht erklären diese fortgesetzten Teilungen auch den charakteristischen Fieberverlauf der Tropica, der natürlich auch durch mehrere ausgebildete Generationen, genau wie bei Tertiana und Quartana, beeinflußt werden kann. Außer dieser Doppelkernigkeit sieht man besonders bei Tropica (aber auch bei den anderen Formen) bei den Ringen oft ein kleines, neben dem Kern oder in der Vakuole liegendes winzig kleines punktförmiges Chromatinkorn, das der eine von uns (MAYER) auch bei Affenmalaria konstant beobachtet hat (s. Tafel I, Abb. 27 und 52).

Diese Zweikernigkeit bedeutet vielleicht eine Reduktion, wie auch ZIEMANN annimmt.

Bei weiterem Wachstum sehen wir beim Tropicaparasiten in der Regel nur etwas größere Ringe von sog. Siegelringform im peripheren Blut, an denen manchmal spärliches Pigment zu erkennen ist. Das alleinige Auffinden von Ringformen (bei Abwesenheit von Gametocyten) im Blutpräparat erlaubt daher meist schon die Diagnose einer Malaria tropica. Die reiferen Formen der Tropica und Teilungsformen findet man in der Regel *nicht* im peripheren Blut; sie können aber bei schweren perniziösen Fällen darin auftreten und bedeuten, wenn sie sonst im peripheren Blut gefunden werden, klinisch immer eine Gefahr. Die *Teilung* erfolgt *gewöhnlich* in den *Capillaren* innerer Organe, *nicht nur des Gehirns*, sondern auch des Herzens, Darms, der Placenta u. a. und im Knochenmark. Die Teilungsformen entsprechen der Form nach genau denen der Tertiana, nur sind sie *winzig klein* und füllen ein Blutkörperchen meist nicht einmal ganz aus; sie zerfallen in 8—12—24 Sprößlinge (Tafel I, Abb. 34—37). Die Teilung dauert ungefähr 48 Stunden.

Die **Geschlechtsformen** der Tropica ähneln in ihren jüngsten Stadien denen der Tertiana, sind also Scheibchen ohne Vakuole. Allmählich aber strecken sie sich, werden länglich oval und dehnen, sobald sie die Größe des Blutkörperchens erreicht haben, es mit sich aus. Im herangewachsenen Stadium stellen sie dann länglich ovale, leicht gekrümmte konkav-konvexe Gebilde dar, die man *Halbmonde* benannt hat. Die *weiblichen Halbmonde* haben bei GIEMSA-Färbung ein dichtes blaues Protoplasma, einen dichten roten, in der Mitte oder nahe einem Pol liegenden relativ kleinen Kern. Das Pigment klebt mit Vorliebe auf dem Chromatin und verdeckt daher oft den Kern in Form dicker braunschwarzer Brocken (Tafel I, Abb. 44—46). Die weiblichen Formen sind fast stets zahlreicher. Die *männlichen Halbmonde* sind blasser, haben ein rötliches Protoplasma, einen sehr aufgelockerten Chromatinkern, der oft in der Nähe eines Poles liegt, und reichliches bräunliches Pigment, das den Kern manchmal überlagert, manchmal aber auch an einer anderen Stelle angehäuft ist, meist besteht es aus mehr zerstreuten Körnern als bei weiblichen Halbmonden. Durch ihren reichen Chromatingehalt erscheinen die männlichen Halbmonde oft im ganzen rötlich (Tafel I, Abb. 42 und 43). Man findet in der Regel hauptsächlich erwachsene Halbmonde im peripheren Blut, während die jugendlichen Formen bei Obduktionen besonders reichlich im Knochenmark gefunden werden. Bei komatöser Malaria sahen wir solche auch massenhaft kurz vor dem Tode im peripheren Blute (s. Tafel I, Abb. 40 u. 41).

Völlig reife Halbmonde runden sich ab. Dies geschieht in der Regel nicht im Kreislauf, kann aber bei der Blutentnahme eintreten, so daß man reife abgerundete Tropicageschlechtsformen (besonders männliche), die früher *Sphären* genannt wurden, gelegentlich in Präparaten — besonders auch in Dicken-Tropfen- und Frischpräparaten — antreffen kann (s. Tafel I, Abb. 47—48).

Veränderungen der roten Blutkörper bei Tropica. Entsprechend der Kleinheit der Parasiten erleiden bei der ungeschlechtlichen Entwicklung die befallenen roten Blutkörper keine Vergrößerung. Sie können im Gegenteil manchmal etwas kleiner erscheinen. Ihr Farbton ist bei GIEMSA-Färbung häufig etwas dunkler mit einem Stich ins Gelbliche, „Messingfarbene". Oft aber kann man an ihnen, insbesondere bei intensiver Färbung (auch bei absichtlich mangelhafter Fixierung) eine charakteristische Fleckung beobachten, die zuerst von MAURER genauer beschrieben wurde und nach ihm MAURER*sche Perniciosafleckung* heißt; SCHÜFFNER hatte sie auch beobachtet. Es treten dabei unregelmäßige, chromatinfarbene rote Flecken oder Ringe oder Schleifen, gelegentlich auch ein intensiv rot gefärbter Rand um den Parasiten oder um den infizierten Blutkörper auf. Diese Fleckung gehört also nicht zum Parasiten und bedeutet, wie oben (S. 133) erwähnt, wohl nur eine Ausfällung seitens der Erythrocytensubstanz, die aber in dieser groben Form — trotz des seltenen Vorkommens bei Malaria quartana — für Malaria tropica charakteristisch ist (s. Tafel I, Abb. 33).

Bei den Geschlechtsformen dehnt sich das Blutkörperchen mit dem Längenwachstum beträchtlich aus, es wird dabei zum Teil abgeblaßt, oft aber umgibt es schließlich den Halbmond in Form einer intensiv, fast chromatinrot gefärbten, nach außen unregelmäßig ausgezackten *Kapsel.* Andererseits sieht man oft an der konkaven Seite noch einen feinen, bogenförmig vorspringenden Saum als Rest des Blutkörperchens (s. Tafel I, Abb. 43, 45, 46). Auch die Halbmondkapsel kann zu einer intensiv roten Färbung des Halbmondes führen (also nicht nur das Chromatin). Ob die Kapseln vielleicht ein „Periplast", also eine vom Erythrocyten unabhängige Membran darstellen, ist wiederholt erörtert worden (J. G. THOMSON u. a.).

Die Malariaparasiten im Dicken-Tropfen-Präparat (Tafel II). Die S. 113 beschriebenen Dicken-Tropfen-Präparate sind zur Diagnosestellung der Malaria heute ein unentbehrliches Hilfsmittel geworden. Gestatten sie doch dadurch, daß man in *einem* Gesichtsfeld eine viel größere Blutmenge als im Gesichtsfeld eines dünnen Ausstriches, eines Frischpräparates oder eines Dunkelfeldpräparates durchmustern kann, auch bei ganz spärlichem Parasitenbefund verhältnismäßig rasch die Diagnose zu stellen. Es gehört einige Übung dazu, die Parasiten, die dabei etwas geschrumpft aussehen, zu erkennen, und dies hat scheinbar manche Untersucher überhaupt abgeschreckt, sich der Methode zu bedienen. Wenn man sich zunächst Dicke-Tropfen-Präparate von vorher positiv befundenen Fällen anfertigt, kann man sich selbst rasch das Aussehen der Parasiten einprägen.

Im Dicken-Tropfen-Präparat nach GIEMSA-Färbung sieht man einen körnigen, netzartigen, rötlichgrauen Untergrund, auf dem gelegentlich noch die Umrisse schlecht ausgelaugter Erythrocyten zu erkennen sind. Vor allem findet man in einem Gesichtsfeld stets eine Anzahl weißer Blutkörper, die teils geschrumpft erscheinen mit schlechten Umrissen; teils sind die Kerne geplatzt und erscheinen heller, unregelmäßiger. Bei einiger Übung lassen sich die Leukocytenformen leicht darin differenzieren und auch Eosinophile gut erkennen (s. Tafel II). Dazwischen sieht man Blutplättchen vereinzelt oder in Haufen, deren Zahl größer ist, wenn das Blut schon vor dem Verteilen in Gerinnung begriffen war. Rote und blaue Farbniederschläge, aufgefallener Staub und bei schlechter Bedeckung und langer feuchter Aufbewahrung gelegentlich auch Bakterien, Pilzfäden, Hefen (ja Fliegenkot und Flagellaten aus solchem) kommen im Dicken-Tropfen-Präparat vor. Die Diagnose auf Malariaparasiten darf nicht aus leuchtend roten Körnern allein gestellt werden, sondern es muß auch bei den jüngsten Ringformen stets ein blauer Protoplasmateil deutlich zu erkennen sein. Jüngste Tertiana-, Quartana- und Tropicaringe erscheinen teils in Ringform, teils, besonders bei Tropica, nur als *blaue Scheibchen neben einem roten Chromatinkorn.* Halberwachsene Tertianaparasiten sind stets geschrumpft, erscheinen daher dunkler und durch das aufgelagerte Pigment oft grauer als im dünnen Präparat; meistens sind *bei Tertiana Reste des Blutkörperchens als rosa Scheibe oder in gut erhaltener* SCHÜFFNER-*Tüpfelung* zu erkennen. Auch Quartanaparasiten kann man aus ihrer Form (wenig verzerrt) und dem hellen Pigment diagnostizieren. Bei einiger Übung kann man auch die Gameten von Schizonten sehr gut unterscheiden, die keine verzerrten Bilder, sondern rundliche Pigmentanhäufungen mit deutlichem Chromatin zeigen. Die Gameten der Tropica (Halbmonde) erscheinen oft blasser, deformiert, sind aber auch durch ihr Pigment leicht zu erkennen.

Die beiden Abbildungen (Tafel II) von Malaria tertiana und tropica bringen typische Bilder, bei künstlicher Beleuchtung gemalt (bei Tageslicht ist das Pigment und dadurch die Parasiten manchmal noch besser zu erkennen).

Ohne Untersuchung Dicker-Tropfen-Präparate darf heute keine negative Diagnose auf Malariaparasiten mehr gestellt werden[1].

Die Malariaparasiten bei MANSON-Färbung. Bei MANSON-Färbung, die, wie S. 116 angegegeben, nach der Fixierung nur wenige Sekunden in Anspruch nimmt, kann man im dünnen Ausstrichpräparat die Parasiten sehr leicht auffinden. Ihr Protoplasma hat gegenüber dem grünlichen der Erythrocyten einen mehr blauvioletten, das Chromatin, wenn es sich — wie bei Ringen — färbt, oft einen rötlichen Farbton. Besonders der Pigmentgehalt läßt ältere Tertiana- und Quartanaparasiten und Halbmonde leicht erkennen (s. Tafel I, Abb. 68—72). Für Dicke-Tropfen-Präparate genügt die Zeit der Färbung oft nicht zum völligen Auslaugen der Erythrocyten, weshalb vorheriges Auslaugen durch Aufgießen von Wasser zu empfehlen ist.

Die ***Dunkelfelduntersuchung*** *der Malariaparasiten* bietet keine wesentlichen Vorteile gegenüber der anderen Frischuntersuchung, wenn man auch Halbmonde und reife Gameten, besonders auch geißelnde, sehr leicht darin auffinden kann.

Züchtung der Malariaparasiten. Im Jahre 1912 veröffentlichte BASS, daß es ihm gelungen sei, Malariaparasiten künstlich weiter zu entwickeln. Er vermischte 10 ccm Blut mit 0,1 ccm 50proz. Dextroselösung und hielt die Kulturröhrchen bei 40—41°. SINTON verbesserte die Methode (1929). Er setzt zu 5 ccm Malariablut, das er mit Glasperlen 5 Minuten in einem starken Reagensglas schüttelt, 0,2 ccm einer 50proz. Glucoselösung zu, genau wie BASS. Dann gibt er je 1 ccm dieser Mischung in ein enges Reagensröhrchen und fügt 0,5 ccm Blutserum des gleichen Patienten zu. Bebrütet wird bei 37°; alle 48 Stunden werden Blutausstriche von der unmittelbar unterhalb der Oberfläche liegenden Schicht angefertigt.

CHORINE sah das beste Wachstum bei einer p_H von 7,1 (6,9 bis 7,3), die er durch Zusatz von Kohlensäure oder Salzsäure erzielte. KNOWLES empfiehlt die Kultur zu diagnostischen Zwecken. Er beschickt den Boden kleiner Reagensröhrchen von 12,5 zu 1,5 cm mit 1 Tropfen 50proz. Dextroselösung und gibt mit einer

[1] Der Nachweis sehr spärlicher Parasiten durch Zentrifugation (BASS, HEGLER) ist umständlich und bei genügender Durchsicht Dicker-Tropfen-Präparate fast stets entbehrlich.

Capillare bis zu einer Höhe von $2^1/_2$ cm defibriniertes Blut (wie SINTON) zu. Dann erwärmt er den oberen Teil des Röhrchens zum Austreiben der Luft, verschließt hermetisch mit einem Gummistopfen und bebrütet bei 37°. Es setzt sich eine Plasma-, Leukocyten- und Erythrocytenschicht ab. Von der Oberfläche letzterer entnimmt man täglich mit einer Capillare Untersuchungsmaterial und macht daraus Präparate. Nach KNOWLES gibt die Methode noch positive Ergebnisse, wenn der Dicke Tropfen versagt. Die Kulturparasiten sind meist dunkel gefärbt und leicht erkennbar durch ihr besonders dunkles Pigment. Am besten entwickelt sich Plasmodium immaculatum weiter. Besonders bei Fällen, die durch eine kleine Dosis Chinin (etwa 0,3 g) mikroskopisch negativ geworden sind, wird nach ihm die Kultur positiv. Diese Angaben sind von MANSON-BAHR u. a. bestätigt worden.

Daß es dabei zu Weiterentwicklungen kommt, ist mehrfach bestätigt worden; ob aber wirklich dabei neue Generationen entstehen oder nur eine Weiterentwicklung bis zu vollendeter Teilung im gleichen Blutkörper stattfindet, ist schwer zu entscheiden.

Verhalten der Malariaparasiten bei chronischer Infektion und Entstehung der Rezidive. Bei chronischen Infektionen finden sich oft nur die oben angegebenen Blutveränderungen, dagegen keine Parasiten im Blut. Meist erschöpfen sich bei *Nichtbehandlung*, falls die Krankheit nicht zum Tode führt, allmählich die Anfälle, und die Parasiten scheinen hauptsächlich in inneren Organen weiterzuleben. Bei genauem Untersuchen findet man aber doch, besonders in Dicken-Tropfen-Präparaten bei solchen Leuten, insbesondere auch bei Kindern und Eingeborenen in Gegenden mit endemischer Malaria, Parasiten im peripherischen Blut. Vor allem findet man *Geschlechtsformen*, und zwar meistens weibliche, aber *nicht selten* auch ungeschlechtliche, und zwar davon meist Ringformen, oder halberwachsene Tertianaparasiten.

Auch bei *Behandlung* sind die Geschlechtsformen dem Chinin gegenüber am widerstandsfähigsten und verschwinden immer erst nach einiger Zeit. Insbesondere sind es die Halbmonde, die trotz intensiver Behandlung mit den verschiedensten Mitteln außer Plasmochin wochen- bis monatelang im Blute auftreten können, während die Tertiana-Geschlechtsformen bei genügender Chininbehandlung meist nach einigen Tagen aus dem Blut verschwinden, sich aber dann auch in inneren Organen (z. B. Milz) halten und später wieder im Blut erscheinen können. Diese Widerstandsfähigkeit der Geschlechtsformen legte den Gedanken nahe, daß sie mit den **Rückfällen**, besonders den Spätrückfällen der Malaria, etwas zu tun hätten. SCHAUDINN (l. c.) fand bei solchen Rückfällen von Malaria tertiana Formen im Blute und im Milzpunktat,

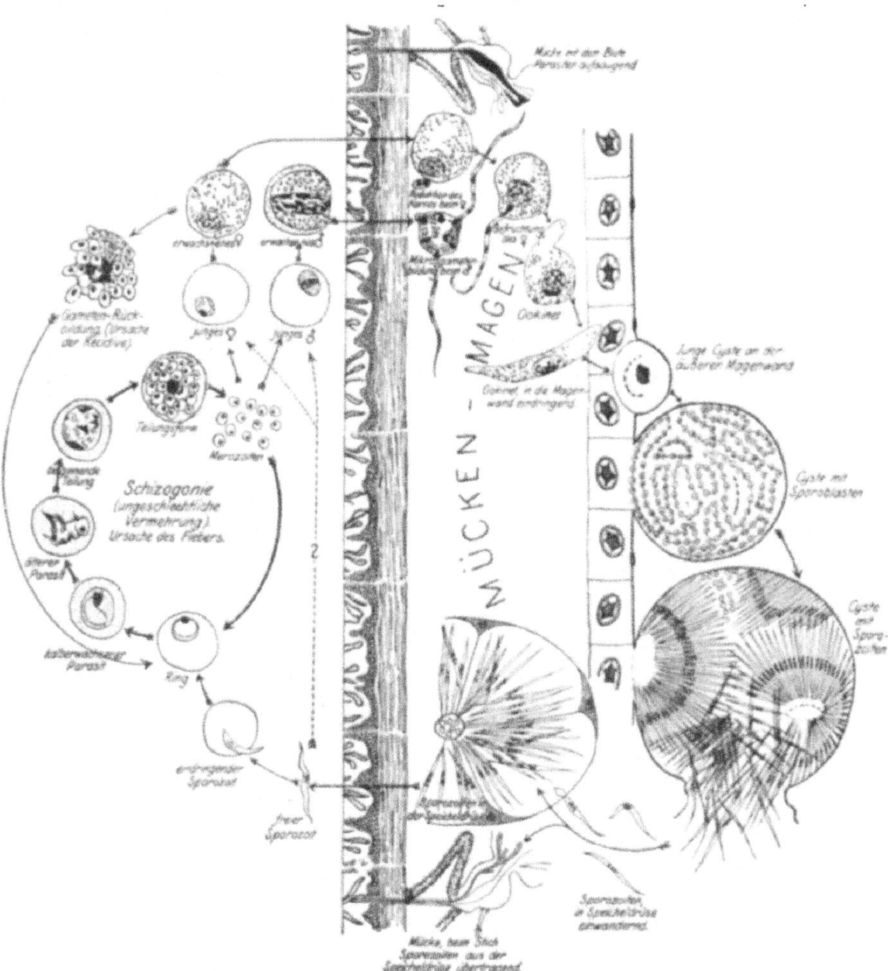

Abb. 19. Entwicklungskreis der Malariaparasiten (Plasmodium vivax). Nach einer Wandtafel des Instituts für Schiffs- und Tropenkrankheiten Hamburg (FÜLLEBORN comp.).

die dafür sprachen, daß die Makrogameten die Fähigkeit haben, unter unvollständiger Abschnürung eines dem Zugrundegehen geweihten Teiles ihres Kerns und Protoplasmas sich durch Schizogonie zu vermehren (s. Tafel I, Abb. 22—24). Er nannte diesen Vorgang „*Rückbildung und Schizogonie der Makrogameten*". Obwohl die SCHAUDINNschen Befunde von manchen Seiten bestätigt wurden und auch bei Malaria tropica, bei der SCHAUDINN selbst sie schon gesehen hat, von NEEB, SWELLENGREBEL, ABRAMI und SÉNEVET u. a. Rückbildungen von Halbmonden beschrieben sind, hält man heute diese Theorie *nicht für bewiesen* und glaubt fast allgemein, daß es sich doch um Täuschungen durch Doppelinfektionen handelt. Die Entscheidung hierüber muß den Zoologen belassen werden. (In Abb. 19 ist der Vorgang noch dargestellt.)

Außer dieser angenommenen Rückbildung kommt aber für die Rückfälle vor allem noch ein anderes Moment in Frage. Es kann unter der Einwirkung von Abwehrstoffen des Organismus bei vielen parasitischen Protozoen die ungeschlechtliche Entwicklung gehemmt werden, wodurch sie in einem jüngeren Stadium für längere Zeit, aber immer noch lebensfähig, stehenbleiben. Die Befunde von Agamonten bei scheinbar gesunden Leuten beweisen, daß bei Malaria auch ein solches Verhalten vorkommt; so bleiben besonders in inneren Organen (Milz, Knochenmark) ungeschlechtliche Stadien erhalten (JAMES, ZIEMANN), die sich auch vermehren und selbst spärlich im Blut erscheinen können, ohne daß es zu einer solchen Anreicherung kommt, daß Anfälle auftreten[1]. Bei gelegentlicher Störung (Erkältungen und anderen Schädigungen) wird der Körper geschwächt und ein Rückfall durch wieder einsetzende energische Vermehrung ausgelöst. Diese Ansicht hat der eine von uns (NOCHT) schon vor Jahren ausgesprochen; ZIEMANN u. a. nehmen dasselbe, letzterer besonders zur Erklärung der Frührückfälle, an. C. SCHILLING bezeichnet diese Zustände bei Protozoenkrankheiten sehr kennzeichnend als „*labile Infektion*", REITER als „*stumme*" *Infektion*, ED. SERGENT, PARROT und DONATIEN als „*Prémunition*" (s. a. unter Immunität S. 101).

[1] Diese Auffassungen erhielten einen gewissen experimentellen Beleg durch Versuche von CANNON und TALIAFERRO bei Vogelmalaria. Danach handelt es sich beim Übergang vom akuten zum chronischen Stadium um immunisatorische Vorgänge derart, daß das Reticuloendothel mit fortschreitender Immunisierung einen immer größer werdenden Teil der neugebildeten Parasiten durch phagozytäre Tätigkeit vernichtet und dadurch einer schrankenlosen Vermehrung dieser entgegenwirkt. Auch kommt es — insbesondere bei Wiederinfektion — sowohl zu einer starken Wucherung des Reticulo-Endothels als auch zu einer Steigerung seiner Funktion. Selbst wenn bei der Teilung auch stets die gleiche Zahl neuer Parasiten entsteht, so werden diese in immer größerer Zahl vorzeitig vom Reticulo-Endothel vernichtet. Auf diese Weise wird ein Gleichgewichtszustand hergestellt, der durch verschiedene Ursachen erschüttert werden kann, so daß die *Tätigkeit des Reticulo-Endothels erlahmt* und es zu *Rückfällen* durch ungehemmte Vermehrung der Parasiten kommt.

Beziehungen zwischen der Malaria der Affen und Menschen.

Plasmodiden gibt es nicht nur bei Menschen, sondern auch bei den verschiedensten Tieren, insbesondere Affen. Die Plasmodiden der Affen wurden vielfach genauer untersucht, man unterscheidet eine Reihe von Arten. Neuerdings wird eine hochvirulente Form, das *Plasmodium knowlesi*, als Studienobjekt, insbesondere für chemotherapeutische Zwecke, von vielen Forschern verwendet.

Zahlreiche Versuche, menschliche Malaria direkt oder durch Anophelen auf höhere und niedere Affen zu übertragen und ebenso umgekehrt Affenmalaria auf Menschen, waren längere Zeit fehlgeschlagen. Im folgenden sollen *nur die für die menschliche Malaria wichtigen positiven Ergebnisse* erörtert werden.

I. Befund von Plasmodien bei Affen, die morphologisch den menschlichen gleichen.

In Westafrika sind mehrfach bei höheren Affen Malariaparasiten gefunden worden, die den menschlichen gleichen. REICHENOW fand in Kamerun bei 6 Schimpansen und 1 Gorilla spärliche Ringe und Halbmonde, bei 1 Gorilla Plasmodium vivax-ähnliche Parasiten mit Tertianacyclus und bei 2 Schimpansen dem Plasmodium malariae ähnliche. Er glaubt nicht, daß, wenn sie mit der menschlichen Malaria identisch sind, die Affen als Reservoir für diese eine Rolle spielen. ADLER und BLACKLOCK fanden in Sierra Leone bei Schimpansen Parasiten, die anfangs tertiana- und quartanaähnlich, später nur tropicaähnliche Ringe und Halbmonde zeigten. Übertragung auf 2 Europäer mißlang. ADLER fand bei einem weiteren Schimpansen tropicaähnliche Ringe und Gameten. Neuerdings hat SCHWETZ bei Schimpansen alle 3 Formen wiedergefunden (einmal Plasmodium vivax dem Plasmodium ovale ähnlich). SLUITER, SWELLENGREBEL und IHLE benannten die der Tropica ähnliche Form *Laverania reichenowi*. TALIAFERRO fand in amerikanischen Affen quartanaähnliche Formen.

II. Gelungene Übertragung menschlicher Malaria auf Affen.

1917 berichteten MESNIL und ROUBAUD über eine gelungene Übertragung von Malaria tertiana auf den Schimpansen (nach Mißerfolg bei einem Tier mit Tropica und Tertiana). Von 2 Impfungen mit Tertianablut ergab erst die zweite nach 12tägiger Inkubation Auftreten von Parasiten in 4 Generationen, die 9 Tage nachweisbar waren und dann verschwanden. Eine Superinfektion mißlang. Verschiedene Autoren vermuteten, daß es sich hier nur um Aktivierung einer latenten Affenmalaria gehandelt habe.

1934 berichteten W. H. und L. G. TALIAFERRO und CANNON über gelungene Übertragung von Malaria tropica auf Heulaffen (Alouatta palliata) in Panama. Es wurden 5—20 ccm Blut von Tropica 9 Heulaffen injiziert, von denen 5 partiell splenektomiert waren; sämtliche zeigten bald darauf Parasiten, zum Teil mit 48-Stunden-Cyclus. Bei einem Tier waren sie 8 Tage nachweisbar, die Ringe waren morphologisch Plasmodium falciparum gleich. Es fanden sich auch Teilungsformen mit zahlreichen Merozoiten (bis zu 40). (Auch in der Placenta vom Mensch fanden sie bei Tropica Teilungen mit zahlreichen Merozoiten.) Weiterimpfung auf einen zweiten Affen gelang, bei dem aber nur 12 Stunden Parasiten nachweisbar waren.

III. Gelungene Übertragung von Affenmalaria auf den Menschen.

Der bei Macacus irus in Indien gefundene, für Rhesusaffen hochvirulente Malariaparasit *Plasmodium knowlesi* konnte von KNOWLES und DAS GUPTA (1932) auf 3 Menschen übertragen werden. Beim ersten Fall trat nach subcutaner Injektion von 2 ccm Blut nach 20tägiger Inkubation Fieber mit Parasiten im Blut auf, das 8 Tage dauerte, dann nach 9tägiger Pause 4tägiges Rezidiv mit Parasitenbefund. Der zweite Fall wurde mit 5 ccm Blut des ersten subcutan geimpft. Nach 8tägiger Inkubation schwerer Anfall mit Parasiten im Blut, nach 6 Tagen Fieberabfall ohne Rezidiv. Ein dritter von einem Rhesusaffen Geimpfter zeigte nur eine sehr milde Infektion. Die Parasiten waren zeitweise bandförmig. Von allen 3 Versuchspersonen gelang Rückimpfung auf Rhesusaffen, die den charakteristischen Typus dieser Parasiten zeigten. Inzwischen ist Pl. knowlesi von VAN ROOYEN und PILE sowie NICOL zur Malariaimpfung von Paralytikern herangezogen worden.

JONESCO-MIAHAIESTI, ZOTTA, RADACOVICI und BADENSKI berichten (1934) aus Rumänien über gelungene Übertragung eines Malariaparasiten von Papio babouin aus Afrika auf den Menschen. Bei intraperitonealer Impfung mit Virus von klimatischen Bubonen war dieser Babuin an tödlichem Malariarezidiv vom Typus Plasmodium inui erkrankt, nachdem er vorher stets negativ war. Ein weiterer Babuin und Rhesus starben nach Verimpfung an schwerer akuter Malaria. Ein Freiwilliger wurde von der Babuin-Passage intravenös geimpft. Nach 9tägiger Inkubation Fieber, das stets z nahm und am 26. Tag nach der Infektion mit Chinin geheilt wurde. Vom 3. Fiebertage an wurden bis zur Behandlung Parasiten in Gestalt feiner, tropicaähnlicher Ringe gefunden. Von diesem Menschen wurden 2 weitere intravenös geimpft (mit 12 bzw. 10 ccm Blut). Auftreten der Parasiten vom 9. bzw. 10. Tage an, Fieber vom 10. bzw. 11. Tage an. Nach 17 bzw. 18 Tagen Heilung mit Chinin. Die Parasiten blieben spärlich, aber Teilungsformen traten auf! Rückimpfung vom ersten Fall auf Mac. rhesus gelang, der nach 5tägiger Inkubation schwer erkrankt und nach 5 Tagen mit zahlreichen, typischen Parasiten im Blut stirbt.

Es sind somit den menschlichen Malariaparasiten morphologisch gleiche bei höheren Affen festgestellt worden. Es konnte menschliche Malaria auf Affen und umgekehrt Affenmalaria auf Menschen übertragen werden.

Inzwischen ist durch das Studium der Affenmalaria eine ganze Fülle von Erkenntnissen für Klinik, Immunität und Chemotherapie gewonnen worden (KNOWLES, CHOPRA und Mitarbeiter, SINTON und Mitarbeiter, VAN ROOYEN und PILE, NAUCK und MALAMOS u. a.).

Die Entwicklung der Malariaparasiten im Überträger.

Zur Weiterentwicklung im Zwischenwirt sind die Geschlechtsformen der Malariaparasiten bestimmt. Die Anfänge dieser Weiterentwicklung, besonders die Bildung und Ausstoßung der Mikrogameten, können auch schon unmittelbar nach der Blutentnahme einsetzen und so im lebenden und gefärbten Präparat beobachtet und unter geeigneter Versuchsanordnung bis zur Befruchtung weiter verfolgt werden. Es dürfen aber aus dem Auffinden solcher Formen bei Lebendbeobachtung oder im Dicken Tropfen oder im Ausstrich keine Schlußfolgerungen auf das Vorkommen solcher Stadien im strömenden Blut gezogen werden (s. Tafel I, Abb. 49 und 50).

Die ganze Entwicklung und ihre Hauptstadien sind aus dem Cyclus Abb. 19, S. 143 erkennbar.

Gelangt Malariablut in den Magen *einer zur Übertragung geeigneten Stechmücke*, so gehen zunächst alle ungeschlechtlichen Parasiten zugrunde, ebenso die unreifen Geschlechtsformen. Nur die reifen Geschlechtsformen, von denen gewöhnlich die weiblichen an Zahl bedeutend überwiegen, können sich weiterentwickeln. Die Entwicklung beginnt bei den Männchen damit, daß im Innern unter rotierenden Strömungen, die das Pigment zu starkem Tanzen und den Parasiten selbst oft in drehende Bewegungen bringen, der Kern in einzelne peripher wandernde Brocken zerfällt und dann die Kernsubstanz und das Protoplasma sich in aufgerollten Fäden anzuordnen beginnt. Plötzlich werden solche Fäden = *Geißeln* = *Mikrogameten* ausgeschleudert und können zunächst unter lebhaft hin und her schlagenden Bewegungen an dem Gebilde haften bleiben. Man spricht dann von geißelnden männlichen Gameten oder von *geißelnden Sphären*, da sich auch bei Tropica die reifen männlichen Halbmonde vorher kugelig (sphärisch) abgerundet haben. Die Zahl der gebildeten Geißeln beträgt gewöhnlich 4—8. Schließlich reißen sich die Geißeln los und schwimmen unter aktiven Flagellatenbewegungen hin und her. Es bleibt ein rundlicher Restkörper mit Pigment- und Protoplasmaresten zurück, wie ihn Abb. 50, Tafel I aus einem Dicken-Tropfen-Präparat im Blute zeigt. Gefärbt stellen sich die Mikrogameten als sehr feine zugespitzte blaurote Gebilde von 20—25 μ Länge mit einem oder mehreren Chromatinkörnern dar.

Stößt nun ein Mikrogamet im Mückenmagen beim Umherschwimmen in der Blutmasse auf einen reifen Makrogameten, zum Teil vielleicht chemotaktisch angezogen, so schiebt ihm dieser einen Befruchtungshügel entgegen, der ganze Mikrogamet dringt ein, und es kommt zu einer innigen Verschmelzung der Kerne beider. Vorher ist seitens des Makrogameten ein kleiner Kernanteil ausgestoßen worden (*Reduktion*). Nach der Befruchtung kann genau wie bei der Metazoenzelle kein weiterer Mikrogamet (Samenfaden) eindringen.

Das befruchtete Gebilde wölbt sich nun an einer Stelle vor, streckt diesen Buckel immer mehr und mehr aus und rollt sich über ein Stadium, in dem es posthornähnliche Gestalt hat, allmählich in ein langgestrecktes wurmartiges Gebilde, den **Ookinet**, auf. Der Ookinet ist 18—24 μ lang und 3—4 μ breit, er ist aktiv beweglich und macht gleitende, drehende, krümmende und streckende Bewegungen. Gefärbt erkennt man in ihm dunkelblaues Protoplasma, aufgelockerte Kernsubstanz und das noch von dem Makrogametenstadium her in ihm enthaltene *Pigment*, das sich hauptsächlich in seiner hinteren Hälfte ansammelt. Die Ookineten durchbohren nun die Magenwand, und zwar drängen sie sich zwischen den kubischen Epithelzellen hindurch, bis sie unter das äußere Epithelhäutchen des Magens zu liegen kommen wo sie sich zu einer kleinen Kugel, der *Oocyste*, abrunden.

Diese **Oocysten** kann man am ungefärbten Mückenmagen a kleine glasige Kügelchen bzw. Scheibchen erkennen, in denen m das schwarzbraune *Pigment* deutlich sieht. Die Oocysten wach nun allmählich heran, wobei es in ihrem Innern zu einer Protoplasmaauflockerung unter gleichzeitiger Kernvermehrung kommt. Die neugebildeten Kernmassen sammeln sich um einzelne Protoplasmaschollen an, an deren Rand sie schließlich als runde Pünktchen (bei Chromatinfärbung rot) in regelmäßiger Anordnung zu erkennen sind.

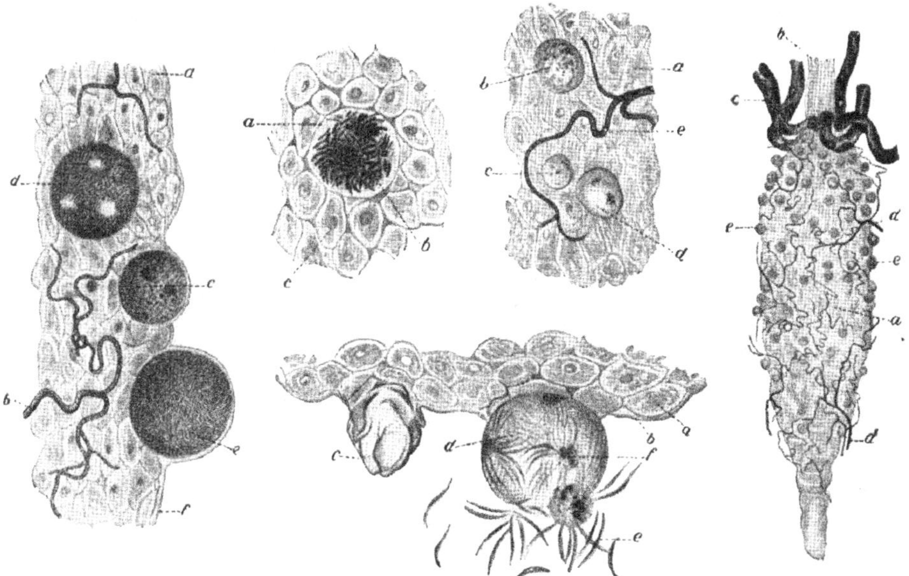

Abb. 20. *Cystenentwicklung von Plasmodium vivax am Anophelesmagen.* (Nach R. O. Neumann und M. Mayer.)

1. *Magen von Anopheles claviger:* 10 Tage nach Blutaufnahme ca. 600/1. Frisches Präparat mit Osmiumsäure fixiert. a) Magenepithel; b) Tracheen; c) jüngere Cyste; d) erwachsene Cyste mit Restkörpern und Sichelkeimen; e) erwachsene Cyste; f) Muskelfasern des Magens. 2. *Magen von Culex pipiens:* 10 Tage nach Blutsaugen, mit „black spores“, ca. 650/1. Frisches Präparat, Osmiumsäurefixierung. a) Cyste; b) black spores; c) Magenepithel. 3. *Magen von Anopheles claviger;* 4 Tage nach Blutaufnahme ca. 600/1. Frisches Präparat. a) Magenepithel; b—d) junge Cysten; e) Tracheen. 4. *Magen von Anopheles claviger:* 11 Tage nach dem Blutsaugen ca. 1000/1. Frisches Präparat. a) Magenepithel; b) Magenmuskulatur; c) leere Cystenhülle; d) reife, geplatzte Cyste; e) freie Sichelkeime; f) Restkörper mit anhängenden Sichelkeimen. 5. *Magen von Anopheles claviger;* 11 Tage nach der Blutaufnahme ca. 40/1. Frisches Präparat. a) Magen; b) Enddarm; c) Malpighische Gefäße; d) Tracheen; e) Cysten.

Man spricht in diesem Stadium von *Sporoblastenbildung*. Allmählich strecken sich von diesen Kernen aus feine Protoplasmafortsätze aus, und es entstehen um einen Protoplasmakörper in radiärer Anordnung zahlreiche, beiderseits zugespitzte, sichelartige Gebilde, die **Sporozoiten** oder *Sichelkeime*. Dabei hat die einzelne Cyste eine bedeutende Größe (im Durchschnitt 40 μ, im Maximum nach Grassi gewöhnlich 60 μ) erreicht und kommt schließlich durch den Druck der zahlreichen Sichelkeime zum

Platzen; diese werden nun einzeln frei und geraten in den außerhalb des Magens vorhandenen Flüssigkeitsstrom der Leibeshöhle[1].

Die *Sichelkeime, Sporozoiten,* selbst erscheinen gefärbt als zarte blaßblaue Gebilde von 14—15 μ Länge mit einem oder mehreren

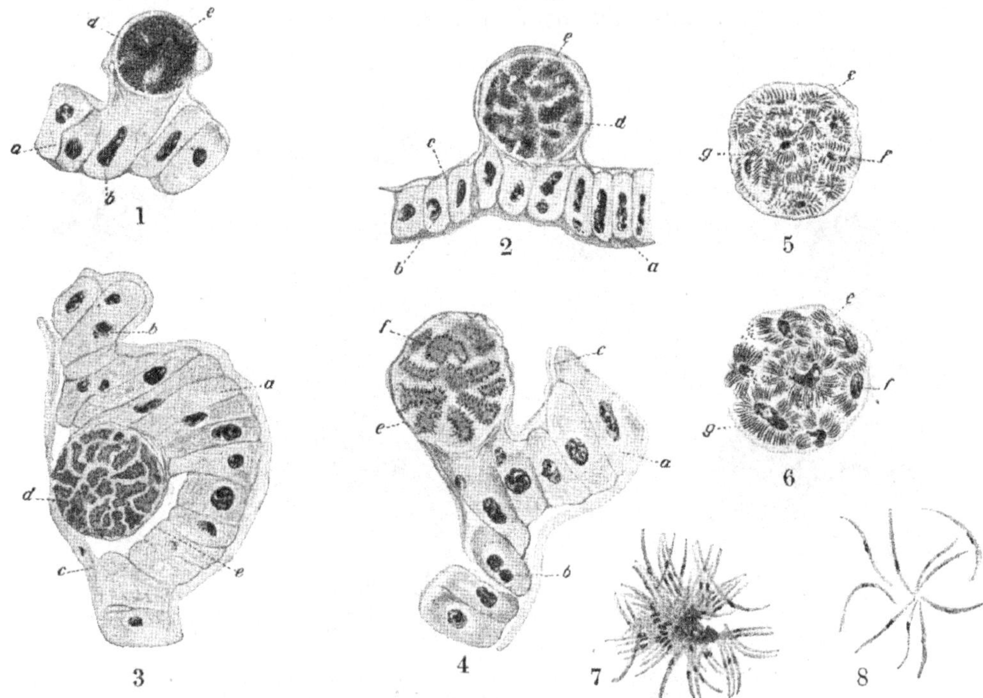

Abb. 21. *Cystenentwicklung von Plasmodium vivax am Anophelesmagen.* Schnittpräparate. Hämatoxylinfärbung. (Nach R. O. NEUMANN und M. MAYER.)

Zeichenerklärung: a) Zellen des Magenepithels; b) Kerne dieser Zellen; c) Magenmuskulatur; d) Cyste; e) Cystenwand; f) Restkörper; g) Sporozoiten. 1. *Ganz junge Cyste,* 3—4 Tage nach dem Blutsaugen ca. 650/1. 2. *Junge Cyste,* 5—6 Tage nach Blutsaugen ca. 650/1. Die Cyste ist größer geworden, beginnendes Sporoblasten-Stadium. 3. *Ältere Cyste,* 6 bis 7 Tage nach Blutsaugen ca. 650/1. Sporoblasten-Stadium. 4. *Cyste am Ende des Sporoblasten-Stadiums,* 8—9 Tage nach Blutsaugen etwa 650/1. 5. *Einzelne, fast reife Cyste mit Sporozoiten,* 9—10 Tage nach Blutsaugen ca. 650/1. 6. *Reife Cyste,* 10—11 Tage nach Blutsaugen ca. 650/1. 7. *Rosette von Sichelkeimen aus einer Cyste.* GIEMSA-Färbung ca. 1000/1. 8. *Freie Sichelkeime.* GIEMSA-Färbung ca. 1000/1.

Kernen. KNOWLES und BASU bringen die Mehrkernigkeit neuerdings mit einer möglichen Weiterentwicklung in Zusammenhang.

[1] Manchmal werden Cysten mit dunkelbraunem Inhalt angetroffen die ROSS als **„black spores"** zuerst beschrieben hat. Die Annahme, daß es sich dabei um Mischinfektionen mit anderen Parasiten handelt, ist nach Untersuchungen BRUGS nicht richtig. Er zeigte nämlich, daß es sich um eine Chitinisierung des Cysteninhalts handelt (s. Abb. 20, 2); nach STRICKLAND und ROY entstehen diese „BRUGschen Chitinkörper" in Zygoten und Sporozoiten, die vor der Entwicklung abgestorben sind.

Sie sind beweglich und gelangen teils durch eigene Bewegung, teils durch Strömungen nach dem vorderen Teile des Thorax zu, wo sie von außen nach innen schließlich die Wandungen der glasigen Speicheldrüsen durchbohren und sich innerhalb der Speichelzellen ansiedeln, besonders im Mittellappen (s. a. S. 155). Sticht nun die Mücke, so wird mit dem Stich jedesmal auch Speichel sezerniert, die Sichelkeime werden mit solchem Speichel mitgerissen

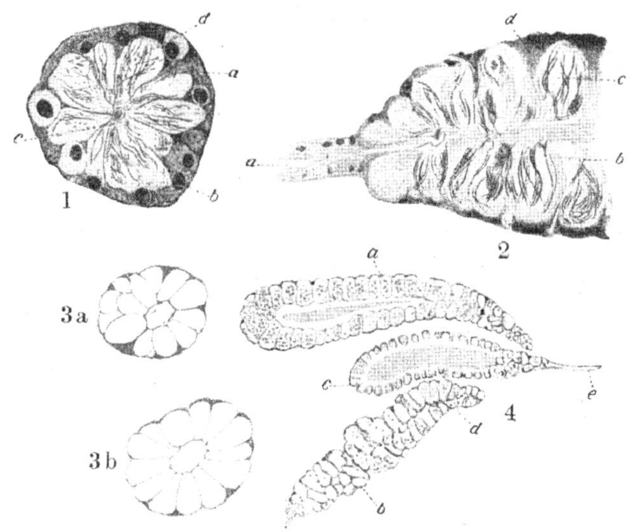

Abb. 22. *Sporozoiten in der Speicheldrüse.* (Nach R. O. NEUMANN und M. MAYER.)
1. *Speicheldrüse (mittlerer Lappen) von Culex pipiens* mit Sporozoiten von Vogelmalaria. Am 13. Tage nach dem Blutsaugen. Querschnitt. Hämatoxylinfärbung ca. 435/1. a) Parenchym des Drüsenlappens in der Umgebung der Sekretionszellen; b) Kerne der Parenchymzellen; c) Ausführungsgang der Speicheldrüse; d) Sporozoiten, einzeln oder zu Bündeln eingelagert in die Sekretionszellen. 2. *Infizierte Speicheldrüse (mittlerer Lappen).* Am 14. Tage nach dem Blutsaugen. Längsschnitt. Hämatoxylinfärbung 650/1. a) Ausführungsgang der Speicheldrüse; b) Sekretionszellen; c) Sporozoiten; d) Parenchym des Drüsenlappens. 3a und 3b. *Nicht infizierte Speicheldrüse von Anopheles claviger.* Querschnitt. Hämatoxylinfärbung ca. 335/1. 4. *Nicht infizierte Speicheldrüse von Anopheles claviger.* Längsschnitt. Hämatoxylinfärbung ca. 140/1. a) und b) Seitenlappen; c) Mittellappen (Giftlappen); d) Ausführungsgang der Speicheldrüse; e) gemeinsamer Ausführungsgang.

und gelangen von neuem in die Blutbahn. Hier befallen sie *nach* SCHAUDINN *sofort* Blutkörperchen, dringen aktiv, wie er experimentell zeigen konnte, in diese ein und beginnen den Cyclus der sog. endogenen Entwicklung.

Neuerdings hat man gelegentlich von Versuchen zum Studium chemotherapeutischer Wirkung dem Verhalten der Sporozoiten besondere Aufmerksamkeit geschenkt. Es wird für möglich gehalten (KIKUTH und GIOVANNOLA u. a.), daß sie nicht sofort in die Blutbahn gelangen, sondern Zwischenstadien darstellen, die im Gewebe nächst der Stichstelle eine Ruhephase durchmachen und erst dann das Blut befallen. GRASSI hatte bereits — was vielfach übersehen wurde — eine besondere Entwicklung der Sporozoiten vor dem Befall der Erythrocyten für möglich gehalten, und MISSIROLI sah bei Vogelmalaria einen Zerfall der Sporozoiten in grobe Granula nach vorhergehender Vermehrung der Chromatinteile und hält es auch für möglich, daß sie eine weitere Teilung durchmachen müssen, ehe sie in das Blut übergehen; er schließt aber nicht aus, daß es sich auch um zugrunde gehende Formen handeln kann.

Die SCHAUDINNsche Beobachtung des direkten Eindringens der Sporozoiten in die Erythrocyten wurde von BOYD und STRATMAN-THOMAS bezweifelt. Sie infizierten eine Person durch Stiche von 15 stark infizierten Anophelen und injizierten 10 ccm von deren Blut dann täglich anderen Menschen. Erst am 9., 10. und 11. Tag war das Blut der Versuchsperson infektiös und diese selbst hatte vom 8. Tag an Parasiten im Blut und bekam am 11. Tag Anfälle. Andererseits erhielten sie Infektion, wenn sie 6 Minuten nach dem Stich die Haut und das subcutane Gewebe in 1 cm Umkreis ausschnitten und auch wenn sie durch eine Hautblase hindurch stechen ließen.

Gegen die vielfach vermutete Entwicklung oder Latenz im Gewebe sprechen aber neuere Versuche von DE SANCTIS MONALDI: Subcutane Injektion von 2500—10000 Sporozoiten von Pl. vivax führte zu keiner, intradermale von 5000 einmal nach 74tägiger Inkubation, in anderen Fällen zu keiner Infektion, dagegen gab *intravenöse* Injektion der gleichen Sporozoitenmenge in 3 von 7 Fällen typische Anfälle nach 15—17tägiger Inkubation.

(Diese Frage ist von praktischem Interesse wegen der Versuche einer „kausalen Prophylaxe“ d. h. Vernichtung der Sporozoiten im Menschen vor ihrer Weiterentwicklung.)

Es ist nicht auszuschließen, daß ein Teil der Sporozoiten gleich im Blut zu Geschlechtsformen wird, wenn auch, wie oben erwähnt, gewöhnlich solche erst nach einigen Generationen ungeschlechtlicher Vermehrung im peripherischen Blut auftreten. Es sei aber nochmals betont, daß von dem Moment der Befruchtung an eine innige Verschmelzung männlicher und weiblicher Kernanteile stattgefunden hat und daß somit auch bei der weiteren Kernteilung in den Oocysten bis zur Sporozoitenbildung jeder Sporozoit einen Kern mitbekommt, der weibliche und männliche Anteile enthält, daß also in Wirklichkeit auch die ungeschlechtlichen Formen eigentlich zweigeschlechtlich sind, so daß jederzeit unter entsprechenden Regulierungsvorgängen bei der Teilung Geschlechtsformen entstehen können.

Die Entwicklungsformen in der Mücke sind bei allen Plasmodien (und bei Vogelmalaria) ungefähr gleich, erst neuerdings glaubt man einige Unterschiede festgestellt zu haben.

Die Entwicklung des *Plasmodium malariae* (Quartanapara war bisher stets nur ganz lückenhaft gelungen, so daß man sonders seltene Überträger (auch wegen seiner sporadischen Verteilung) annahm. Sporozoitenentwicklung erhielten früher in Anopheles culicifacies STEPHENS und CHRISTOPHERS (1902) und JANCSÓ 1903 [1] in Anopheles maculipennis. Neuerdings erhielt BRUCE-MAINE einmal in Anopheles punctipennis Speicheldrüseninfektion. 1933 erzielten BOYD und STRATMAN-THOMAS sowie MER die vollständige Entwicklung, erstere in Anopheles quadrimaculatus, letzterer in Anopheles elutus (s. unter „Dauer der Entwicklung"). Sie konnten Menschen durch den Stich der Mücken mit Quartana infizieren.

Als **morphologische Unterschiede der 4 Formen in der Mücke** werden angegeben:

1. *Das Verhalten des Pigments.* Nach WENYON ist es bei Oocysten von Plasmodium vivax lichtbraun, besteht aus feineren Körnern wie bei den anderen Arten und ist oft in einer gebogenen Linie statt in Klumpen angeordnet. Bei Plasmodium immaculatum und malariae ist es scheinbar schwärzer. Bereits BASTIANELLI und BIGNAMI hatten derartige Unterschiede gesehen. Bei Plasmodium ovale fanden JAMES, NICOL und SHUTE das Pigment in jungen Oocysten so besonders angeordnet, daß die Form in diesem Stadium mit Leichtigkeit von allen anderen Arten unterschieden werden könne. Nach GIOVANNOLA fanden JAMES und er später diese Anordnung nicht mehr konstant.

2. *Die Größe der Ookineten.* Nach GRASSI, WENYON u. a. sollen diese bei Plasmodium immaculatum kleiner sein als bei den anderen Formen.

3. *Die Größe der Oocysten.* Viele Autoren nehmen an, daß diejenigen von Plasmodium vivax größer seien (GRASSI, DARLING, WENYON u. a.); das Umgekehrte fand KINOSHITA. Exakte vergleichende Messungen machten MER und WALCH. Ersterer fand nach völliger Entwicklung bis zur Reife bei Plasmodium vivax — nach 17 Tagen — einen Durchmesser bis zu 40 μ; bei Plasmodium immaculatum — nach 18 Tagen — einen solchen bis 54 μ und bei Plasmodium malariae — nach 28 Tagen — einen solchen bis 60 μ. WALCH fand ebenfalls die Oocysten von Plasmodium immaculatum größer als die von Plasmodium vivax, letztere waren im Schnitt mehr oval. Die Anordnung der Sporozoiten in den Cysten, die manchmal Unterschiede zeigt, ist nicht konstant (WALCH).

4. *Die Größe und Form der Sporozoiten.* Hier maß MER bei Plasmodium vivax eine Länge von 8 μ, bei immaculatum von 9 μ

[1] Siehe Arch. Schiffs- u. Tropenhyg. **25**, Beih. 2 (1921).

und bei Plasmodium malariae eine solche von 11 μ. Bei letzterem fand er die Sporozoiten breiter als bei den ersteren beiden Formen. Nach BOYD gibt es so große individuelle Schwankungen in der Größe, daß eine Identifikation der 3 Species nach den Sporozoiten unmöglich ist. Er fand jedoch, daß die Sp. von Pl. immaculatum am feinsten und die von Pl. malariae am kürzesten waren. Die Chromatinmasse war bei ersterem am dichtesten, bei letzterem mehr diffus.

Alle diese Unterschiede scheinen uns aber *noch nicht endgültig beweisend* zu sein, *um die Entwicklungsstadien* wirklich *zu unterscheiden.*

Die **Dauer der Entwicklung** in der Mücke hängt wesentlich von der Temperatur ab.

Die Befruchtung findet innerhalb von 20 Minuten bis 2 Stunden nach dem Saugakt statt. Die Ookineten haben sich spätestens nach 48 Stunden durchgebohrt und sind zu Cysten geworden. Frühestens nach 8—10 Tagen können wir bei Temperaturen von 24—30° C die ersten Sichelkeime in den Speicheldrüsen erwarten. Es hat sich gezeigt, daß eine bei 20° C begonnene Entwicklung von Tropica und Tertiana auch bei vorübergehender Abkühlung der Mücken bis auf 8° C doch weitergeht. Die Bildung der Sichelkeime wird nur verzögert. JANCSÓ konnte seinerzeit zeigen, daß vor allem während des Eindringens der Ookineten in die Magenwand eine höhere Temperatur benötigt wird. Bei ständiger Temperatur von 15°, nach GRASSI schon von 20°, entwickelt sich der Tertianaparasit nicht mehr. Quartana entwickelt sich noch bei einer Temperatur von 16,5°.

Über die Unterschiede in den Entwicklungszeiten bei ungefähr gleicher Temperatur finden sich, gerade auch für die Epidemiologie der *Malaria quartana*, neuere wichtige Angaben. BOYD und STRATMAN-THOMAS fanden bei 20° C Entwicklung von Plasmodium vivax in 16, von Plasmodium falciparum in 22 und von Plasmodium malariae in 30—35 Tagen. MER fand bei 23 bis 28° solche bei Plasmodium vivax und falciparum in 17—18 Tagen, bei Plasmodium malariae in 28 Tagen. AVERBOUCH konnte 26 Tage nach Infektion von Anopheles maculipennis var. sacharovi mit Plasmodium malariae sich selbst infizieren. JANCSÓ hatte seinerzeit Sporozoiten von Plasmodium malariae bei Stechmücken, die er bei 20° hielt, nach 36 Tagen festgestellt. Die langsame Entwicklung des Pl. malariae und deren Unabhängigkeit von höheren Temperaturen erklärt sein häufigeres Auftreten im Spätherbst oder Winter.

Zu der Frage, ob die Stechmücken durch die Malariainfektion geschädigt werden, ist eine Beobachtung GIOVANNOLAS von Interesse. Er fand die infizierten Speicheldrüsen weniger lichtbrechend und zerbrechlicher als die normalen. Ihre Oberfläche erschien unregelmäßig, und sie waren im Durchschnitt größer als sonst.

Die Möglichkeit einer ***Überwinterung*** *der Entwicklungsstadien, insbesondere der Sichelkeime, in den Mücken* wurde auf Grund negativer Versuche vielfach verneint. Daß eine Verzögerung der Entwicklung durch vorübergehende Abkühlung möglich ist, ohne zum Absterben zu führen, hatten ja schon JANCSÓS Versuche ergeben. Manches sprach epidemiologisch für das Vorkommen einer Überwinterung. Der eine von uns (M. MAYER) stellte als Arbeitshypothese die Möglichkeit auf, daß die Sporozoiten an anderen Körperstellen der Mücke überwintern könnten und erst im Frühjahr in die Speicheldrüsen einwandern würden. In Versuchen mit Vogelmalaria konnte er 28—52 Tage nach der Infektion tatsächlich massenhaft Sporozoiten zwischen den Brustmuskelfasern, in den Palpen und an anderen Stellen nachweisen. MÜHLENS bestätigte den Befund am 21. Tage bei Anophelen, die an Malaria tropica gesogen hatten, und schloß sich obiger Hypothese an. JAMES konnte inzwischen durch „künstliche Überwinterung" Oocysten und Sporozoiten von Plasmodium vivax bis zu 3 Monaten lebend erhalten. OTTOLENGHI und BROTZU konnten mit Anopheles claviger, die im November mit Plasmodium vivax infiziert und dann bis März stets bei Temperaturen unter 12° C gehalten wurden, im Mai einen Menschen infizieren. (Wiederaufnahme der Versuche mit einer großen Zahl von Stechmücken erscheint erwünscht.)

Eine *Vererbung* durch Einwandern von Sporozoiten in die Ovarien konnte experimentell nie gezeigt werden, und auch epidemiologisch sind zuverlässige Anhaltspunkte hierfür bisher nicht gefunden worden.

Die Überträger der Malaria.

Die Überträger der menschlichen Malaria gehören der Familie der Culicidae, den *Stechmücken*, an. Genauer gehören sie zur Unterfamilie Culicinae, die durch ihren langen Stechrüssel charakterisiert sind. Letztere zerfällt in 4 sog. Tribus, darunter Anophelini und Culicini. Die Gattung Anopheles aus dem vorgenannten Tribus enthält allein die zahlreichen zur Entwicklung der menschlichen Malariaparasiten geeigneten Arten.

Das Studium dieser Arten und ihrer Lebensgewohnheiten hat sich zu einer der Hauptaufgaben der angewandten Entomologie entwickelt. In allen Malarialändern sind heute die wichtigsten Arten bekannt. *Der mit Malariabekämpfungsmaßnahmen betraute Arzt muß sie kennen und sich in Spezialkursen und aus der Fachliteratur mit ihnen vertraut machen*[1]. Dem praktischen Arzt aber, ohne diese Kenntnisse, muß jede Stechmücke mit den Merkmalen von Anopheles als Malariaüberträger verdächtig sein. Da diese Gattung mit dem Hauptvertreter der Culicini, der gemeinen Stechmücke *Culex*, große Ähnlichkeit hat, muß er deshalb *mindestens die groben Unterscheidungsmerkmale* im Bau beider kennen (s. Abb. 23a und b). Die genaue Bestimmung der Gattungen und Art geschieht heute im wesentlichen nach dem Bau der Larven, dem Geschlechtsapparat der Männchen und der Aderung der Flügel[2].

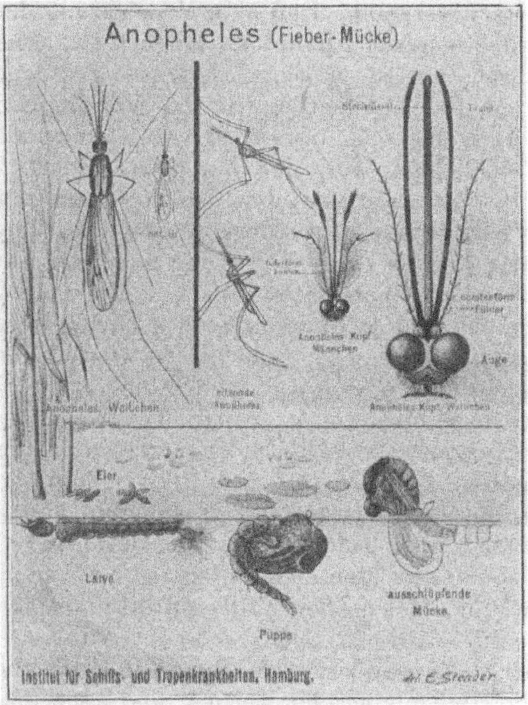

Abb. 23a. Merkmale von Anopheles (Fülleborn comp.).

Bei den Stechmücken kann man unterscheiden den Kopf mit dem kompliziert gebauten Stechapparat, den danebenliegenden Tastern (Palpen) und den weiter nach außen liegenden Fühlern (Antennen). An diesen frei beweglichen Kopf mit Halsstück schließt sich der Brustkorb mit den 3 Beinpaaren an; derselbe

[1] Ein gutes Beispiel für solches Studium gibt: SWELLENGREBEL u. RODENWALDT: Die Anophelen von Niederländisch-Ostindien. 3. Aufl. Jena: G. Fischer 1932.

[2] Für die Unterscheidung der einzelnen Rassen (Varietäten) von Anopheles maculipennis kommen Unterschiede in der Zeichnung der Eier, Zahl der Maxillenzähnchen u. a. in Betracht. (Ausführliches bei HACKETT u. MISSIROLI in Riv. Malariol. **14**, 45 (1935).

ist von einer festen Chitinhülle umgeben. Weiter entspringt von ihm das Flügelpaar, während ein zweites Flügelpaar in die sog. Schwingkölbchen (Halteren) rückgebildet ist. Es folgt der Leib (Abdomen); der aus 8 weichen und daher ausdehnbaren, ineinander beweglichen Segmenten besteht. Am letzten Segment befindet sich der weibliche resp. männliche Geschlechtsapparat.

Die *Männchen* der Gattung Culex und Anopheles erkennt man leicht daran, daß sie lange kolbenförmige Taster und federförmige Fühler haben. Die *weiblichen Culex* haben *kurze* Taster, die weiblichen *Anopheles lange*, dem Stechrüssel meist anliegende. Die Fühler beider Weibchen sind borstenförmig. Im Sitzen knicken die Culex gewöhnlich den Bauch nach dem Thorax ventral ab, während Anopheles mit Bauch und Thorax eine *gerade* Ebene bildet. Die *Flügel* von Anopheles sind meist *gefleckt*, die von Culex gewöhnlich nicht. Bei der Eiablage legt Culex keulenförmige *Eier* meist in großen Paketen ab, die wie ein kleines Schiffchen geformt sind, das auf der Wasseroberfläche schwimmt, während die zierlichen Anopheleseier, oft in sternförmiger Anordnung, einzeln auf ihr schwimmen. Die *Larven* von Culex hängen an einer *langen* Atemröhre schräg ins Wasser herab, während die von Anopheles waagerecht dicht an der Wasseroberfläche ruhen. Die Larven beider kriechen je nach der Außentemperatur wenige Tage nach der Eiablage aus den Eiern aus und verpuppen sich nach mehrmaliger Häutung nach 2—3 Wochen, bis nach weiteren 2—4 Tagen aus den Puppen die erwachsene Mücke

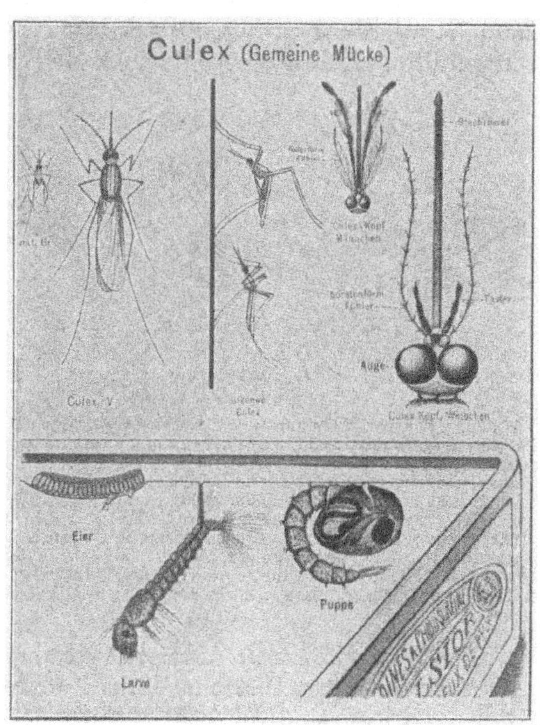

Abb. 23 b. Merkmale von Culex (Fülleborn comp.).

ausschlüpft. *Manche Arten* können auch *als Eier oder Larven überwintern.*

Für die Entwicklung der Malariaparasiten interessiert uns der *innere Bau der Stechmücke* (Abb. 24). Der Ernährungsapparat, der vorn im Stechrüssel mündet, geht zunächst in den Schlund, dann in einen Oesophagus über, den Vorderdarm, dann in den Mitteldarm, der aus dem Vormagen und dem eigentlichen Magen besteht, an den sich der Hinterdarm und der Enddarm anschließen. Zum Vorderdarm gehören praktisch noch der Saugmagen mit luftgefüllten Nebenreservoiren und die Speicheldrüsen.

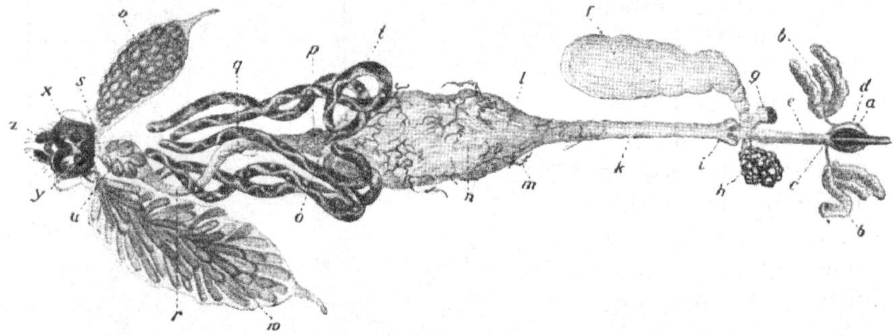

Abb. 24. *Innerer Bau eines Culicidenweibchens.* (Nach R. O. NEUMANN und M. MAYER.) Frisch präpariert etwa 25/1. a) Pharynx mit Pumporgan; b) Speicheldrüsen; c) und d) Ausführungsgang der Speicheldrüse; e) Oesophagus; f) Saugmagen-Oesophagusdivertikel-Hauptreservoir, mit Luft oder Flüssigkeit gefüllt; g) und h) Saugmagen-Nebenreservoire-Flugblasen (h ist noch mit Luft gefüllt; g enthält zur Zeit nur noch ein Luftbläschen, ist sonst kontrahiert); i) Vormagen, Proventrikel; k) vorderer Abschnitt des Magens; l) Magen (Mitteldarm); m) Tracheen; n) Magenfalten, durch kontrahierte Muskulatur bedingt (Längenmuskulatur); o) Pylorus; p) Pylorusdivertikel; q) Ileum; r) Colon; s) Rektum; t) MALPIGHIsche Gefäße; u) Rectaldrüsen; v) junger Eierstock; w) reifer Eierstock mit Eiern; x) letztes Segmen der weiblichen Mücke; y) Spermatheken; z) äußere weibliche Geschlechtsteile.

Die *Speicheldrüsen*, die ganz vorn im Thorax liegen, bilden ein paariges Organ, bestehend aus 2 je dreilappigen Drüsen. Von diesen Lappen sind die beiden seitlichen gewöhnlich länger; die Ausführungsgänge der beiden Speicheldrüsen vereinigen sich in einen gemeinsamen, der in den Stechapparat mündet. Die Speicheldrüsen bestehen aus pyramidenähnlichen Zellen, die nach einem zentralen Gang zu den Speichel sezernieren. In diesen Zellen siedeln sich die Sichelkeime (Sporozoiten) an (s. Abb. 22 u. 24).

Die Entwicklung der Oocysten erfolgt an der *Magen*wand, die aus kubischen, bei starker Füllung abgeplatteten Zellen besteht. Sie ist nach außen von einer Membran, die ein Netz von Längs- und Quermuskelfasern enthält, umzogen. Am herauspräparierten Magen erkennt man oberflächlich schwärzliche fadenartige, stark verzweigte Kanälchen; es sind die Tracheen, Atmungsorgane, die durch die Luftlöcher (Stigmen) der Leibeshülle mit der Außenwelt in Verbindung stehen. Am Ende des Magens entspringen 5 bräunliche Schläuche, die MALPIGHIschen *Gefäße*, die Exkretionsorgane darstellen. Bei der Präparation der Weibchen fallen vor allem die beiden am Endglied sich ansetzenden *Eierstöcke* auf, die nach dem Blutsaugen, mit reifen Eiern gefüllt, oft fast den ganzen Leib ausfüllen können.

Zur Untersuchung auf Malariaparasiten muß man den Magen freipräparieren. Dies geschieht, indem man an der mit Chloroform oder Äther getöteten Mücke — nach Abschneiden der Beine und Flügel — in einem Tropfen Kochsalzlösung auf einem Objektträger das letzte Bauchsegment abkneift und unter sanftem Zug und Druck allmählich die Bauchorgane aus der Hülle herausquetscht. Will man kurz nach dem Saugen dabei die Befruchtung und Ookinetenbildung studieren, so muß man den Magen zerdrücken und den Inhalt untersuchen; bei der Untersuchung auf Cysten wird der unverletzte Magen zwischen Deckglas und Objektträger ungefärbt betrachtet.

Die Untersuchung der Speicheldrüsen auf Sichelkeime erfordert einige Übung; man muß dazu den Anfang des Thorax durchschneiden und die Drüsen freipräparieren oder zerquetschen.

Bezüglich der genaueren Untersuchungstechnik muß auf die *Spezialliteratur* verwiesen werden, ebenso bezüglich der künstlichen Zucht und Verwendung der Stechmücken zu Versuchszwecken bei Malaria.

Die Bekämpfung der Malariaüberträger.

Im Kampf gegen die Ausbreitung der Malaria spielt die möglichste Ausrottung ihrer Überträger in allen Gebieten eine Hauptrolle. Wir haben deshalb oben schon die biologischen Merkmale derselben in den Hauptzügen gekennzeichnet. Wie S. 156 erwähnt, muß man in jedem Malariagebiet die wichtigsten Überträger kennen, um sie erfolgreich bekämpfen zu können. Die sog. **„Spezies-Assanierung“** spielt heute eine Hauptrolle dabei. Andererseits erscheint es jedoch vielfach zweckmäßig, sich bei der Mückenbekämpfung nicht nur auf Anophelinen zu beschränken, können doch in warmen Ländern auch die Culicinen Krankheitserreger (z. B. Filarien) übertragen und bilden sie doch mit anderen Culiciden in unseren Breiten eine stets zunehmende Plage.

Im folgenden sollen kurz einige Grundzüge der Stechmückenbekämpfung angeführt werden.

A. **Bekämpfung der Mückenbrut.** Die wirksamste Bekämpfung in den Tropen und in unseren Breiten richtet sich gegen die *Brut* der Stechmücken. Culex wie Anopheles legen ihre Eier meist in ruhige, stagnierende Flüssigkeitsansammlungen, wobei letztere besonders kleine Teiche, Tümpel, sog. Altwässer, Sümpfe, gestaute oder ganz langsam fließende Bäche, unter Umständen aber auch stark strömende Bergbäche bevorzugen; manche Arten finden sich auch in Zisternen, Regentonnen, Viehtränken, Jauchegruben, andere auch im salzhaltigen Brackwasser usw., während anspruchslosere Culiciden sogar in kleinsten Wassermengen, in leeren Konservenbüchsen, Flaschenscherben, Blattscheiden usw. ihre Brut ablegen. Die ganze Entwicklung bis zum geflügelten Insekt dauert 2—3 Wochen, aber auch in warmen Gegenden selten unter 10 Tagen.

Die Bekämpfung der Brut erfolgt:

1. *Durch radikale systematische Beseitigung der Brutplätze.* Es müssen also alle verdächtigen Wasserstellen aufgesucht, überflüssige Tümpel und Teiche zugeschüttet werden. Scherben, Büchsen und andere Behälter, in denen sich Regenwasser sammeln kann, werden entfernt, Regentonnen und Zisternen werden abgedichtet und durch Drahtnetze geschützt.

2. *Durch Drainage der nicht zu beseitigenden Brutplätze.* Eine solche Drainage, wie sie in tropischen und subtropischen Gegenden (Panama, Suez, Italien usw.) mit großem Erfolg ausgeführt worden ist, muß natürlich unter sachverständiger Leitung geschehen. Es müssen glatte Abzugsgräben gezogen werden, um Sümpfe trockenzulegen und stagnierende Gewässer von Zeit zu Zeit in fließende verwandeln zu können. Dies geschieht auch durch Stauanlagen, mit denen man einmal wöchentlich die stehenden Gräben durchspült, da ja die Brut länger bis zur Reife gebraucht. Auch Schaffen von Abflüssen bei stagnierenden Lagunen in Deltagebieten usw. kann in Frage kommen. Ferner müssen vor allem bei Gewässern, die man nicht entfernen kann, die Ufer scharf gereinigt und gerade abgestochen werden, damit sich nicht an den flachen Ufern unter dem Pflanzenwuchs ein Schutz für die Mückenlarven bietet. Natürlich kommt auch häufig die Anlage unterirdischer Drainagen (Röhrensysteme) in Frage.

Die Einzelheiten der Ausführung ergeben sich selbstverständlich je nach dem Ort und den Gewohnheiten der betreffenden Überträger. Die großartigsten Erfolge solcher Maßnahmen sind in den letzten Jahren in den Sumpfgebieten Italiens erreicht worden.

Vielfach werden auch wasserentziehende, rasch wachsende Pflanzen, wie Eucalyptus, Papaya u. a., zur Anpflanzung empfohlen.

3. *Durch regelmäßiges Abfischen der Larven* in stehenden Gewässern mit kleinen flachen, an einem Stock befestigten Gazenetzen. Dieses Abfangen ist natürlich nur bei kleinen Wasseransammlungen möglich. Man muß sich dabei den Mückentümpeln vorsichtig nähern und schnell mit dem Netz durch die Randpartien der Wasseroberfläche streichen, da die Mückenlarven bei der geringsten Beunruhigung der Oberfläche sofort untertauchen. (Auch zum Fangen von Larven zwecks Bestimmung der Art eignet sich diese Methode; man kann dazu auch einen Schöpfeimer benutzen. Anopheleslarven sucht man dabei besonders in kleinen bewachsenen Tümpeln, aus sumpfigen Wiesen, bewachsenen Straßengräben, stagnierenden Flußarmen, schilfbewachsenen Seeufern usw.)

4. *Durch Einsetzen mückentötender Tiere* in Tümpel, langsam fließende Gewässer und Abzugsgräben. Solche Mückenlarvenfeinde sind vor allem viele kleine *Fische*; namentlich kleine amerikanische Kärpflinge der Gattung *Gambusia* und Tylapia haben sich sehr bewährt. Sie sind mit großem Erfolg in vielen Ländern eingeführt worden; dieser kann jedoch ausbleiben, wenn reichlich Vegetation und andere Nahrung vorhanden sind. In Tümpeln kann man auch ferner Libellenlarven, Schwimmkäfer, Rückenschwimmer, Wasserwanzen, Wasserskorpione usw. aussetzen. Diese „Mückenlarvenfeinde" — außer den Fischen — erfüllen ebenfalls ihren Zweck meist nur dann, wenn sie keine andere Nahrung in den betreffenden Wasseransammlungen vorfinden.

5. *Durch Bepflanzen von Tümpeln.* Man kann versuchen, Tümpel so dicht mit Wasserpflanzen zu beschicken, daß durch ihr Wachstum den Larven die Oberfläche des Wassers und dadurch die Atmungsfähigkeit verschlossen wird. Namentlich ist Azolla hierfür empfohlen worden, doch eignet sich nicht jeder Tümpel zur Bepflanzung, auch ist eine ständige Überwachung notwendig, so daß die Erfolge bisher unbefriedigend waren; insbesondere auch, da heftige Winde Lücken in der Pflanzendecke schaffen.

6. *Durch Abtöten der Mückenbrut in den Brutstätten.*

a) Durch *Überschichtung* der Oberfläche mit einer feinen *Öl-* bzw. *Fetthaut,* damit den Larven, die zur Atmung an die Oberfläche kommen, die Atemöffnungen verstopft werden und sie so ersticken. Die betreffende Flüssigkeit muß dazu sehr fein und gleichmäßig auf die Oberfläche verteilt werden, und Hauptbedingung ist, daß eine zusammenhängende Schicht entsteht, die keine Lücken aufweist. Man spritzt die Flüssigkeit mit Gießkannen mit feinem Sieb oder mit Pflanzenspritzen mit entsprechenden Ansätzen auf die Oberfläche. Ist keine Spritze vorhanden, so kann man die Flüssigkeit auf das Wasser gießen und mit Stangen oder Baumzweigen verteilen; besser noch ist es, sie auf das mit Lappen umwickelte Ende eines Stockes zu gießen und diesen im Wasser umherzuschwenken. Die Schicht muß also nach dem Aufbringen stets gut verteilt werden, damit eine geschlossene Öldecke entsteht, und je nach der Entwicklungszeit der Mücken in dem betreffenden Klima ungefähr alle 14 Tage erneuert werden. Geeignete Sprayflüssigkeiten hierfür sind: Saprol, Larvicid (Dr. Nördlinger, Flörsheim a. M.), 3 proz. Kresollösung, Petroleum, Flit (Deutsch-Amerikanische Petroleumgesellschaft, Hamburg) u. a.

b) Durch *Verstäuben von Schweinfurtergrün* (in Amerika Parisergrün genannt). Es ist eine arsenigsaure Kupferoxydverbindung. Es wird 1 Teil mit 100 Teilen (Volumprozenten) ganz feinem, trockenem Straßenstaub in drehbaren Metallbehältern oder improvisierten Mischgefäßen gut durchgemischt und mit Zerstäubern (die mit der Hand oder durch Druck bedient werden) fein auf die Wasseroberfläche verteilt; auch durch Flugzeuge ist dies schon mit Erfolg geschehen. Anstatt Straßenstaub können auch andere fein pulverisierbare Substanzen verwendet werden (z. B. Kohlepulver); sie müssen stets zuerst auf ihre Brauchbarkeit (Schwebefähigkeit) untersucht werden. Alle Substanzen müssen vollständig trocken und fein pulverförmig sein. Bei vorgenannter Verdünnung kommen etwa 12,5 g Schweinfurtergrün auf 1 l Gemisch. Man benötigt 10 ccm der Mischung für 1 qm Sumpf oder Wasser. Das Verfahren ist eins der billigsten und wirksamsten. Es werden in der Regel nur die Anopheleslarven abgetötet. Die Anopheleslarven strudeln sich alle Teilchen, die an der Wasseroberfläche schwimmen, in den Mund und damit auch den vergifteten Staub. Culexlarven sind kaum gefährdet, höchstens von den allmählich herabsinkenden Teilchen. In der angewandten Konzentration schadet das Gift weder Fischen noch Pflanzen noch den das Wasser trinkenden Tieren. Es ist ratsam, daß die mit dem Mischen und Zerstäuben beschäftigten Personen die Augen und Hände vor dem Arsenstaub schützen.

Die Schicht muß, je nach der Jahreszeit, alle 10—14 Tage erneuert werden.

B. **Die Bekämpfung der erwachsenen Insekten** (Imagines). Sie erfolgt in unseren Breiten hauptsächlich in den *Winter*monaten, da die meisten Stechmücken die Gewohnheit haben, als Imagines in dunklen Räumen, wie Kellern, Ställen, Scheunen, aber auch geschützten Hohlräumen von Mauerwerken, die dem Frost nicht ausgesetzt sind, zu überwintern. Sie sitzen dort an den Wänden und bedecken diese Räume oft in unglaublichen Mengen, und zwar handelt es sich meistens um weibliche befruchtete Exemplare. Auch in den Tropen und warmen Gegenden suchen die Mücken zur trockenen Jahreszeit Schutz in dunklen Räumen, aber im Sommer kann man besonders Anopheles auch in unseren Breiten in geschlossenen Räumen ruhend antreffen. Die Anopheles halten sich überhaupt mit Vorliebe in der Nähe menschlicher Ansiedlungen auf, und zwar besonders in feuchtwarmen Niederungen, die dem Wind weniger ausgesetzt sind. Innerhalb größerer Städte findet man sie seltener als in einzelnen Gehöften oder Dörfern; finden sie dort in der Nähe Brutplätze, so werden sie fast zu Haustieren, d. h. sie fliegen nicht weit, andernfalls können sie auch gegen mäßigen Wind ziemlich weit fliegen (s. a. S. 105).

Die Anophelen stechen besonders gern abends, während sie bei Tag an dunklen Stellen der Häuser, auch in Aborten und Ställen oder in der Umgebung unter Büschen und Gras sich verstecken.

Die Bekämpfung in unseren Breiten geschieht am zweckmäßigsten im Winter in den obengenannten Räumen, in denen die Mücken überwintern, und zwar kommen dafür in Betracht:

1. **Abbrennen der Mücken** mit kleinen Spirituslampen oder Fackeln.

2. **Verbrennen mückenbetäubender Mittel** in den Räumen, sog. *Ausräuchern*, wofür verschiedene Mittel angewandt werden:

a) *Schweflige Säure*. Sie wird erzeugt durch Verbrennen von Schwefel in Pfannen oder durch andere Schwefelpräparate (Salforkose). Es genügen 80—100 g Schwefel für einen Raum von 5 cbm.

b) *Pyrethrummischung*. Diese besteht nach einem Rezept von Br. Heymann aus: spanischem Pfeffer 2 Teilen, frischem dalmatinischem Insektenpulver, gepulverter Baldrianwurzel, gepulvertem Kalisalpeter je 1 Teil. 10 g, in einer Pfanne verbrannt, genügen für 1 cbm. Auch die viel verwendeten „Räucherkerzchen" enthalten Pyrethrum.

c) *Tabakräucherungen*. Rezept nach Hecker: 30 g Salpeter werden in $^1/_2$ l Wasser gelöst und mit dieser Lösung 100 g Tabakstaub zu einem Teige geknetet, den man in einem Gefäß über dem Feuer zu einem staubtrockenen Pulver verrührt. Das Kilogramm dieses Pulvers kostet etwa 40—50 Pf. Auf jeden Kubikmeter Luftraum nimmt man davon 3—4 g.

d) *Blausäureräucherungen*. Die Blausäure wird dabei durch Cyannatrium in verdünnter Schwefelsäure entwickelt. Nach Teichmann genügt eine Gaskonzentration von 0,03 Vol.-% zur Abtötung der Mücken, wofür 0,69 g Cyannatrium pro Kubikmeter nötig sind. (In praxi wegen des Gasverlustes 1 g pro 1 cbm.) Sehr bewährt hat sich die Blausäure als Cyklon B (Deutsche Gesellschaft für Schädlingsbekämpfung), ein trockenes Pulver, das nach Ausstreuen in den Räumen verdunstet und Blausäuredämpfe entwickelt. Die Gefahr (Wohnräume) ist durch Zusatz eines Reizstoffes gemildert.

Bei allen Abbrenn- und Räucherungsmethoden ist vor allem auf Feuersgefahr, auf Sachschaden durch die Gase und bei Blausäure auch auf die Lebensgefahr Rücksicht zu nehmen. Alle auszuräuchernden Räume müssen vorher gut abgedichtet werden und gut verschlossen den ausräuchernden Dämpfen mindestens 3 Stunden ausgesetzt bleiben. Es müssen also alle Fugen und Ritzen der Fenster, Türen und Wände durch Papierstreifen verklebt werden. Nach der Räucherung müssen sofort, nachdem die ausgeräucherten Räume wieder geöffnet und gut gelüftet sind, die Mücken zusammengekehrt und verbrannt werden, da sich sonst etwa nur betäubte Mücken wieder erholen können.

3. **Durch Bespritzen** der überwinternden Mücken mit abtötenden *Flüssigkeiten* (sog. Sprayverfahren). Als Sprengflüssigkeiten werden hierfür benutzt:

a) *Pyrethrumtinktur* nach GIEMSA. (Rezept: 20proz. alkoholische Pyrethrumtinktur 550 g, grüne Kaliseife 180 g, Glycerin 240 g, Kohlenstofftetrachlorid 30 g; das Ganze vor Gebrauch mit 20facher Menge Wasser zu verdünnen.) Neuerdings werden auch Pyrethrumextrakte in 5proz. Suspension in Petroleum u. a. Ölen empfohlen.

b) *Formaldehydseifengemische* nach GIEMSA, und zwar entweder 50 ccm Seifenspiritus oder 15 g medizinische Seife in 1 l Wasser gelöst oder 9 ccm Seifenspiritus und 24 g Formalin bzw. 5 g medizinische Seife und 20 g Formalin auf 1 l Wasser gelöst.

c) *Mikrothan, Floria-Insektizid* und *K-Insektizid* (NÖRDLINGER in Flörsheim a. M.). Es wird eine 3—5proz. wässerige Lösung verwendet.

d) *Flit* und ähnliche aus *Petrolen* gewonnene Flüssigkeiten.

Diese Flüssigkeiten werden mit Insektenspritzen, deren Ansatz ein äußerst feines Sieb haben muß, in den Räumen direkt an Wänden und Decken zerstäubt. Hierzu sind automatisch wirkende Spritzen, und zwar Handspritzen sowie tragbare und fahrbare, im Handel. Die durch Spray betäubten Mücken müssen zusammengekehrt und verbrannt werden. Auch in den Tropen ist das Sprayverfahren in Eingeborenenhütten schon mit Erfolg versucht worden.

4. **Mückenfallen.** In den Tropen hat man beobachtet, daß die Mücken sich auch im Freien in dunkle Erdlöcher, dem Wind abgewandt, gern zurückziehen, was BLIN veranlaßt hat, künstlich solche *Mückenfallen* (*trou pièges*), die unter sehr spitzem Winkel zur Oberfläche an schattiger, windgeschützter Stelle anzubringen sind, zu konstruieren, in denen die Mücken dann mit Fackeln abgetötet werden.

5. Es soll hier erwähnt sein, daß nach D'HÉRELLE, KRYSTO u. a. durch die *Anpflanzung cumarinhaltiger Pflanzen* (insbesondere von Kleearten) ein Anophelismus ohne Malaria entstehen soll, da — nach ersterem — das Cumarin des aufgesaugten Honigs die Entwicklung der Malariaparasiten hemme. ZIEMANN hat eine Liste solcher Pflanzen zusammengestellt [Arch. Schiffs- u. Tropenhyg. **35**, 414 (1931)]. Nach Beobachtungen von STRATMAN-THOMAS hat Klee keinen Einfluß auf das Verschwinden der Malaria.

6. Ansiedeln Mücken-fressender Tiere, wie *Fledermäuse* und *Schwalben*, hat immer nur mäßige Teilerfolge durch geringe Verminderung der Mückenzahl ergeben.

Persönlicher Schutz gegen Stechmücken. Der wirksamste persönliche Schutz besteht in der Sicherung der Wohnungen bzw. der Betten durch enge *Drahtgitter* bzw. *Moskitonetze*. In den Tropen hat sich der Drahtschutz von Häusern sehr bewährt, aber nur, wenn er sorgfältig ausgeführt war, wobei rostsicheres Material (Kupfer-, Nickel- oder Aluminiumdrahtgaze) verwendet wird.

Alle Öffnungen, auch Ventilatoren, Luftlöcher und Schornsteine müssen damit versehen sein, und die Türeingänge müssen durch Einbauen käfigartiger Behälter mit selbstschließenden Doppeltüren das Eindringen einzelner Mücken beim Eintritt verhindern. Natürlich müssen diese Drahtnetze sorgfältig kontrolliert und instand gehalten werden. *Die größte Maschenweite darf 1,8 mm nicht übersteigen.*

Moskitonetze müssen *innerhalb* des Gestänges aufgehängt sein, die gleiche Maschenweite wie die Drahtnetze haben und bei Tag sorgfältig zusammengerollt, des Nachts an allen Seiten fest unter die Matratze gestopft werden können. Zweckmäßigerweise tragen sie, um das Durchstechen hungriger Mücken zu verhindern, unten einen ca. 25 cm breiten Leinwandstreifen aufgenäht; auch bei Feldbetten und Schlafsäcken lassen sich Moskitonetze sehr wohl anbringen, und selbst Zelte mit ausreichendem Mückenschutz sind im Handel. Ebenso gibt es kammerartige Gestelle mit Wänden aus Moskitonetzen oder Drahtgaze, in die man Betten und andere Möbel stellen kann.

Recht problematisch ist ein mechanischer persönlicher Schutz mit Handschuhen und Mückenschleiern, der nur da zu empfehlen ist, wo die Mückenplage tatsächlich sehr stark ist; dagegen ist das Tragen hoher Stiefel (keine Halbschuhe!) dringend anzuraten.

Alle *chemischen Schutzmittel*, die auf die Haut gerieben werden, haben sich bisher nicht bewährt, sie schützen meist nur kurze Zeit und reizen häufig den Geruchsinn oder die Haut.

Zur Durchführung der allgemeinen Maßnahmen gegen die Stechmücken empfiehlt sich eine besondere Organisation durch Einrichtung eigener *Mückenkolonnen*, die, entsprechend angelernt, unter sachverständiger Leitung die Arbeiten regelmäßig auszuführen haben. Dabei zeigt sich, daß gewöhnlich nur die Anfangskosten erhebliche sind, während später die regelmäßigen Ausgaben sich in recht bescheidenen Grenzen halten. Es ist unbedingt erforderlich, daß sowohl in den Tropen wie bei uns, soweit es nötig ist, die Mückenbekämpfung gesetzlich angeordnet und zu ihren Kosten jeder Anwohner herangezogen wird.

In den Tropen hat sich außerdem eine Trennung der Siedlungen der Eingeborenen, die ja als chronische Malariaträger meist die Quelle der Infektion bilden, von den Europäerniederlassungen bewährt.

Tafelerklärung.

Alle Bilder sind, soweit nichts anderes angegeben, nach GIEMSA-Präparaten angefertigt. Objektiv. Apochr. 2 mm, Komp. Okular. 4. Vergr. 920×; künstliche Beleuchtung.

Tafel I.

Die Malariaparasiten in Ausstrichpräparaten.

Abb. 1—24. Plasmodium vivax (Malaria tertiana).

Abb. 1—5. Junge Schizonten, zum Teil mit vorzeitiger Chromatinteilung.

„ 6 u. 7. Halberwachsene Schizonten; SCHÜFFNER-Tüpfelung.

„ 8. Beginnende Teilung; SCHÜFFNER-Tüpfelung.

„ 9 u. 10. Teilungsformen.

„ 11 u. 12. Teilungsformen mit Entstehen von „Riesenformen“ der zurückbleibenden Blutkörper.

„ 13. Freie Sprößlinge (= Merozoiten).

„ 14—17. Weibliche Gamonten (Gametocyten) (SCHÜFFNER-Tüpfelung der Blutkörper).

„ 18—21. Männliche Gamonten (Gametocyten): Abb. 20 u. 21 reife, sehr chromatinreiche, daher im ganzen sich rot färbende männliche Gamonten.

„ 22—24. Sogenannte SCHAUDINNsche Rückbildungsformen weiblicher Gameten. Bei allen 3 sieht man an einer Seite ♀ Gametenstruktur, auf der anderen Teilungsformen. Sie entstammen dem peripheren Blut von 3 Fällen am ersten Tag des Rezidivs.

Abb. 25—30. Plasmodium immaculatum (Malaria tropica).

Abb. 25—32. Schizonten. Abb. 27. Ring mit Nebenkorn. Abb. 28—30. Frühzeitige Zweiteilung des Kerns. Abb. 31. Randständige, zum Teil überstehende Ringe. Abb. 32. Verzerrter Parasit.

„ 33. MAURERsche Perniciosafleckung. (Die violettrote Ringbildung — nicht aber die Fleckung im Innern — findet sich in solchen Fällen auch öfters bei nichtparasitierten Blutkörpern.)

„ 34—37. Teilungsformen aus dem peripheren Blut bei Malaria comatosa.

„ 38. Gehirncapillare, vollgepfropft mit Teilungsformen. Frisches Quetschpräparat von im Malariakoma Verstorbenen.

„ 39. Dasselbe, ausgestrichen bei GIEMSA-Färbung. Die schmutzig violett-roten Teilungsformen mit zentralem Pigmenthaufen sind gut kenntlich. Die hellvioletten Gebilde sind Endothelzellkerne.

„ 40—41. Junge Gamonten aus dem peripheren Blut bei Malaria comatosa.

Abb. 42—43. Männliche Gamonten (Halbmonde) mit Resten des Blutkörpers.
„ 44—45. Weibliche Gamonten (Halbmonde) mit Resten des Blutkörpers.
„ 46. Weiblicher Halbmond mit „Halbmondkapsel".
„ 47—48. Abgerundete reife Gamonten (früher Sphären genannt) mit Kapsel (wahrscheinlich reife ♂ Gamonten).
„ 49. Geißelnder männlicher Gamont aus Dickem-Tropfen-Präparat (noch 2 Geißeln anhaftend).
„ 50. Abgerundete ♂ Gamonten aus Dickem Tropfen (vielleicht das obere schon Restkörper nach vollendeter Geißelbildung).

Abb. 51—67. Plasmodium malariae (Malaria quartana).

Abb. 51—53. Junge Parasiten in Ringform; bei 52 Nebenkorn.
„ 54. Schmales Band.
„ 55—58. Breitere, zum Teil unregelmäßige Bänder.
„ 59. Breites Band mit 2 Kernen.
„ 60—64. Teilungsformen.
„ 65. Freie Merozoiten mit Pigmentrestkörper.
„ 66. Weiblicher erwachsener Gamont.
„ 67. Männlicher erwachsener Gamont.

Abb. 68—72. MANSON-Färbung.

Abb. 68. Malaria tertiana; halberwachsener Parasit.
„ 69. Malaria tertiana; Teilungsform.
„ 70. Malaria tertiana, weiblicher Gamont (Kern ungefärbt).
„ 71. Malaria tropica; Ring.
„ 72. Malaria tropica; Halbmond.

Tafel II.

Malariaparasiten im „Dicken-Tropfen-Präparat".

Abb. 1. *Malaria tertiana.* Die Struktur der parasitierten roten Blutkörperchen, zum Teil mit SCHÜFFNER-Tüpfelung, ist erhalten. Zwischen den bezeichneten Parasiten verschiedene weiße Blutkörper, Blutplättchen.

„ 2. *Malaria tropica.* Zwischen den Parasiten weiße Blutkörper, Blutplättchen und Niederschläge.

Sachverzeichnis.

Infektionskrankheiten. (Handbuch der inneren Medizin, 1. Band. Dritte Auflage.) Mit 395 zum Teil farbigen Abbildungen. XVI, 1299 Seiten. 1934. RM 90.—; gebunden RM 96.—

Einleitung. — Sepsis. Von G. Liebermeister-Düren. — Die Anginen. Von W. Schultz-Berlin-Charlottenburg. — Akuter Gelenkrheumatismus. — Erysipel. — Schweinerotlauf beim Menschen. Von C. Hegler-Hamburg. — Influenza, Grippe. Von R. Massini-Basel. — Akute allgemeine Miliartuberkulose. Von R. Staehelin-Basel. — Akute Exantheme. Von E. Glanzmann-Bern. — Pocken (Blattern, Variola). Von A. Eckstein-Düsseldorf. — Diphtherie. Von U. Friedemann-Berlin. — Serumkrankheit und Serumanaphylaxie. — Tetanus. Von A. Schittenhelm-Kiel. — Epidemische Kinderlähmung (Poliomyelitis anterior acuta, Heine-Medinsche Krankheit). — Meningokokkenmeningitis (übertragbare Genickstarre) und andere Meningokokkeninfektionen. Von P. Morawitz-Leipzig. — Encephalitis epidemica (lethargica). Von W. Löffler-Zürich und R. Staehelin-Basel. — Febris herpetica. Von R. Massini-Basel. — Keuchhusten. — Parotitis epidemica. Von M. Klotz-Lübeck. — Ruhr, Dysenterie. Von A. Schittenhelm-Kiel. — Cholera asiatica. Von H. Elias-Wien und R. Doerr-Basel. — Die typhösen Krankheiten. Von R. Staehelin-Basel. — Febris undulans. Maltafieber und Bangsche Krankheit. — Fleckfieber (Typhus exanthematicus) und andere Erkrankungen der Fleckfiebergruppe. — Wolhynisches Fieber. — Schlammfieber. — Haffkrankheit. — Weilsche Krankheit (Icterus infectiosus). Von A. Schittenhelm-Kiel. — Aktinomykose, Rotz, Maul- und Klauenseuche, Trichinose, Milzbrand, Wut. Von F. Lommel-Jena. — Psittacosis (Papageienkrankheit). Von C. Hegler-Hamburg. — Tropenkrankheiten. Von C. Hegler und E. G. Nauck-Hamburg. — Lepra. Von V. Klingmüller-Kiel. — Pest. — Tularämie. Von C. Hegler-Hamburg.

G. Jochmann's Lehrbuch der Infektionskrankheiten. Für Ärzte und Studierende. Zweite Auflage. Unter Mitwirkung von Dr. **B. Nocht,** o. ö. Professor, Direktor des Instituts für Schiffs- und Tropenkrankheiten zu Hamburg, und Dr. **E. Paschen,** Professor, Oberimpfarzt, Direktor der Staatsimpfanstalt zu Hamburg, neu bearbeitet von Dr. **C. Hegler,** a. o. Professor der Universität, Stellvertretender Direktor des Allgemeinen Krankenhauses Hamburg-St. Georg. Mit 464 zum großen Teil farbigen Abbildungen. XI, 1077 Seiten. 1924. RM 48.60

Infektionskrankheiten. Von Professor **Georg Jürgens,** Berlin. (Bildet Band VI der „Fachbücher für Ärzte", herausgegeben von der Schriftleitung der „Klinischen Wochenschrift".) Mit 112 Kurven. VI, 341 Seiten. 1920. Gebunden RM 6.66

Die pathogenen Protozoen und die durch sie verursachten Krankheiten. Zugleich eine Einführung in die allgemeine Protozoenkunde. Ein Lehrbuch für Mediziner und Zoologen. Von Professor Dr. **Max Hartmann,** Mitglied des Kaiser Wilhelm-Instituts für Biologie, Berlin-Dahlem, und Professor Dr. **Claus Schilling,** Mitglied des Instituts für Infektionskrankheiten „Robert Koch", Berlin. Mit 337 Textabbildungen. X, 462 Seiten. 1917. RM 16.20

Additional material from *Die Malaria*,
ISBN 978-3-642-89400-8, is available at http://extras.springer.com

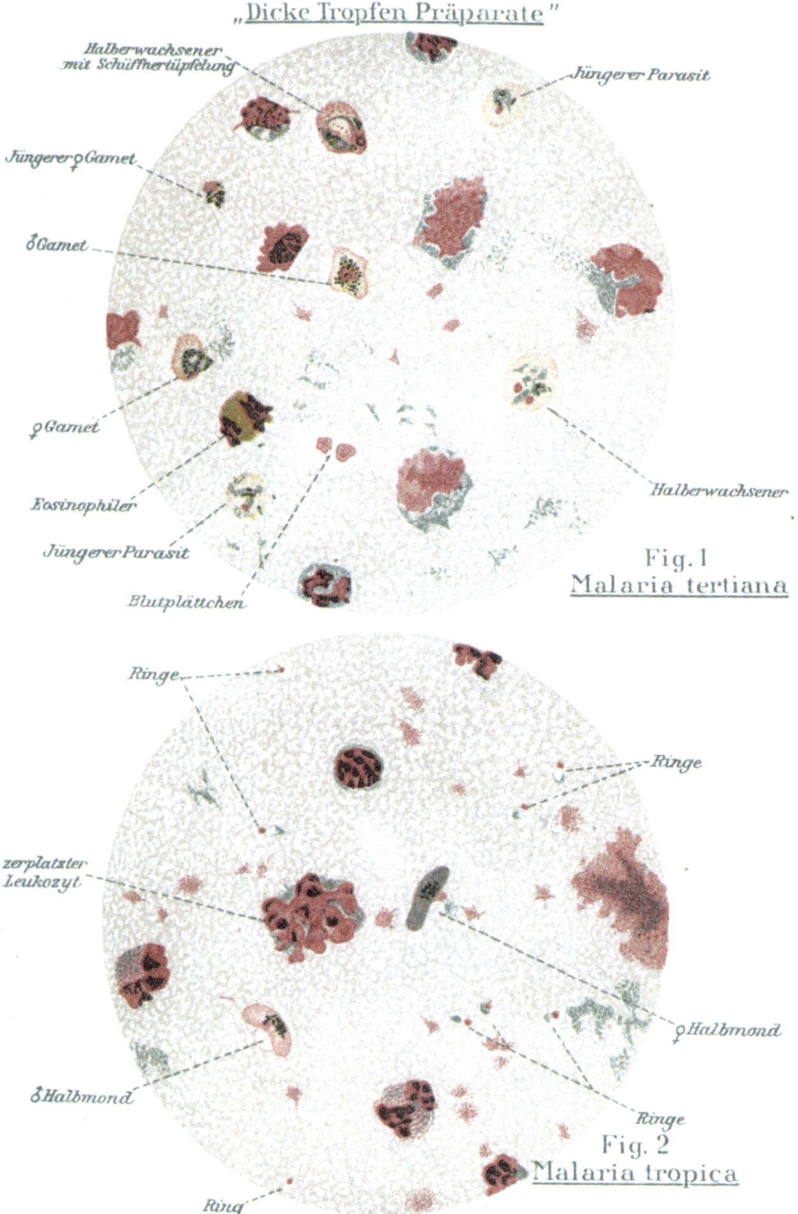

Fig. 1 Malaria tertiana

Fig. 2 Malaria tropica